H・フォン・ザーリッシュ
森林美学

英訳・解説
ウォルター・L・クック・Jr.
ドリス・ヴェーラウ

日本語版監訳
小池孝良・清水裕子・伊藤太一
芝　正己・伊藤精晤

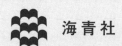
海青社

Forest Aesthetics
Heinrich von Salisch

This book was originally published as *Forstästhetik* by Heinrich von Salisch (Springer, Berlin 1902.)

Later it was translated into English as *Forest Aesthetics* (©Forest History Society, North Carolina, USA, 2008.) by Prof. Walter L. Cook, Jr. and Ms. Doris Wehlau.

Then it was translated into Japanese from the English translation by a team supervised by Takayoshi Koike, Yuko Shimizu, Taiichi Ito, Masami Shiba, and Seigo Ito.

The publication of this book was made possible thanks to the kind cooperation of Prof. Walter L. Cook Jr. and the Forest History Society (FHS), which allowed its member, Dr. Takayoshi Koike, and his associates to carry out the Japanese translation.

First published 2018.
ISBN978-4-86099-259-0 (Paper back)
Printed in Japan.

2-16-4 Hiyoshidai, Otsu City, Shiga Prefecture 520-0112, JAPAN
Tel: +81-77-577-2677
Fax: +81-77-577-2688
http://www.kaiseisha-press.ne.jp/

銘 :
凡庸な頭には技能に留まるところ、
優れた頭ならそれが芸術となる。
ゲーテ、“ヴィルヘルム・マイスターの遍歴時代”

Motto:
For the minor head it always will be a craft,
for the better one an art.
Goethe, Wilhelm Meisters Wanderjahre

Motto:
Für den geringsten Kopf wird es immer ein Handwerk,
für den besseren eine Kunst.
Goethe, Wilhelm Meisters Wanderjahre

日本語版出版に寄せて

ウォルター・L・クック・Jr.

　森林美学の訳者であるドリス・ヴェーラウ Doris Wehlau と私は、ザーリッシュのドイツ語の森林美学を英語に訳しましたが、それを今も楽しんでいます。それは、北海道大学農学部造林学研究室のグループから、私たちの翻訳本の日本語へのさらなる翻訳の願いを求められたからです。控えめに言っても、これは私たちにとって驚きでした。振り返ってみても、このような要請は全く予期してはいませんでした。しかし、美しい森への関心と熱望が、そこにはあり、世界各地には、それぞれ数多くの詩、エッセイ、絵画、そして風景計画が培われています。風致を醸し出し、レクリエーションの場を提供する魅力的な存在である森林への感謝の気持ちは、国を問わず共通しているのです。

　森林美学の著者、ハインリッヒ・フォン・ザーリッシュ Heinrich von Salisch はロマン主義庭園の考え方や絵画に見られる哲学的な"美"を、森林美学へと拡張しようと初めは試みました。その後、可能な限りの文献の探究と林業家として、さらに土地所有者としての実践を経て、彼の思想を有機的に、かつ論理的にまとめ上げ、それらを基礎にして"森林美学 Forest Aesthetics"を刊行しました。その65年後、私は修士課程の研究課題として、"森林美学と木材収穫：文献の論評*"(1969)を研究していた時に、ドイツ語の森林美学(1902年刊行の第2版)を、シラキュースにあるニューヨーク州立大学の"ムーン"図書館にて見つけたのです。

　私は全てを読み通すことは出来ませんでしたが、その本が私の関心事に真に合った森林美学であることが解りました。そして、この本がベルリンで刊行されて百年後に、ドイツのエッセンから来た大学院学生のドリス・ヴェーラウ嬢と共同して私は英訳を行いました。さらに17年の時を経てアメリカの森林史協会から、この翻訳が刊行されました。そして今、プロシア(旧ドイツの一部

---

*　Cook, W. L. Jr. 1969. *Forest Aesthetics and Timber Harvesting: A Critical Review of the Literature.*（森林美学と木材収穫：文献の論評）, Master's Thesis, College of Environmental Science and Forestry, New York State University.

名称)のポステル地方で行われた試みが、世界を巡って北海道大学造林学研究室のグループによって、新しい生命を得るのです。

　私は、今、確信しています。19世紀のハインリッヒ・フォン・ザーリッシュ、21世紀のウォルター・クックWalter L. Cook Jr.、そして、21世紀の北海道大学造林学研究室小池孝良門下と信州大学伊藤精晤門下グループにおいて、美しい天然生の森林を保護し、改良し、創造していこうという思いは、私たちに共通していることを。私たちには、各々の自然林の美と文化があります。私は世界で初めて国立公園を制定した文化に育まれ、そしてウィルダネスWilderness[*訳注]を保護する世の中の潮流に貢献してきました。

　アメリカ合衆国では、19世紀において、アメリカの風景画家グループ、それはハドソン・リバー・スクールHudson River Schoolとして知られ、イギリスの風景計画学の影響を受けていますが、その彼らが、私たちの森林景観に対する独自の解釈を生み出しました。これらの事実が、それまで木材生産の場を目指してきた伝統的な森林管理に関する私の教育と実践に大きな影響を与え、ついに、私はジョージア大学大学院において森林美学を考究する決意をしたのです。この流れは、しかし、ザーリッシュの経験則にある経済的な林業を重視した考え方とは異なるものなのです。

2009年5月
米国ジョージア州アセンズにて

[*訳注]　ウィルダネスの解説は以下を参照のこと。
　　伊藤太一著"アメリカにおけるウィルダネス保全の変遷(Ⅰ)国有林でのウィルダネスの設定, (Ⅱ)国有林でのウィルダネスの展開, (Ⅲ)ウィルダネス法の成立過程", (Ⅰ)日本林学会論文集101:47-148, 1990, (Ⅱ)同102:119-120, 1991, (Ⅲ)同103:235-236, 1993. "アメリカの国立公園とその保全. 伊藤精晤編著:森林風致計画学. 文永堂. 158-172. 1991.

日本語版序文

伊藤 精晄

　今日、日本の林業・森林政策は、地球温暖化対策などと関連して林業から環境に比重を移しています。

　林業は森林育成を進める経済的動因である点で、環境と両立するものですが、木材収穫の側面だけを過大に評価して環境破壊として非難されることもありました。しかし現在は、木材価格低迷から収穫がなされずに放置されることが問題となっており、それによって環境悪化を招いているといえます。

　林業の低迷が、林業労働力を減少させ、さらに低迷の原因となっている一方で、環境問題の緊急性が大きくなり、大学の森林に関連した分野も、林業生産に関する造林学、森林経理、経営学などから、生物多様性や環境・景観保全のための専門へと転換が図られる傾向があります。日本は明治になって国土的な森林管理と林業の成立のためにドイツ林学を導入したのですが、ドイツでは国土計画、地域計画に連携する景観保全が重視される一方で、森林の木材生産と管理、利用も平行して重視されています。景観保全が林学に代換するものではなく、林学が森林科学と名前を換えても、森林環境の利用・管理と木材生産は、車の両輪と言ってもよいのでしょう。

　ドイツにおいて森林美学は、木材生産の優先から環境とのバランスが問題とされる時期に著されています。著者のフォン・ザーリッシュは"功利と美"の調和を森林美学の主要課題としました。美は健全な森林環境からもたらされ、森林を訪れる人の高い知性がその美を深く感得することを、実際の森林経営を通じ、先端の科学によって明らかにしようとしたと言えます。その後を受けて、メーラーは、森林を有機体として維持することによって、功利と美の調和が実現することを恒続林思想によって明らかにしました。[*]

　フォン・ザーリッシュの"森林美学"は1885年の初版、1902年の第2版、

---

[*]　ドイツ林学における森林美学の歴史については以下を参照のこと。
　　今田敬一著"森林美学の基本問題の歴史と批判"北海道帝国大学演習林報告第9巻第2号：246pp, 1934.

1911 年の最終（決定）版に至り、ほぼ 1 世紀前に出版されています。この第 2 版の英訳と解説がウォルター・クック氏とドリス・ヴェーラウ女史によってアメリカの森林史協会から 2008 年に出版されました。北海道大学の小池孝良氏は、フォン・ザーリッシュの日本への翻案として新島善直と村山醸造によって 1918 年に著述され、出版された"森林美学"とドイツ林学の展開の中に森林美学の位置づけを研究し明らかにした今田敬一によって設定された"森林美学"の講義を継承しています。その講義のために、現代の森林美学に関する研究成果を収集し、講義の内容に構成しようとされてきました。国内の研究者として森林風致計画研究所の清水裕子氏と連絡を取るようになり、また、ドイツにおいて 2005 年に"ヴァルト・エステティック"を出版したウィルヘルム・ステルブ氏との連絡も取られました。こうした矢先、この英訳本の出版を知られたのです。

　フォン・ザーリッシュの森林美学の内容は、新島・村山の森林美学、今田の森林美学研究の中で取り上げられていますが、新島などの日本的森林美学への翻案が、フォン・ザーリッシュの原案の何を汲み取っているか、今田によって進展した森林美学研究の視点は、フォン・ザーリッシュの原案のどこに注目しており、それ以外に評価する点は無かったのか明らかにすることは必要がありました。そこで、このクック氏とヴェーラウ女史の英訳をさらに和訳することが希望されました。小池氏がクック氏へ直接和訳の許可を求めたところ、クック氏から快く許可して頂き、「日本語版出版に寄せて」の寄稿を頂きました。

　英訳、森林美学の和訳は、森林美学の多義にわたる内容を、それぞれの専門で分担して当たることにしました。造林学、林学の面で、小池氏を中心に北大の学生と同僚教員の参加によるグループと森林風致、美学の面から清水裕子氏を中心とした信州大学の学生と修了生で森林風致計画研究所の研究者、私などによるグループ、さらに、アメリカの森林史学会にも所属している筑波大学の伊藤太一氏への協力を求め、また、森林工学の面から京都大学フィールド科学教育研究センター（現在、琉球大学）の芝 正己氏のグループによって分担しました。ドイツ語人名、地名の日本語読みと引用されたドイツ文学の詩などのドイツ語原文の和訳をドイツ文学の専門家である大澤 元信州大学名誉教授に修正をして頂きました。とくにモットーの文章は翻訳家による訳文の引用では森林美学の著者の意図が反映していなかったので、ドイツ語原文の翻訳をお願いしました。また、訳者の一人である岡崎朝美氏に引用された文学作品の一節を

ドイツ語原文から翻訳し、英文からの翻訳の妥当さを検討しました。美学に関連した部分は喜屋武盛也沖縄県立芸術大学准教授からご意見を頂きました。英訳を和訳する上では、意訳しても内容はそれぞれの訳者が二重のチェックで正確となるよう心がけています。

　英訳の著者であるクック氏は、アメリカで現在、何故、フォン・ザーリッシュの翻訳が必要であったのかを明らかにしていますが、日本ではフォン・ザーリッシュの森林美学の意義はどこにあるのだろうか。前述しているように、フォン・ザーリッシュの森林美学から、日本の森林美学も始まっており、原典といえるものであり、当初に翻訳が存在してもおかしくはなかったでしょう。しかし、新島などの森林美学からも、すでに第二次世界大戦を挟んで、ほとんど90年を経過しています。戦後に森林美学が省みられなくなりますが、高度経済成長のもとで多くの森林公園の設定に伴う風致施業の必要によって、森林美学の再認識が行われたといえます。しかし、同時期に既に国内木材の需要の低迷と森林利用、育成の衰退が顕著となってきました。

　こうした社会的変動は、フォン・ザーリッシュの森林美学にも、森林保護、森林利用の社会的要求として反映しており、フォン・ザーリッシュ自身も郷土保護運動に積極的に参加しています。日本においてフォン・ザーリッシュの森林美学の展開をはかった人の一人が田村　剛氏であったことは、今回の訳書の編者となっている清水氏が研究論文としています。[*] そこには、田村が戦前に"森林風景計画"を著して、ザーリッシュの森林の風致的取扱いの技術展開と休養地計画を論述し、国立公園設定に貢献することによって、保健休養における森林利用の推進をはかったことが明らかにされています。戦後、田村は国立公園協会、自然保護協会に依拠して自然保護運動を展開し、戦後の過度の森林開発に自然保護の立場から対抗しようとしたといえます。戸外休養の増大に対処した森林公園の全国的な設定は、田村の森林風景計画が東京大学の塩田敏志氏らによって継承されるものとなったといえます。

　私は今田先生の紹介で京都大学の岡崎文彬先生のもとで、森林風致施業研究に取り組むようになり、森林公園増設の時期から森林公園の計画とともに、風

---

[*]　日本の戦前までの森林美学の導入の過程は以下を参照のこと。
　清水裕子他著"戦前における森林美学から風致への展開"ランドスケープ研究 69：395-400，2006.

致施業の可能性を検討してきました。その経験は、伊藤太一氏を含めた共著者による"森林風致計画学"として出版されています。岡崎先生は森林経理学と造園学を同時に専門とされ、戦前、森林美学の研究を志して、今田先生とも交流があり、高度経済成長期の戸外休養利用の増大によって森林美学再興の必要性を意識されて、京都大学における森林風致施業研究チームを組織され、私も加えていただくことになりました。岡崎先生は"森林風致とレクリエーション"の著書を著して、社会的要求に対処する森林の風致的取り扱いの方法を系統的に論述し、今田先生が森林美学の帰結とした"恒続林思想"を具現化した照査法による森林管理に、風致施業を帰結させています。また、功利と美の調和という森林美学の課題に、林業と社会的利用効果、さらには、観光による経済的効果などによって、森林の風致的取扱いの具現化の可能性を指摘していました。

　今回、私がここで巻頭言を書くことになったのは、フォン・ザーリッシュに始まる日本の森林美学の大きな流れの中で、北海道大学の森林美学の講義が不変の柱のように存続し、その中心となった今田先生に学んだ関係の生き残りであったからでしょうか。今、この講義を受け継いだ小池氏、また、森林美学から森林風致へと流れを汲んで果敢に研究展開を図る清水氏などへの中継ぎとなるからでしょうか。この記念すべき訳業にとって、偶然にも光栄ある役に当てられたことを、心から感謝しています。

2018 年 3 月
信州松本、NPO 森林風致計画研究所にて

　日本語版の翻訳について、本書 1 〜 314 頁の文中で（　）内に示されているテキストは、フォン・ザーリッシュの原著でも（　）で括られていたものです。また、英語版の翻訳時に加えられたテキストは［　］内に示されています。さらに、日本語版で追加したテキストは〔　〕内に示し、訳注は脚注として示しました。

　全体の構成に関して、本書は第 2 版の翻訳版のため、英語版の「付録」に含まれていた、「第 1 版の注および参考文献」と「第 3 版に対する論評記事」は日本語版では割愛しました。また、「付録」に掲載されていた図版の説明文は、読者の便宜を考え、本文内の各図版に挿入しました。

フォン・ザーリッシュ "森林美学" の
翻訳にあたって

ウォルター・L・クック・Jr.
ドリス・ヴェーラウ

　この翻訳は2つの世紀、2つの大陸、そして3人の著者にその起源を持ちます。この著者とはハインリッヒ・フォン・ザーリッシュHeinrich von Salischです。彼は、彼の生存中(1846〜1920)にはプロイセン、ドイツ帝国の一部であり、亡くなった後には(1945年以降)ポーランドの一部となったシレジア地方の地主貴族であり森林官でした。この翻訳の共編者の一人である私は森林官でもあり、アセンズAthensにあるジョージア大学ダニエル・B・ワーネル森林資源学校Danniel B. Warnell School of Forest Resourceの教授です。そしてドリス・ヴェーラウDoris Wehlauはもう一人の共訳者であり、古い活字体Frakturによる原著からの第一訳者でもあります。彼女はドイツの造園家で、翻訳当時(1992〜1993年)はジョージア大学の環境デザイン校の修士課程の学生でした。

　最初私は "森林美学Forest Aesthetics" を、シラキュースSyracuseのニューヨーク州立大学林学科での修士論文作成中に知りました。その本は大学の図書室にあったのですが、私は読むことができませんでした。しかし、私は自分の論文のテーマ "森林美学と木材収穫：文献の論評Forest Aesthetics and Timber Harvesting: A Critical Review of the Literature" (1969)でその重要性に気がつきました。そして2、3年もたたないうちに、ドリス・ヴェーラウが私の講義、ウィルダネス管理学Wilderness Managementに出席した時ですが、現在の内容を明らかにする機会を得ることができました。フルブライト奨学金によってジョージア大学に学ぶドリスは、私がこの本の話をしましたら、このチャレンジを快く受け入れてくれました。

　ドイツ語を読むことができない私の挫折は、フォン・ザーリッシュが英語を読めないことを後悔したことと共通します。多くの引用文があるギルピンの1791年の本、"森林風景Forest Scenery" は、ドイツ語に翻訳されたために彼が利用できた、ただ一冊のこの主題に関わる英語の本でした。同様に、森

林美学を読んでいく中で、私はヘルマン・ピュックラー侯Prince Hermann Puecklerの著書"ランドスケープ・ガーデニングの手引き *Hints on Landscape Gardening*"（1834）に気づき、そしてそれが翻訳されていることを発見し、事実、それはジョージア大学の図書館にありました。

　森林美学の翻訳は森林風致の史料として、学生の利用できる原典に加えられる事でしょう。しかし、私は史料と言う言葉をためらいながら使っています。なぜならば、森林美学を学ぶ中で、私はしばしば19世紀後期のシレジア（広義には中央ヨーロッパ）の思考や嗜好そして問題点と20世紀後期のアメリカとの類似性に驚いたからです。とりわけ、1）森林から高い財政上の見返りを探し、森林の美的価値を信じるフォン・ザーリッシュと私自身のような、これらの森林官の間の主張は、利益のリストに一つの場所あるいはもっと目立った場所を受けるに値します。2）フォン・ザーリッシュの森林を訪れ、伐採によって引き起こされる視覚的な混乱に苦情を言う都市からの旅行者の記述（そして意見）。3）"ヴィルデュンゲン Wildungen の狩猟官の夕べ"から引用した若い2人の理想家（画家と詩人）と森林官との遭遇を記述した1部、A編5章の筋書きです。考えがはるかに離れた彼らは、実際、彼らの回り囲む森林の質について、各々の意見を通い合わせることができません。フォン・ザーリッシュが示したこれらの問題と意見は、今年の要覧をみると現実に生じており、この意味では最新のものです。

　翻訳にはいくつかの困難がありました。古い字体のアルファベットを判読する人はドリスよりも私にとって大きな問題でしたが、彼女でさえ時には問題となりました。より多くの深刻な問題は、最新の言葉の古い意味と同様に、古風な言葉であったということです。私たちが訳された出来事を読み、実際それを認めるまで、意味における変化に気づかず、多くを感じられなかった状況があります。そこで、われわれはフリューゲルの辞典4版（1894年）を調べました。この辞典がなければ、私たちの翻訳の価値はきっと失われていたでしょう。

　多分、もっとも深刻な問題と私たちが解決をせねばならなかったことは林業用語です。そのほとんどはフリューゲルの辞典にはありません。幸い、林学科の私の同僚のクラウス・スタインベック博士が、1939年に出版された彼の独英林業用語辞典を私たちに貸してくれました。それでさえ、わずかな用語は間違っていて、現代のアメリカ林業において実際に使っている意味ではありませ

んでした。これらの用語のいくつかは、読者が本を開くまえに参照される方が
よいかもしれません。なぜなら、私たちの用語の選択は、特に読者が19世紀
のドイツ林業に詳しくなければ、誤解を招くかもしれません。

　この時代のドイツの林業技術者たちは、彼らの森林を私たちが林班と称する
猟区Jagenに分割しました。ここでは何の問題もありませんが、しかし、猟区
は米国の標準よりはずっと狭かったのです。問題は彼らの境界線の示し方です。
それぞれの林班は区画線Gestellenによって分割されている事です。区画線は
林班の間を明瞭にする細長い林地で、英語で表すことのできるごく近い言葉は
防火帯です。私たちは防火帯と言う言葉を使用しますが、しかし、区画線にこ
のような目的があったかどうかに関しては、何の論拠もありません。私たちは、
区画線の目的をはっきりとは判定できませんが、おそらく、多少は林班からの
木材の搬出路として使われていたでしょう。フォン・ザーリッシュがカソリッ
ク・ハンマーKatholisch-Hammerとして知られる森林に私が最近訪ねた時には、
いくつもの、しかし全てではありませんが、林班は明瞭な細長い林地の境を示
し、そしてその細い林地の多くは進入路として利用されていました。

　例えば、ドイツ語のFreie Anlagenは、それらの字義と文脈から公園風景
観park-like landscapeと訳されます。同じくKnickはどうやら古語体か方言で
の"ヘッジロウ"のようですし、生垣の意味であるHeckenと混同するかもし
れません。林業・林学辞典によればFemelschlagは画伐、傘伐、漸伐Shelter-
selection cuttingであり、アメリカでは知られていない、ないしは、異なる名
称で呼ばれているか、のいずれか一方です。どちらにしても、択伐林selection
forestとその意味の差異は明瞭ではありません。Absaumungen、または時に
はRandabsaumengenは、字義によれば、林縁の立木の伐採ですが、細長い林
分の発展形としての狭小面積の皆伐として決定されました。私たちは字義の翻
訳とかけ離れないように勤めましたが、時々文脈に大いに頼らざるを得ない事
もありました。Abnutzungまたは"消耗させるusing up"は、林分を皆伐する
という文脈の中で使用される時は"根絶liquidation"となりました。著者は辞
書の中での見解によって判断すると、しばしば通常使用されないような意味で
語彙を使用する時があります。私たちがついには正しいと認める語を探り出す
事は、多くの意味を探り、時には適切な文脈の中での言葉を探るという試行錯
誤を必要としました。私たちは、フォン・ザーリッシュの仕事の正当な意味を

捉えている事を、心から望みます。

　もうひとつの、あまり重大ではない事かもしれませんが、スタイルと構成に著者のそして出版者の一貫性がないことなのです。私たちは結局、読本を混乱させる危険よりも、むしろ、章、見出し、余白、説明文などを標準にして決定しました。それにも関わらず、構成スタイルの場合に、著者の労作を終止符と非常に長い省略形というわけではなく、現れる終止符のおかしな連続やダッシュの普通でない使用でさえできる限り残そうと試みました。実際の記述は、ほとんど会話調に記されている箇所があり、私たちはその性格を残そうとしました。

　索引は最小限で刊行しましたが、いくらかの独特の問題がありました。時々、言葉や、話題が明らかに本文には表れませんでした。一つの例をあげると間違って同じ言葉が使われてきました。いくつかの例では、複合的な類義語が本文にただ一つある時、目録に載せられました。例えば、ZirbelkieferとArve（*Pinus cembra*）が両方とも索引にありますが、Arveは本文に１回だけ見出せます。同様に、Bienen（bees）とZeidelweide（bee-keeping）の両方も索引に見出せますが、後者だけが本文にあります。私たちは冬景色winter landscapeと冬の景観landscape, winterのような、重複の記載を残すことはしませんでした。

　樹木、潅木類、他の植物の名前は、同じ時代、同じ言語でさえ、しばしば難問です。100年前の名前で外来樹種を決定することは、全くの挑戦です。ドリスは栽培広葉樹のクルスマンKrussmanの手引きと南西部の植物群落（サム・ジョオンズSam Jonesとダレル・モリソンDarrel Morrisonの解説した未刊行文献）を名前の最初の原典として使いました。これらは、樹木学と植物分類学におけるいくつかの他の標準的な著書を参照して、必要な場所を照合し改正しました。わずかな名称がフリューゲルの辞典：*Fluegel's Woerterbuch*から得られました。

　英語版序文を除いて、私たちが加えた文章のすべては角括弧内に示してあり、ほとんどのものには意味を明確にするための類義語を加えています。丸括弧内の文章は、原著でも同様に丸括弧で括られていたものです。ドイツ語のウムラウトは母音の次にeを加えて代えました。äはaeとなり、öはoeとなり、üはueとなります。場所の名前はドイツ語または英語です。英語版序文では議論の時代によって、ポーランド語とドイツ語（または英語）を使用しています。

翻訳の第1版(1885)あるいは第3版(1911)よりもむしろ第2版(1902)を翻訳の対象にした理由は"状況"によるものです。第2版は多数の図書館から図書館相互間の貸出しによって容易に入手できました。それは第1版から大幅に拡張されており、著者の最初の努力の改良の機会と同様に17年の経験が加わった長所を持っていました。第3版は容易に入手もできませんでした。著者は第2版では注および参考文献を繰り返さなかったので、そのために第1版を得なければなりませんでした。これらは付録に含めました。ドイツの専門誌から第3版に対する論評も含めました。しかしながら、論評者は改訂の改良を認めたにも関わらず、いかなる大きな変更であったかは示しませんでした。

　英語版序文のほとんどは、彼の時代の地理学的、政治的、社会的、哲学的状況に照らした自然と自然美に対する著者の態度の包括的な批評のドリスからの要約です。今日の環境におけるアメリカと同様、中央ヨーロッパにおける環境の適合性が議論されます。私は、1993年のアメリカと1893年のシレジアの森林の問題と本の刊行を、2つの時代の多くの不思議な共通性を、特別の意識をせずに比較します。また、歴史的庭園と宮殿の維持をしてきたポーランド当局とミリチュMilicz森林地域の森林官の寛大な援助で、私は著者の以前の邸宅と所有地と彼がテキストにおいて、例として度々使った近くの公有林の現状を記述します。

1994年3月

H・フォン・ザーリッシュ

森 林 美 学

目　　次

xvi　　　　　　　　　　　目　次

日本語版出版に寄せて .... ウォルター・L・クック・Jr　iii

日本語版序文 .... 伊藤精晤　v

フォン・ザーリッシュ "森林美学" の翻訳にあたって

　　　　　　　.............................. ウォルター・L・クック・Jr ＆ ドリス・ヴェーラウ　ix

英語版序文 .... ウォルター・L・クック・Jr　xxi

　　多くの事が変わった xxi

　　美学の変化と林業への適用 xxxv

Forstaesthetik 1

初版への前書き .... フォン・ザーリッシュ　3

第2版への前書き .... フォン・ザーリッシュ　4

第1部　森林美学の基礎理念 5

セクションA：序章 5

　　第1章　森林美学の用語と役割、森林科学の特殊分野としての森林美学
　　　　　の歴史と文献──研究の必要性── 5

　　第2章　美の歓喜の原因 18

セクションB：自然の美 36

　　第1章　自然美と芸術美の関係に関する基本的見解 36

　　第2章　ランドスケープにおける色彩の理論 40

　　第3章　森林の装飾としての石 54

　　第4章　樹種の美的価値 64

　　第5章　森の芳香と声 114

第1部のまとめ 118

第2部　森林美学の応用 119

セクションA：森林造成と森林経済 119

　　第1章　最適な土地利用の決定 119

　　第2章　林道設計、管理単位の設定および名称 130

　　第3章　作　業　種 147

目　　次　　*xvii*

第4章　樹種の選択 162

第5章　伐期齢の決定 167

第6章　更　　新 176

第7章　林分の手入れ 184

第8章　副次的な利用 193

第9章　草地、水面、畑地──林縁、生垣、柵── 199

セクションB：美への関心に基礎を置く森林の装飾 209

第1章　公園か森林か 209

第2章　美しさが高められた森林 215

第3章　公園風景観の維持管理 219

第4章　道路の開設と装飾による森林の高揚（交差路、道路標識）.............. 230

第5章　道路や防火帯に沿った植樹 239

第6章　森林の装飾としての老木 251

第7章　外来樹種と在来樹種の変種の美的利用 261

第8章　潅木類と地被植物の管理による林分の装飾 273

第9章　石礫による森林の装飾 277

第10章　記念碑、廃墟、砦 283

第11章　眺　　望 283

付　　録 293

索　　引 309

アメリカにおける森林美学の展開 .... 伊藤太一　315

訳者あとがき .... 小池孝良　323

図 表 目 次

英語版序文

地図1　南西部ポーランドの地図で著者ハインリッヒ・フォン・ザーリッシュの
　　　　生地でありミリチュの南西部9kmに位置する xxiii

写真1　14世紀の第2期にオレスニキッヒ候によって建設されたゴシック式
　　　　城郭の廃墟 xxiv

写真2　ポステリン−カルミンのくずれた邸宅：フォン・ザーリッシュによって
　　　　一度は所有されていました xxvi

写真3　ポステリンにあるフォン・ザーリッシュ公園への入り口の印 xxvii

写真4　ポステリンにある公園の中に生育するピラミッド型オーク xxviii

写真5　ポステリンの公園にあるシデ xxix

写真6　ヤマアラシ xxx

写真7　フォン・ザーリッシュの父親が1850年に建設しミリチュの森林官達が
　　　　修復したヨハンナの塔（狩猟の塔） xxxi

写真8　ヨハンナの塔を囲むこの150年生のブナ24haの林分はフォン・ザー
　　　　リッシュが「ポステル間伐法」を実践した場所のようです xxxii

写真9　四つの区画の境界線の交差点にある花崗岩でできた位置標識 xxxii

地図2　フォン・ザーリッシュの邸宅、公園、村、ポーランドとその周辺のドイツ
　　　　地図 xxxiii

写真10　106年目で伐採されつつある区画 xxxiv

第1部　森林美学の基礎理念

セクションA：序章

図1　黄金比 28

セクションB：自然の美

Ⅰ　岩石、石、土砂を運ぶ急流 56

図2〜7　石の配置 .... 58〜62

Ⅱ　スザンナオーク：ポステルにあるKaelberwinkelの境界で保存されている
　　標準的な樹木 66

図8〜16　天然のオークの葉 72

図17〜18　ヴィルヘルム1世によって描かれたオークの葉 .... 73〜74

図19　カソリック・ハンマー王立森林局の区画167にある枝が垂れ下がった
　　　　マツ 93

図20〜21　カバノキ属のヨーロッパシラカバとヨーロッパダケカンバ 103

図表目次　　　　　　　　　　*xix*

第2部　森林美学の応用
セクションA：森林造成と森林経済

Ⅲ	ネジゴード動物園内の島にあるハンノキ	129
Ⅳ	ポステルのダンケルマン通り	134
図22～27	道路網	136～141
図28	カソリック・ハンマー王立森林局の区画63、89、90における皆伐によって開けた眺望	142
図29	高林における眺望の変化の模式図	143
図30	道路網	144
Ⅴ	ポステルの保残木作業のマツ林の下生え	155
Ⅵ	ポステルにある、枝を短く刈り込まれたヤナギの老木	160
図31	ミリチェ地方のZwornogoschuetzにおける剪定された樹木	161
図32	Langengrundのズデーテン山脈：この写真は長く続く山脈とその前にある尖った樹冠の対比が美しい	165
Ⅶ	ポステルにある、前更更新されたオークの一群とマツの立木(保護木)	178
図33～35	植林地の模式図	181
図36	カソリック・ハンマー王立森林局のスピッツ山にあるオークの切り株	184
Ⅷ	ポステルにおけるポステル間伐法を施されたブナ林	186
Ⅸ	ミリチュ道にあるオーク	192
Ⅹ	オーラウの近くにある皇太子の所有林	200
Ⅺ	ネジゴード動物園の人工ダムの縁	203
図37～38	ポステルで用いられている池の堰の模式図	204
図39	カソリック・ハンマー王立森林局の林縁で択伐のように形作られた樹木	205
図40	ポステルのミュラーヘーゲにあるブナ林の林縁にあるブナ	206
図41	生垣の植栽の模式図	208

セクションB：美への関心に基礎を置く森林の装飾

図42	ポステルにあるヨハンナの塔	217
図43	ポステルにある区画48bのズザンナのマツ林	219
Ⅻ	クラッツカウにある開放的な景観	221
ⅩⅢ	ポステルにある村の共有牧草地に生育する野生の西洋ナシの木	224
図44	長く続く丘の上の樹木の伐採方法に関する模式図	227
図45～46	直交する防火帯の装飾に関する模式図	233～234
図47	図45のCの方法に従って植えられたポステルとプロッツの境界にあるオーク	235
ⅩⅣ	ベルリン動物園の花広場にある並木	237
図48～52	道路による境界と並木の模式図	240～245
図53	1885年に出版されたGaucherの「接木法」に従って四角く形作られた

	果樹の樹冠	247
図54	1891年に出版されたGaucherの「果樹育成の実践」に従って四角く形作られた果樹の樹冠	247
図55	内部にレンガの支えを施した幹	258
XV	ポステルにあるエミリーブナ	260
XVI	ライヒャルツハウゼンにあるMoenchsau島からのライン川の渓谷の景色	272
図56	自然に積み重なった岩石	280
図57	自然に積み重なった岩石：3つの石を1つの大きな石に見せる配置法	281
図58	自然に積み重なった岩石：良い水の流れを導く配置方法	282
図59	カソリック・ハンマー王立森林局の区画89にある前更新された樹木の一群	289

英語版序文

ウォルター・L・クック・Jr.

多くの事が変わった

　この英語版序文では、ハインリッヒ・フォン・ザーリッシュHeinrich von Salischが1885年に"森林美学*Forstaesthetik*"を著してから生じた2つの変化についてコメントしましょう。第1にはポステルPostel(ポストリンPostolin)*の政治的、社会的、物理的環境の変化です。ここで紹介する内容は、いくつかの原典から集めました。その大部分は共訳者のドリス・ヴェーラウDoris Wehlau嬢が記した"ハインリッヒ・フォン・ザーリッシュによって著された森林美学の史的背景と今日的意義"についての論文で、ジョージア大学の環境倫理学の単位認定のために1993年に提出された131ページに及ぶ未発表のものに依っています。さらに多くの情報はジョージア大学のイルナ・ポピアシュリによってポーランド語からドイツ語に翻訳された歴史的な庭園や宮殿の保存のためのポーランド会議による資料や地図から得ました。追加情報は、私自身が1993年の8月と9月にポーランドを訪問した時に得た内容です。

　ポーランド滞在中、私は会議の副委員長、トマズ・ツヴァイヒ氏に応対して頂き、バートムスカウBad Muskauのヘルマン・フォン・ピュックラー皇太子の庭園(今は公園)を訪問しましたが、そこは、現在、ドイツとポーランドとの国境をまたぐ場所です(ポーランドではウェンクニツァLeknicaと呼ばれています)。トマズ・ツヴァイヒ氏とヤコブ・ゼンラ氏はポストリン地方の庭園を見て回る小旅行の際、ポストリン−カルミン地方ではエワルト・ロノセック氏が同行されましたが、彼は以前フォン・ザーリッシュの財産の管理をしていた林業家です。続いて、私たちはミリチュMiliczの林業家であるマレック・グラベ

---

*　ドイツが管理していた時代では、ドイツあるいは英国式の地名が使われました。ポーランド語の地名は括弧に入れました。現代に関連した記述については、ポーランド語の名称を使いました。

ニィ氏に案内して頂きましたが、彼は流暢に英語を話しました。ポーランドに関する会のアメリカのインターンで、ジョージア大学ではドリスのクラスメイトであったリンダ・ロバートソン氏も私の旅行の全行程に同行され、この旅行がうまく行くように計り知れない貢献をされました。

　もう一つの変化は、19世紀後半のシレジア地方と20世紀後半のアメリカでの森林美学と木材生産の間の相違点について評価すべく、翻訳をしようという思いに駆られたことです。この英語版序文の副題に有るように、この2つの相似性は予想以上でした。再度、記しておきたいのですが、ドリス・ヴェーラウ氏の報告が主な情報源です。

　ポストリン地方と周辺の地形と土壌は最後の氷河期において形成されました。氷河性堆積物(モレーン)は、比較的平坦な地形として散見できます。無数の池や湖や湿地が北の方にかけて隣りあって存在しています。土壌はモレーンに特徴的な細かな土性を含む植壌土かあるいは砂質埴土です。粗い土壌は欧州アカマツ *Pinus sylvestris* の生育に適していますが、この樹種はもっとも広く植えられている樹木です。細かな土性の土は適潤であり、ヨーロッパトウヒ *Picea abies* やブナ *Fagus sylvestris*、その他の広葉樹や潅木類の生育に適しています。

　ハインリッヒ・フォン・ザーリッシュは1846年にポステルに生まれました。そこは、当時はプロシアの一部であったシレジア Silesia(シロンスク Slask)地方のブレスラウ Breslau(ブロツワフ Wroclaw)の北、約50kmに位置する小さな村です(地図1)。重要な最も近い町はミリチュ Militsch(Milicz)であり、北東に約9km離れたクライシュタット Kreistadt の領土でした。ハインリッヒの父、ルドルフ Rudolf は1826年にそこを購入していましたが、ザーリッシュ卿一家の領地は19世紀の前半にはできあがっていました。ルドルフとその家族はプロシアの貴族であり、農民制と封建制の中にありました。ハインリッヒは林学を学びました(彼の父が林業家あるいは風景計画者であったことに感化されました)が、州の管理者の仕事に幻滅し、森林官のトップになる試験は受けませんでした。

　1885年の森林美学初版の出版前の10年間は、彼は審美を重視する林業家として経験を積んだのでした。彼の父の死後、ハインリッヒは665haの森林を含む領地を相続しました。1888年には、ポステルの北約1kmに位置するポス

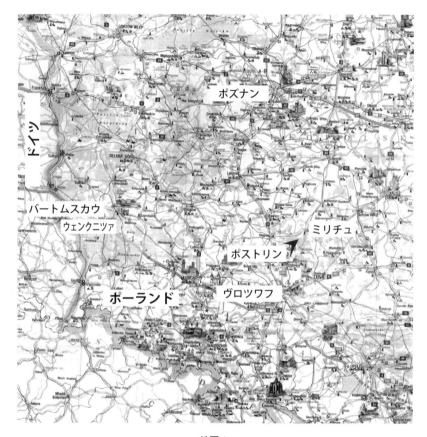

地図1
南西部ポーランドの地図で、著者ハインリッヒ・フォン・ザーリッシュの生地であり、ミリチュの南西部9kmに位置する。

テル–カルミン(ポストリン–カルミン)の隣地を購入しました。1893年には、彼は帝国議会Reichstagのメンバーになり、1902年の第2版を著すまで、その地位にいました。そして、1911年に第3版を著しました。

彼は1920年に死去しましたが、村の墓地とは離れた場所に埋葬されました。彼の妻、ズザンナSusannaは1926年に亡くなり、同じ墓標を分け合っています。その領地の最後の持ち主は、1945年の時点では、ルドルフ・フォン・ザーリッシュRudolf von Salischで、恐らく息子か孫か、甥でした。

写真1

「14世紀の第2期にオレスニキッヒ侯によって建設されたゴシック式城郭の廃墟。[ボヘミア宗教改革者] フスの戦いの間に、城郭は建設されました。これは16世紀に再建され、ルネッサンス様式を取り込みました。1797年に一部焼失し、それ以降、放置されました。城郭は堀に囲まれ、中庭は薮にありました。」この文章は城郭にかかれたサインを[合衆国] アテンズにあるジョージア大学大学院のポーランド系学生、ジャセク・シリィが訳しました。

19世紀後半と20世紀初頭は、シレジアの封建社会の最後の面影を示していました。プロイセンの貴族とは、代々同じ土地を所有してきた多くのプロシア貴族で、ドイツ人やポーランド人の農民にとっては領主でした。その土地はもともとポーランド人が定住していましたが(西暦800年ころ)、数世紀に渉ってゲルマン民族が東へ移動し、その場所にいたスラブ系民族と入植地を造っていきました。そして、それぞれのグループは独自の文化を形成していきました。農業衰退の時期毎に土地が放棄され、富裕な地主層へ組み込まれていきました。かくしてユンカー層Junkersとして知られる土地富裕層が形成されていったのです。土地を失った農民達は貴族のために働く農奴になりました。

この間に、政治権力はポーランドからポーランド・リトアニア、オーストリア、そしてプロシアへ、なお、ナポレオン戦争の短い期間はフランスに、それぞれ帰属しました。ミリチュにある城は14世紀に建てられ崩壊して再建され

ましたが、1795年に再び崩壊しました（写真1）。それは中央ヨーロッパの権力者の間で繰り返し行われた戦争の証拠でしょう。それ以降、ポーランドは独立国家としての存立が終わり、300万人のポーランド人はゲルマン人の管理下に置かれましたが、独自の文化、言語、そしてローマ・カソリックの信仰を保ちつつも、プロシアとロシアによって分割されました。

　ルドルフ・フォン・ザーリッシュは典型的なユンカーでした。ポステルの領地は数百haにのぼる森林を含んでいました（著者は2つの数字を出しました。1000ha以下と665haですが、彼の借地人によって耕された農耕地や牧草地の面積については何も語られていません）。ハインリッヒはポステル−カルミンを購入しさらに入手して追加しましたが、それには農地と森林の面積が解らない土地も含まれています。第一次世界大戦後、ポーランドは独立国家として再生しましたが、国境はポステルとミリチェの北わずか数キロの所に引かれました。フォン・ザーリッシュ一家はポステルに残ったと言うこと以外、戦後のその領地に関することは解りません。

　ドイツがポーランドに侵入して始まった第2次世界大戦は、表面上はポーランドに生活するドイツ民族の再統合ですが、西チェコスロバキアがその1年前に支配された時と同じ理由でした。1944〜45年の戦争の時にもどると、ロシアの軍勢がポステル地方へ侵入し、フォン・ザーリッシュの邸宅は均等に分割されました。分割に係わった1名は、表向きは、（ドイツ）空軍パイロットだったそうです。彼らは明確な理由無く、地域の校舎を破壊し、パン屋を焼きました[*]。ポストリン−カルミンの邸宅は、そこが放棄され、とても悪い状態にあったにもかかわらず（写真2）、破壊されずに残りました。そこには、4インチサイズのシラカンバが壁の外に生育しており、床が部分的に崩れ落ち、屋根は貧相な状態ですが、壁はそれでも残っています。このために見る人はその美しい状態を想像することが出来ます。そして増築部分は、ポストリン地方の崩れた邸宅の外観をさらしています。

　戦争の終わりが来て、ポーランド人は、ウクライナとの国境の東側、ドイツとの国境への西側、オーダーOdra（Oder）川とその支流のニサNysa（Niesse）川

---

[*]　この情報は私が1993年9月にポストリンを訪れたときに、マレック・グラベニィ森林官を翻訳者として介した現地の名も知らぬ住民との世間話からもたらされました。

写真 2
ポストリン-カルミンのくずれた邸宅（荘園）、ポストリンから約 1km 離れ、著者フォン・ザーリッシュによって一度は所有されていました。

に沿った現在の場所へ移っていきました。シレジアのすべては、ポーランドのシロンスク Slask となりました。そして多くのドイツ人住民は、彼らの多くは前の世紀からそこに住んでいましたが、国境の西側へ再移動しました。ロウロ Lwow(Lvov) とブリースト Briest(Brest) の東部地域、そこは、ウクライナへ割譲されたのですが（そして、そこはソビエト社会主義共和国の一部です）、その場所のポーランド人はシロンスクへ移動させられました。その場所は、今や 13 世紀以来どの時代よりも民族的にはより純粋です。

　フォン・ザーリッシュの所有地は、多くの新しいポーランド人によって分けられました。しかし、森林は先のプロシア国の森林と合併され、新たにポーランドの森林官によって国有林としてミリチュにて管理されていますが、そこは、かつてドイツの森林官によって利用されていたものです。ポストリンとポストリン-カルミンの邸宅の場所とそれぞれの庭園は、ミリチュ森林管理署によって維持されています。森林官のエヴァルト・ラノスチェックは2つの場所を変えました。つまり、ポストリン公園の 5.2ha の図化と目録を作成し、注目すべ

英語版序文

写真3
ポストリンにあるフォン・ザーリッシュ公園への入り口の印(地図上の交差点)、彼は、ミリチェ管理署からポーランド人の林業家から選ばれたのです。番号の付いた樹木にはポーランド語とラテン語の名前が付けられています。

き樹木の種名と位置を示すボードを入り口に設置しました(写真3)。自然の流れの中で森林空間、建物の場所、そして路の大部分が改善されていきましたが、多くの樹木は、ハインリッヒと彼の父によって最も良い条件に植えられました(写真4)。

　木製のラベルは朽ちて見あたらなくなりましたが、ラノスチェック氏は公園の中で最も高い木のダグラスファー *Pseudotsuga menziesii* を、また最も太い木の欧州ハンノキ *Alnus glutinosa*、これは直径122cmを越えるのですが、それぞれを区別してみせました。並木、これはフォン・ザーリッシュが歩いた村から邸宅までの路に植えられていましたが、見分けがつかなくなっています。残っている元々あった木の中で、イングリッシュオーク *Quercus robur* とムラサキブナ *Fagus sylvatica* var. *purpurea* は大きさと美しい形を示すことによって、もっとも印象的です。シデ *Carpinus betulus* は何年も前に芯を止められた様子

写真 4
ポストリンにある公園の中に生育するピラミッド型オーク（*Quercus robur fasigiata*）

が見えました（写真5）。驚いたのはイトスギ *Taxodium distichum* でした。この公園は北緯51度、ユーラシア大陸の寒い中緯度地帯に位置します。しかし、この樹種は、本来、合衆国南部の暖かな湿地に生育するのです。

　フォン・ザーリッシュとその父によって、種数と多様性は確保できたのですが、自然繁殖は驚くほどなされていません。卓越した樹種としては、シナノキ *Tilia* 属（ほぼ全ての個体が古くから繁殖しており、成木サイズになっています）、ニセアカシアとプラタナス、これらの樹種は葉が赤い変種です。他に

英語版序文

写真 5
ポストリンの公園にあるシデ(*Carpinus betulus*)

　記述すべき樹種としては、サクラ *Prunus serotina*、カエデ類 *Acer campestre*, *Acer platanoides*、ニレ *Ulmus laevis* そしてブナ *Fagus sylvatica* です。多くの下層植生は潅木類で、ニワトコ *Sambucus* sp.、ナナカマド *Sorbus* sp.、クマツヅラ *Callicarpa* sp. などが占めます。多くの耐陰性の高い樹種があたかも在来種のように見える中で、針葉樹の中で唯一繁殖しているのは、イチイ *Taxus bacata* です。著者であるフォン・ザーリッシュが嬉しく思ったのは、彼の好きな植物の一つであるツタ *Hedera helix* は、きわめて上手く育っていて、足の踏み場もないくらい広い面積を被っており、まるで刈り込んだ生垣のように生育し(写真6)、オークの木にからみついて登っており、直径は約10 cmに達していたことです。フォン・ザーリッシュによって植えられた木のある他の場所ですが、ポストリン-カルミンも含み、そして家族の墓地のある場所には、いくつかの大きなポンデローザ・パイン *Pinus ponderosa* が見られました。

　草ぼうぼうの公園の光景、緑の藻に覆われた池と、かつては美しい宮殿であった瓦礫の山は、いくばくか気を滅入らせます。とはいえ、種の多様性は植物園のような特色を呈していますが(ミリチュの林業技術学校の生徒はおそ

写真 6
ヤマアラシ *Erinaceus europaeus* が、ポストリンの公園にあるツタ *Hedera helix* の茂みに身を隠そうとしています。

らくそのために利用しています）。これは驚くことではなく、戦争の狂暴性と、放棄された場所をも再生する自然の厳しさが生み出したものです。1849年から1850年にかけてルドルフ・フォン・ザーリッシュによって建てられ、彼の妻（ハインリッヒの母親）から名を取られた石造りの狩猟用の塔は、今なお立っています。あのヨハンナの塔 Johanna's Height を見ることは確かに心をうち、喜びでした（218頁、図42）。この塔は射撃術の指導、あるいは一般的な監視などに使われたと人々は推測してきたでしょうし、敵にとっては、おもな標的であったことでしょう。この塔はあらゆる戦争でも、損なわれずに残ったのですが、ついに、1940年代後半の火災で、その木製の内部が全焼してしまいました。ポーランドの森林官達はそれを美しく修復し、5m高くして火災の見張り所と宿泊所（写真7）として利用しました。塔への道の合流点にはポステルにあるものと同じ型で、塔の歴史を伝える看板を立てました。その道に沿った美しい150年生のブナ林は、フォン・ザーリッシュが、彼のいわゆるポステル間伐法 Postel thinning method（186頁、写真Ⅷ）を実施した林分と同じです。彼の間

写真7
フォン・ザーリッシュの父親が1850年に建設し、ミリチュの森林官達が修復した
ヨハンナの塔 Johanna's Height（狩猟の塔）

伐の目的は下層植生のブナの発達を促すことによって、林分が"透けていくこと"を防ぐことでした。しかし、今日ではその林床は、堂々とした高さに達した成熟したブナの高い林冠の下で、下層植生は存在していません（写真8）。

森林官マレック・グラベニィ氏に案内された、さきのカソリック・ハンマー森林 Katholisch-Hammer Forest の見学では、ほとんど物理的な変化は見られませんでした。私たちは、各々の区画 Jagen と防火帯 Gestel、同じく区画を通り抜ける道路が表示された戦前のドイツの地形図に従っています（地図2）。その区画と防火帯と道路は、時が止まっていたかのように、今なおそこにありました。区画の角には四角い花崗岩の位置標識さえも、変わることなく交差点の北東側という正しい位置にありました。ポーランドの森林官らは、単に区画の

写真8
ポーランド山林省の命令によって、ヨハンナの塔を囲むこの150年生のブナ *Fagus sylvatica* の24 haの林分は、公共保留地に定められています。この林分は、恐らくフォン・ザーリッシュが「ポステル間伐法」を実践した場所のようです。

写真9
かつてはカソリック・ハンマー州有林地区であったラゾビス森林において、4つの区画の境界線の交差点にある花崗岩でできた位置標識。

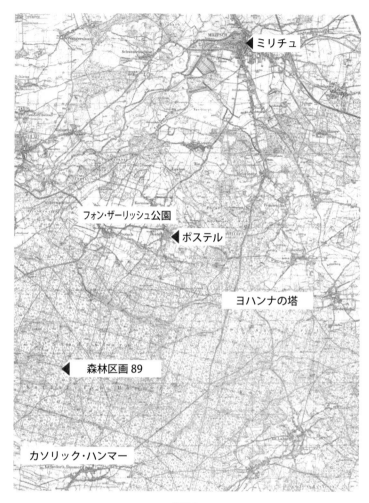

地図2
著者の邸宅、公園、村、ポーランドとその周辺のドイツ地図(c. 1928)は、それを取り囲む森林と、カソリック・ハンマー森林を含めて、隣接する州有林の場所を示します。矢印は区画88、89、116、117の交差点を指します。図28、29、142頁、143頁、写真9、10を見て下さい。

番号を変更しただけだったのです(写真9)。私たちは、著者がパラディス(145頁、152頁)として参照した区画139、140と、ピッケルの温ビール Pickel's Warm Beer(146頁)と呼ばれる区画149とを、まず調べました。これらの名称

写真10
106年目で伐採されつつある区画89（ドイツの番号）。欧州アカマツ *Pinus sylvatica* は図28に示された皆伐後に植栽された樹木と恐らく同じものです。この2枚の写真は同じ位置から撮影したものなのです。

は、番号に加えて地形図にも載っていました。しかし、それらの場所については、名称を説明する目立ったものは何も見つけられませんでした。

　そうして私たちは区画88、89、116、117の交差点へ向いました。142頁の図28の写真はこの交差点から撮影したもので、樹齢100年の樹木は決められた伐期齢に達し、区画89は伐採段階に入っていることを示します。1993年、その区画は再び伐採されつつありました（写真10）。伐り株の年輪はほぼ106年でした。それらの欧州アカマツは、142頁の写真に示された皆伐に引き続いて植栽されたものと、まるきり同じものでしょう。

　トラッヘンベルク Trachenberg 線にある近くの村、クライン・ユシュッツ Klein Ujeschuetz やフォン・ザーリッシュが209頁で言及した大防火帯を訪問して、私たちの調査を終えました。私たちはトラッヘンベルク線にある森林官のプライベートなプロットに境界をなす"イトスギの形状をしたセイヨウネズ"の痕跡を捜しました。でもセイヨウネズは発見されず、森林官の住宅の場所は瓦礫の山でした。

美学の変化と林業への適用

　本書では哲学的、政治的、林業の記述が混在しているため、時々、不整合と矛盾ばかりでなく、著者の論議の簡単な概要と分析を示すことが容易ではありませんでした。林業に対する美的原理の適用は、経済的林業の影響と制約と同程度に彼の美学に基づいているので、われわれは彼の美学に基づく考えを簡潔に要約することから始めましょう。そこで、われわれは、1世紀前のシレジアにおける経済的森林施業を行う時の哲学とアメリカにおける現在の状況と実際を比較したいと思います。

　フォン・ザーリッシュは、"人間は感覚でなく知性によって美を享受する"と述べています(14頁)。彼は、人間は芸術作品そのものでなくても、特定の利害関係がない美の存在に理想的な抽象的関心を持つことを示しています。美の喜びは、どんな利害関係もなく純粋なものです。フォン・ザーリッシュは、観察者としての人間の存在から、美が完全に独立している事物に内在する資質であるという立場を取ります。美の価値は、その希少性にも自由市場の他の経済法則にも依存しません。フォン・ザーリッシュの職業、彼の社会的地位とその時に急成長する資本主義を考慮すると、この概念はいっそう注目に値します。彼は、ジャガイモとバラの例をつかってこの概念を解説しました。"ジャガイモが非常に役立つにもかかわらず、多くの人々はそれを美しいと考えようとしません。でも他方で、バラは何の利用もされませんが、普遍的に美しいと考えられます。"

　フォン・ザーリッシュはジョージ・サンタヤナGeorge Santayanaには言及しませんが、彼は"美と有用"の関係については、彼と同時代の人であったこの哲学者の考えに多分、同意したでしょう。サンタヤナによると、事物は美しくあるために有用である必要はありませんが、有用であるが美しくないと仮定すると、おそらくデザインの一部の欠陥のため、美しくはなり得ないのかもしれません(Santayana 1955 [1896])。これは、本書の解釈の難しい多義語の一つを説明することになりますが、フォン・ザーリッシュは、美が人間の感覚と経済的な価値体系には拠らないものと考える一方、彼は森林の美学的"質"を増す

管理活動が、すべての木材生産からの全収入を犠牲にしてはならないことを強く主張しました。経済価値を持たない森林——例えば、自然保護地域——は許容されるはずはありませんでした。しかし、本書の全体を通じて、彼の最も多く繰り返された議論の一つは、伐期と純現在価値を決定する際に、森林の木材生産の市場価値と均衡させる美学的価値の介在に関するものでした。彼は、美学的利益が経済効果のすべてではないが、一部を置き換える可能性があり、また、そのはずであると信じました。

フォン・ザーリッシュは"美の性質は、調和または多様性の統一に基づく"という意見を持ちました(27頁)。部分と全体の最善の関係は、両者が全く独立していることと同時に、統一が保たれる場合に与えられます。これは、部分が不完全なままであり、それらが相互に補完される必要がある場合です。全体に対する部分のこの関係は、デザインを行う時に最も重要な原則の一つです。それは生態学の基本概念の一つでもあり、この概念では、全体が個々の要素の合計以上であると想定され、フォン・ザーリッシュの時代に存在しなかった考え方です。彼は、全体に対する部分、そして相互に最も調和し同時に"自然な"比である黄金分割の関係を詳細に記述しています。フォン・ザーリッシュによると、美しいもののさらなる特性は、黄金分割(別名、黄金の中庸)の規則に従って決定された調和した分割の適切な配置です。

美の決定とその主張は、常に吟味されるものです。美が肯定的な価値の主張である場合、それは同時に真実である他の肯定的主張に関係する可能性があります。しかし、人間の価値は、文化的要因(基本的な人間の要求を除いて)であり、異なる文化で著しく相違している可能性があります。したがって、1993年の私たち(米国人)の価値は、1893年のドイツのヴィルヘルム*訳注社会の価値とある点で異なります。文化的価値は重要であり、それらが時間とともに変化することが、フォン・ザーリッシュによる美的対象例のリストによって説明されています(22頁)。"ケルン大聖堂、蝶、ベートーベンの第9交響曲、勿忘草、騎兵隊の行進、シラーのワーレンシュタイン、朝日、一本のオーク、シェークスピアのロミオとジュリエット、ビスマルク侯 the Prince Bismarck、[そして]

＊訳注　教育と研究の分離をめざすという、現在のマックス・プランク研究所設立の背景になった考え方。

オレンジ……"彼は、これらの項目が疑いなく美しいことに"誰でも"同意することを明らかにしました。それらの美は、個人の好みと同様に、時代、文化に依存し、多くの程度でその文化によって形成されます。

価値の相違の一つが、秩序orderの強調にあります。著者は、"……清潔と秩序を好むだけであっても、誰でも美の向上に貢献できる"と信じました（8頁）。ここで、現代社会の文化的価値が美の判断に影響することが明らかに見てとることができます。美的考察は文化的影響と無縁ではなく、またそれらはある"永遠の本質的な"質に基づくことがありません。美の判断は、教育と社会的環境によって個人にもたらされる社会の規範に影響されます。"清潔"と"秩序を愛すること"は、典型的にドイツの価値のように言われます。それらは、規律を創り効率を向上させるために、プロシアの社会で重視されました。

"秩序"と"整然"と"清潔"に対する尊重は、今日でも多くのドイツ市民、特に高齢者の生活における重要な価値です。そして、同様にアメリカでは、特に地域経済と同様に景観の大部分を森林と農場が構成している地方と小さい町では、重労働と責任の伝統的な価値が清潔、整然と秩序を思い起こさせます。ニューヨーク北部の森林地帯の土地所有者に対する写真を用いた嗜好研究において、ハミルトンHamilton（1967）は、間伐され、枝打ちされたマツとトウヒの植林地が、間伐材から得られた薪の束が積み上げられている景色とともに非常に好まれることを明らかにしました。間伐されず、枝打ちされていない植林地、または下層植生に広葉樹の侵入する植林地は嫌われましたが、下層植生に広葉樹が生育する天然の広葉樹の林分は好まれました。これは土地所有者が、美を連想させる良き森林管理の目印として、間伐した林分を評価したことを証明しました。放置された（手入れされてない、乱雑な、扱いにくいことがわかる）林分は、植林地のあるべき秩序を欠いていました。侵入している広葉樹は乱雑を示す雑草として見られるのに対し、天然広葉樹の林分の下層植生の広葉樹は整然としてそこにあるものとして支持されました。主要な林業樹種がテーダマツの人工林である米国南東部では、森林官と多くの土地所有者は"完全な森林"をめざします。すなわち活力があり、良い形の木ときれいな下層植生によるマツの植林地を目指し、林分がこの理想に近づくほど、それはより美しくなります。これは高名な森林官のケーニッヒKoenigの"森林撫育*Forest*

Care" からフォン・ザーリッシュが引用した "林業的な完成度が高い森林は、同時に最高に美しい状態にある"（16頁）という言葉との完全な一致です。

秩序に対する、この尊重は確かに有用性に関連しています。フォン・ザーリッシュは、"善 The Good" と "用 The Useful" に "美 The Beautiful" を同等と見なします。彼は、"……美学的観点の考慮は、経済的な失敗を防ぎます。なぜなら、美の完成のために努力することに一致して、善と用が同時に達成されるからです" と述べます（11頁）。これは根拠のない論理であるように思えますが、著者が本書全体にわたって行ったように、美的価値のための労力を払うこと（そして、たぶん利益の一部の犠牲）の正当化を明らかに試みました。彼の主張は非論理的なだけでなく、美しさにおける美学的喜びがいかなる利益からも自由であると彼が最初に述べたことを否定することです。

それがごまかしなのか、あるいは単純な言葉の誤解にすぎないかのどちらに考えるべきかについて、フォン・ザーリッシュは、美学的林業を主張する一方、経済的林業を合理的に弁護するために、さらに別の主張を用意しています。彼は、美学が "その用語の厳密な使い方をすれば、良さと悪さ、有用か無用かとは無関係であり、ただ私たちの感覚がわれわれに伝達することに限定される" と述べています（26頁）。これは、実際にはその現実の感覚における美学的喜びの意味であり、それを認識している人に利害が関係しないことを意味します。このように、美学者によって定義されて使われてきました。フォン・ザーリッシュは美の対象物への自身の接近を擁護しますが、これは上述のように人間に対する善良と有用性の彼の考察、さもなければ彼は森林で適用できる美学的原則を見つけることができなかったであろう実用的な論議と密接に関係しています。彼は以上のことを、誰一人として他の影響がないということはないと、彼の美的判断による現実に基礎を置いて述べました。このように現実の状況は、主観的な知識と経験が無視できないということであり、そして、彼の実生活という状況の上に森林美学の原則の基礎を置いたのです。実生活と現代社会の文化的嗜好がそのようなものであるため、彼はそれらを美的原則の前提条件としました。そこで生じる質問は、美的理論がまさに理論であり、現実でないならば、彼は一体何故に美学理論を論じてきたのでしょうか？

フォン・ザーリッシュの "観念の連想" の理論は、この20年間多くの研究の

主題でした。彼が観念の連想を説明するとき、人が彼または彼女の生活の中で
その対象物を連想することによって、対象または景色を好んだり、好まなかっ
たりします。したがって、人が皆伐地を見て、皆伐地が野生生物にとって良く
ない、または、それらが水源に乾燥を引き起こすであろうことを、読むか話さ
れた場合、人は皆伐地の光景をたぶん好まないでしょう。他方で、皆伐がダニ
の個体数を抑制すると考える者は、皆伐の実行に賛成しやすいでしょう。ア
ンダーソン（Anderson 1981）らは、全て同じ森林のもので、互いに類似してい
る一連の森林景観の写真を設定しました。続いて写真に"商業的伐採"、"国有
林"、"国立公園"、"自然保護地域"などの示唆的な表題のラベルを付けました。
写真の質は同じでしたが、"自然保護地域"とラベルをつけられたものは、一番
好まれたなど、眺めた人はそれらの知覚された特性によってランクづけしま
した。フォン・ザーリッシュは、この現象の実際的な適用については多くを述
べるはずはありませんが、現代のアメリカで森林官が直面する主要な問題です。
2、3の他の例は、さらに、この問題を例証します。

　シェーファーとラザフォード（Shafer and Rutherford 1969）は、伐採されて
いない（基本的に未開地）北部の広葉樹林の写真と単木択伐法によって保全に配
慮して伐採された同様の森林の写真を見せました。それらを見た人々は伐採に
ついて紹介されていませんでしたが、それは写真の中で素人の眼には明らかで
なかったのです。大多数が、選択的に伐採された森林の景色を好みました。カ
プランたち（Kaplan and Kaplan 1989）は、ブルー・リッジ公園の道路に沿って
穿孔虫ヤツバキクイの仲間が枯らし、その被害に特徴的な黄茶色の群葉を持つ
マツに関する試験結果を報告しました。マツの性質を話されていなかった回答
者は、それらを含む景色を好みましたが、マツがなぜ茶色かについて話された
回答者はそれらの景色を好みませんでした。したがって、この見せられている
対象に対する詳細な知識が、美的価値への理解を向上せしめているかもしれま
せん。（フンボルトに賛同した）フォン・ザーリッシュの見解はおそらく事実に
基づいています。しかし、その知識は双方に作用し得るのです。

　フォン・ザーリッシュは、このセクションB──自然の美──を次の主題を掲
げて始めています。すなわち、"他の職業の人々より野外で過ごすことの多い
私たち森林官foresterにとって、自然美natural beautyは特別に重要なもので

あり、私たちは自然美という豊かな財産を護り、手入れしていかなくてはなりません"(36頁)。美学の研究における原則は、自然美が実際に存在する場合、芸術家によって創作された作品ほど美しく完全なはずはないということです。著者は、ヘルマンの"自然界における個々の事物は、平均して、芸術作品と比べて見た目が常に不完全"(37頁)という文を引用して、激しく彼に反対します。彼はこの言葉に反論して次のように述べています。"この意見は、芸術家が決して簡単には自然を模倣できないという、まさに正確な認識に基づきます。芸術家が、自然が彼にもたらした題材によって彼の芸術の新しいデザインを特別に手がけたのに、そこに自分自身の作品がオリジナルより完璧だと考えるような偉人にさえも、結局、慢心が生じるはずです"(38頁)。この立場を取る際に、フォン・ザーリッシュは、私が既に知っているすべての森林官と意見を同じくします。森林官たちは、仕事に従事する日々において、美によって囲まれ、彼らが美しさを認めないと言うことは、彼ら皆にとって大きな損失です。

　自然が美しいという森林官によるこの考えは、多分、森林官が森林に抱く愛情のこもった態度に関連しているのでしょう。主張のために古典的林学者であるプファイルPfeilを引用したフォン・ザーリッシュによると、若い森林官に注ぎ込まれるべきある種の愛があります。この愛は、経済的な利益に基づくべきでなく、"……樹木と森林の繁栄に対する深い関心と樹木自身のために美を高めるための努力……"に基づくべきです(12頁)。100年後に至るまで、若い森林官は、森林への愛情と彼ら自身の目的を高める希望を染み込ませているでしょう。一部の森林官がこの理想主義的な観念を失い、経済的な回帰への単視眼的な注目が国民の尊重、賞賛、信用を失わせること、このようなことは起こり得ないことなのでしょうか?

　確実に、1893年と1993年の林業には差がありますが、この差の大部分は森林について、より多くの知識と技術の進歩の組み合わせによるものであり、1893年において、コンピュータ、チェーンソーとトラクターはありませんでした。私たちの現代の知識と設備とともに、われわれは森林管理の多くのより良い仕事を行うことができ、一方では、われわれが間違った決定をしますが、知識を誤用するとき、その結果は非常に重大な規模の過失をもたらします。フォン・ザーリッシュは、多くの過失の均衡をとることができる自然の修復力

について書いていますが、起こりうる過失は修復されることのできる規模でした。私たちの過失は、長期間の修復を要するでしょう。

　注目すべき別の相違は、知識の急増に関連しています。1893年において、フォン・ザーリッシュは最後のロマン主義者の一人でした。彼は読書を好み、哲学者、美学者、詩人、画家と他の芸術家によって鼓舞されました。彼が最も頻繁に引用あるいは言及した人々の数人は、ギルピンGilpin（造園家、画家、作家）、クラウゼKrause（哲学者）、ピュックラーPuekler（貴族、造園家、理想主義者）、ゲーテGoethe（詩人）でした。"体制"に現在反対している森林官のなかの指導者は、大半が深刻で回復不能な損傷が、効率と生産と利益の名のもとで森林に行われていることに関係しているとする生態学者とその他の科学者の指摘があります。大部分の"反乱軍"はそれらが時々そう呼ばれるようなロマン主義者または"環境保護運動家"ではありません。しかし、人間は自然の一部であることと、われわれは土地共同体の責任あるメンバーとして行動すべきであるという信念で、ロマン主義に生態学を結合させようとしている相当数の森林官、その他の自然資源管理者と技術者が存在します。深遠な生態学として知られるこの運動は、ソローThoreau、ミュアーMuirと特にアルド・レオポルドAldo Leopoldの著書から展開しています。

　神が利用と耕作のために人間に土地を与えましたが、それと共に良い行いはするが悪い行いをせず、美を増進させて形づくる義務も与えたというフォン・ザーリッシュの信念は、おそらく現在の"森林認証"の概念に関連づけられます。それは、人類のために美しい家を形づくるために土地を耕す技術の一部です。土地の耕作、すなわち人間の目的に役立つようにすることは、議論される必要もない全く良い事です。

　ある意味では、フォン・ザーリッシュは反抗的な森林官でしたが、もう一方では先駆者でした。確かに、森林美学の表題に関する本の執筆はほとんど前例がありませんでした。彼は、1824年のフォン・デル・ボルヒvon der Borch著の"森林における美学 Aesthetics in the Forest"に言及しますが、それは出版者を見つけられませんでした。他の主要な出典は、産業的な森林の美的取扱いより、むしろ公園景観に大きく関係します。彼の時代におけるドイツ林業への経済的な影響を鑑みれば、彼が3度もの版のために出版社を見つけた事実は、林

業刊行物の中では理にかなった洗練された論評を持っていたことです。彼は様々な会議で彼の考えを発表する幸運を得ていました。どの点においても、この専門分野（林学）に対するかなり重要で尊重すべき貢献でした。森林美学分野のこの際立った活動は、1970年代の環境運動のピークまで、アメリカで繰り返されることはなかったでしょう。1961年にニューヨークでの40年におよぶ林業者としての経歴の終わり近くにあったジョン・カリーJohn Curryは、誰も森の美しさを十分に気にしていなかったこと、アメリカでは森林美学がほとんど知られていなかったこと、アメリカのどこの林業学校でも教わるべき森林美学の課程がなかったこと、そして、何年も前にドイツの森林官によって書かれたこの主題の唯一の古い本を知らなかったことを悔やみました（Curry 1961）。カリーは、明らかに、フォン・ザーリッシュの本に言及していました（カリーによるこの論文によって、私（クックJr.）は生涯の興味の引き金となり、1967年に大学院へ進学したのですが、当時は教職員もまた森林美学をよく知りませんでした）。

　フォン・ザーリッシュは、研究を行い、書物を書く熱意が、林業の他の分野と比較すると、森林美学にはわずかしか適用されないことを遺憾に思いました。純利益と利率の計算などがその例です。100年後に数千マイル西で、同じ主張がなされる可能性があります。財団、政府機関や他の研究基金の通常の出所は、森林美学の研究を行う学者にはめったに利用できません。例えば、米国林野局は、この翻訳計画を援助するわずかな基金の要請を断り、同様に、ポステルで著者の所有地を調査するための旅行は、それが"研究"でないという理由で、部分的に資金が提供されるだけでした。1970年代の短い期間で、森林美学に関する論文が、（米国）林業関係の雑誌に掲載されたでしょうが、現在まで、教科書は出版されず、私は美学的林業の課程を提供するジョージア大学以外の林業関係の学校を知りません。しかも、学生らもほとんどこの課程に参加しません。

　本書の基本的問題は、国有（公有）林がもっぱら最大限可能な経済的利益を生み出すために管理されるべきか、または、美学価値が目的のひとつであるべきかのいずれかということです。これら2つの目的間の主要な矛盾のひとつは、輪伐齢に見出されます。経済的価値が美学的価値の前に常にピークに達するの

は、ひとつはその利益率のため、ひとつは樹木が最大限の美的ポテンシャルに
到達する前に、かなり成長率を低下させるという事実のためです。したがって、
このいくらか過度に成熟した状態に樹木を残すことによって収入が犠牲とされ、
さらに、林齢の増加とともに（森林）樹木に大きな被害が起こりえる機会が増大
します。フォン・ザーリッシュは、少なくとも2つの信頼できそうな主張で経
済的な主張に反論します。

　最初に、フォン・ザーリッシュは特別森林官のグーゼGuse（9〜10頁）を引用
して、政府が鉄道駅、郵便局と役所などの公共建物——権力が民衆に印象づけ
る場所——に装飾を加えることに膨大な金額を費やしていると主張します。な
ぜ、人々の森林は、例外とならねばならないのでしょうか？　人々は、美しい
建物を賞賛するのと同じように、美しい森林を賞賛します。グーセは、貧しい
労働者が一日の労働の後、美しい森林を歩くことによって彼の気分を高揚さ
せると主張します。労働者は自宅の装飾のために出費する余裕はありません
が、森林は無料で彼に美を提供します。これは、この数年前にニューヨーク
のセントラル・パークの設計を説明したフレデリック・ロー・オルムステッド
Frederick Law Olmsted、ならびにこの時代の他の大半の造園家によって用い
られた理論的根拠とほぼ一致します。3番目の主張は、人々が森林を好む（そ
して美しくない森林より美しい森林を好む）場合、それを破壊する人たちから
それを守る場合に、より保護的となるであろうということでした。これは、美
しい森林における誇りが、自分の国における誇りを増加させるという主張に関
連づけられます。愛国心は19世紀後期のドイツ文化の主要部分であり、第二
次世界大戦の終わりまで続きました。

　美しい森林に賛成するこれらの主張は、20世紀後半のアメリカでは聞かれ
ません。現在、自然美は、人間の干渉、操作または侵入の明らかな兆候が排除
された自然さと同一視されます。私たちの大陸を荒廃させ、奪ってきたこと
にわれわれは自らを非難し、極端な正反対で、人間の"管理"に妨げられない
ことによって支配するところの理想として"未開の自然（ウィルダネス）"に目
を向けるように思われます。深遠な生態学の運動の教義でもあるフォン・ザー
リッシュ哲学のひとつの側面は、謙虚さです。著者によると、われわれが森林
で美を創造しようとする場合、われわれは自然に対して謙虚であるべきです。

フォン・ザーリッシュの主張のひとつは、森林収穫を制限する現在行われている努力を擁護することに利用されます。例えば、森林美は観光が重要である地域の経済的要因です（216〜217頁）。モーテルの経営者は、道の対岸の森林が皆伐されるか、どんな方法でも、その美（自然さ）が損なわれることを望みません。米国林野局でさえ、観光客が森林破壊を間近に見たくないことを認め、少なくとも場合によっては、人々がこの問題に敏感な地域ではその収穫や森林の施業を変更します。しかし、新しい公道が切り開かれる土地においても、すべての森林が同様の考えによってかなり保全的な管理がなされるべきであるというフォン・ザーリッシュの主張は1893年と同様に今日も不評です。一方で、専門的な森林官としての彼が、国民よりも多くを知っており、それ故、彼の意見が"多くの観光客のそれより正当である"という彼の主張は、私の同時代の人に非常に人気があります。それは美学的実行を正当化するためには使われませんが、より大きな利益を模索する疑わしい施業を正当化することに使われます。

フォン・ザーリッシュの時代には、森林の利用は、主に木材と狩猟のためでした。保険休養利用は知られていましたが、それは現代の趣旨や形態では知られていないだけでした。自動車によって提供された交通、増加した余暇時間、それを享受する豊かさがなければ、大半の休養は狭い地域においてのみ自然を凝視し、美を理解することに限られていました。造園家と建築家によって解釈され、少し変更されて、ロマンチックな理想主義が一般の人々にも受け入れられました。"自然"の価値は絶賛されましたが、今日、われわれの多くがウィルダネス（原始的自然）を連想する自然ではありませんでした。フォン・ザーリッシュはウィルダネスあるいは、むしろ古代の森林に言及しましたが、彼はそれらを是認しませんでした。彼は、枯死し、腐敗した木の幹を人々が登って楽しむと考えませんでした。併せて、彼は野生で管理されていない森林が無駄を与えると感じました。彼は、例外なく森林は美しく有用であるべきことを堅く信じていました。

今日、ヨーロッパとアメリカで、状況は非常に変化してきました。ちょうど1872年にアメリカで始まり、フォン・ザーリッシュが羨望をこめて言及した国立公園の観念は、以降、世界中に広まりました。州立と地方の公園は、屋外レ

クリエーション資源の根拠地として加えられました。最大の転換は、おそらく、木材生産とレクリエーションのための州および国有林の利用にあります。これは米国とドイツの両国において事実なのです。ドイツでは、都市地域の近くで、林業が休養の(美学的)満足を増進するために、慎重に選択されます。言い換えれば、高林はほとんど漸伐によって維持され、一斉林はより望ましくないとみなされています。より遠隔地域において、皆伐と一斉林はまだ見られますが、アメリカにおけるよりも小さいスケールであり、収穫はより小型の機械で行われます。したがって、今日、フォン・ザーリッシュによって提案された統合された森林経営の観念が実現されていますが、それは彼が想像することができなかった範囲にあります。経済的林業の横行に対する一般的な抗議と森林破壊に対する生態学的懸念に駆られた米国森林局は、最近、結局はドイツの解決策を見習うようなある主要な政策の変更を行いました。

　両国の重要な相違は、米国は広大な空間を、森林のいかなる手入れもゆるさないウィルダネス地域に指定し、ここでは、小さな歩道だけがレクリエーションを楽しんでいる来訪者に提供されます。別の相違は、州または地方自治体あるいは民間の環境保全団体によって所有される、そのほとんどが小さい保護された自然地域の激増です。ほぼ4000の区画で、総計500万エーカー以上(200万ha)が1988年の調査で明らかになりました(Cook and English 1988)。これらの地域の多くは、フォン・ザーリッシュが熟知し、享受した静観的な、自然指向型のレクリエーションを提供します。

　フォン・ザーリッシュが本を書いていた時代には、自然科学における生態学は存在しませんでした。しかし、環境的でも生態学的でもない根拠における、彼の美学的感覚に基づいた推奨のどれくらい多くが現在支持されるかに注目することは興味のあるところです。例えば、彼は森林の自然の地被植物と下層植生の保存、または、森林の成熟する間に下層植生と中間層の成長が可能となることを推奨しました。(彼は、"見通しの良すぎる"森林が好きではなかった！)それが純林で整然とした植林地の予想される考えに合わなかったため、彼は、自然再生の小群落を無くすよりも存続させるほうを好みました(効率の名のもとに、この"純林化"は、米国林野局によって実行されました)。美または経済のためであろうとなかろうと、彼は生産林における外来種の植林に頑固に反対

しました。しかし、彼は公園における外来種の導入には賛成でした。そして、彼は自身の邸宅の周りに本当の樹木園を持ちました。外国種を彼は毛嫌いしましたが、それは明らかにある形の愛国心に基づいていました。彼は利用できるドイツ樹種が十分にあること、外来樹種はまさにドイツの景観に適合しないことを感じました。アメリカでは、外来樹種に反対するごく最近の運動がありますが、これは生産林より景観植栽と自然地域保存に適用します。確かに、アメリカの原産種は非常により大きな数にのぼるため、外来樹種を植える動機はほとんどありません。

　林道は、フォン・ザーリッシュが強い主張を持ったもうひとつの項目でした。さらに、おそらくギルピンGilpinの"真っ直ぐな道は不快にさせる"との考えを取り入れた美学的理由によって、彼はまっすぐな道と区画境界(それは、防火帯または道によって印をつけられた)に反対しました。ポステル−カソリック・ハンマー地域(地図2)のドイツの地形図は、南(カソリック・ハンマー地区)への州有林のそれらは完全な長方形を形づくっており、彼の所有地の森林の区画境界と道はほとんど不規則であることを非常に劇的に示します。彼は、この国で森林官によって広く奨励されている自然の地形を考慮に入れた道の配置の決定を唱えました。この相違は、森林官によって設計されないアメリカの林道が、ほとんどいつも偶然か、唯一の基準である便宜性とともに伐採者の気まぐれで、ほとんど常に設けられるということによるものです。

　生態学が1893年に科学として存在しなかったにも関わらず、林業は少なくとも百年間ドイツとヨーロッパの他の一部で実行され、研究されてきました、ある人々は数百年と言っていますが。フォン・ザーリッシュが大学で林業を学んで以来、彼がこの蓄積された知識によってその活動に影響を受けたことが知られています。彼が著書に頻繁にロマン主義者と哲学者を引用したため、彼がこの時代の彼らによって影響されたことも知られています。しかし、彼の美学的実行における主張の源泉には、別のものがあります。彼の推論は、自然のプロセスの深い理解と自然の形と機能の尊重に基づいています。彼は、森林と土地が緊密な関連を持つことから生じる自然の内部からの感覚を持ちました。多くの森林官と農民は、この感覚を有しています。アルド・レオポルドは相当の程度にそれを持ち、彼の前にフォン・ザーリッシュが行ったように、彼はそれ

を全て書き下ろしました。その相違は、レオポルドが、彼の内部感覚と生態学的な知識による "てこ入れ" によって、さらに自然資源管理における経済への偏向を告発することに入って、新しい土地倫理を組み立てることに立ち向かったことです。1948 年にレオポルドは、1902 年にフォン・ザーリッシュがそうであったように、主流の哲学とはるかに足並みが揃っていませんでした。ところで、レオポルドの思想は第二のコンサベーション運動の時期（1962 年〜現在）になってようやく知られるようになり、コンサベーション運動の基本概念となりました。われわれは、レオポルドがフォン・ザーリッシュの本を読んだかどうかを確定できるなら、興味あることですし、おそらく明らかになるのではないでしょうか。

　経済的な利益または必然性と環境的や審美的な利益の間の矛盾は、確かに今日、われわれに知られていないわけではありません。われわれは、経済を主要な基準に基づく世界的規模の政治秩序の中で今も生きています。財政上か、または唯物論的な収益か損失の基準によって、土地と天然資源の利用に関する大半の決定がなされます。したがって、経済学上の論法である最大の収益と自然の美および安寧の見地からの議論の道筋の間の矛盾は、フォン・ザーリッシュの時代と今も同じです。主張と語彙は変化してきましたが、基本的な矛盾が暮らしや社会への個人の根本的な態度の中に依然として横たわっています。しかし生活水準と、富のレベルは今日非常に高いため、利益を最大にする全過程は高い水準で起こっています。貪欲と要求が増大しています。われわれは、際限なく高い利益を欲します。人々の世界観におけるキリスト教的な要素である慎ましさと謙虚さの低下とともに、利益追究のための人間の利己的な努力には限界がありません。われわれは、包括的な森林と自然との関係を導く、新しい基準の設定を必要とします。おそらく、この本を読んでいる誰かは、それらの基準を展開することに勇気を与えられるでしょう。

英語版序文に関する文献

Anderson, Linda M. 1981. Land Use Designations Affect Perception of Scenic Beauty. *Forest Science* 27(2): 392-400.

訳注1　アルド・レオポルドは 1948 年に野火を消火しようとして急死し、*A Sand County Almanac* は彼の長男ストーカー・レオポルドによって翌年出版された。

Cook, Walter L., Jr., and Donald B. K. English. 1988. Non-federal Wilderness, Wild, and Natural Areas in the United States—A Survey. *In:*Outdoor Recreation Benchmark 1988: Proceedings of the National Outdoor Recreation Forum. Tampa, Florida. January 13-14, 1988. USDA Forest Service General Technical Report SE-52. Pages 319-335.

Curry, John. 1961. Forestry and Forest Aesthetics. *Northeastern Logger* 10(5): 26, 36-37.

Hamilton, Lawrence S. 1967. Private Woodlands, the Suburban Forests and Aesthetic Timber Harvesting. *Forestry Chronicle* 42(3): 162-166.

Kaplan, Rachel, and Stephen Kaplan. 1989. *The Experience of Nature—A Psychological Perspective*. Cambridge: Cambridge University Press.

Leopold, Aldo. 1949. *A Sand County Almanac and Sketeches Here and There*. London: Oxford University Press.

Santayana, George. 1955 [1896]. *The Sense of Beauty*. New York: The Modern Library.

Shafer, E. L., Jr., and W. Rutherford, Jr. 1969. Selection Cuts Increased Natural Beauty in Two Adirondack Forest Stands. *Journal of Forestry* 67(6): 415-419.

Forstaesthetik

Heinrich von Salisch (1846–1920)

Forstästhetik.

Von

Heinrich von Salisch.

Zweite vermehrte Auflage.

Mit 16 Lichtdruckbildern und zahlreichen in den Text gedruckten Abbildungen.

Berlin.
Verlag von Julius Springer.
1902.

初版への前書き

フォン・ザーリッシュ

　森林美学を著すという偉大なる仕事に相応しいのは次のような人物です。林業の豊富な知識を備えているべきであり、美についての哲学的な教説を心得ており、物事に対する情熱と実行力を備え、広大な場所において自らの考えを実践し、その試みの成功によって、その正当性を検証する十分な機会と時間を持ち合わせていなければなりません。そして、結局、十分な時間があっても、誰もが必ずしも好むことではないと思えますが、書くことが好きな人物であることです。

　私自身は、森林官指導者試験を目前にして行政の経歴を退き、その後、田舎に暮らし、どのような学術的生活からも離れているため、新しく習ったこと以上に忘れました。私自身の経験は限られていますが、1000 ha たらずの場所で、森林美学の実践を行ってから約 10 年に満たないため、森林美学を書き表す仕事に情熱を十分に持ち合わせているかどうか定かではありません。

　また、私の本には多くの長所と欠点があると思います。しかし、このようなことは私の執筆の妨げにはなりません。それは、この本が森林美学の唯一の著書だからです。

　私は初めに当たって、このことを、そして、ここに最後として述べますが、私が使わねばならない控えめな文脈はやめます。例えば、このような言い回し、"私の控えめな言い回しでは"あるいは"もし私が NN 氏、定評のある権威者である NN 氏の意見に対して敢えて反対を言うことが許されるなら"などです。

　私が本書で議論しようとすることは、わずかに新しいのですが、ここで用いた理念の多くは巻末の文献に既に述べられています。いくつかは、あちらこちらで既に実行に移されています。いずれにせよ、いくつかは読者にとって新しいことであることを願います。なんにせよ、この広く分散した文献資料を集めることによる功績は、重要な考え方の出発点であり、私の実践に基づきますが、森林科学の一分野とし森林美学を創始したことにあると主張します。

ミリチュ近傍ポステル　1885 年 1 月

*187 頁において提案した間伐に対する意見は恐らく新しい見解を含むでしょう。

第2版への前書き

フォン・ザーリッシュ

　初版が出版されてから15年がたち、絶版になってからも時間が経ちました。森林美学は全面的に書き直され、版を大きくして再び出版されました。もし、この版でも明らかな欠落があり、大切な部分が少ししか包含されていないとしたら、どうかお許し下さい。私は様々な仕事に就いていますが、特に1893年からの議会の仕事によって多忙を極めてきたため、私が楽しみにしている林業に、ある時は全力では打ち込むことが出来ませんでした。

　森林美学が林業学校において講じられ、専門家によってこの分野の知識に注意が払われ、また推進されるため時間を要しないことを願います。この間、私は皆さんの研究に資するため、文献の拡充に特に注意を払ってきました。適切な本として、ルドルフRudorffやエルンストErnstの郷土保護Local Preservation（ライプチッヒとベルリン、1901年）、出版社ゲオルグ・ハインリッヒ・メイヤーGeorg Heinrich Meyer、を挙げましょう。この適切な考察の宝庫を知ったのは、私が改訂作業を終えた直後であったのです。

　このことは、ゾーンレイSohnreyの著書 "農村の福祉活動と郷土管理の手引き *Guide for Rural Welfare Work and Local Maintenance*"（ベルリン、1901）についても同様です。私が、森林の社会的意義に関する優れたこの内容を知ったのは、原稿を出版社に送ったその後でした。

　森林美学を読む時間やあるいは情熱のない林業家でも、森林整備に際して、森林美学の判断を時折聞くことでしょう。可能な限りの注意をはらう指針がそこにはあります。望むことは、この版がしばしば取り上げられ無駄にならないことを願います。

　出版社の厚意によって、この版では、本の装丁だけではなく、マイゼンバッハ・リファルスMeisenbach・Riffarth社（ベルリン・シェーンベルク）の美を備えた沢山の写真が充実し、また、これらによって意味するところを明確にしてくれるでしょう。

ポステル　1902年1月

第1部 森林美学の基礎理念

セクションA：序章

第1章 森林美学の用語と役割、森林科学の特殊分野としての森林美学の歴史と文献——研究の必要性——

1. 森林美学とは何か

森林美学は施業林 timber forest の美の学問です。森林の美がどこにあるのか、森林の美をどのように育てるのかを示すものであると考えられています。

本書では、美的観点で行われる林業経営を林業芸術 forestry art と呼びます。林業芸術は、土地を人間の美しい居住の場へと改変することを目的とした**ランドスケープ芸術 landscape art**〔der Landvershoenerkunst〕の一部門で、そのランドスケープ芸術は、土地の**一般的な耕作芸術 general cultural art** の一部門です。

本著では、これらの定義に関して、美学者カール・クリスチャン・フリードリッヒ・クラウゼ Karl Christian Friedrich Krause の著書 "ランドスケープ芸術の科学 *The Science of Landscape Art*" に従います。[1] この書籍は 1832 年に執筆され、ようやく 1883 年になってから出版されたものです。

クラウゼによれば、ランドスケープ芸術はいくつかの部分、すなわち、建物の芸術 the art of building（建築 architecture）、造園芸術 the art of gardening、森林芸術 the art of forest cultivation、畑地芸術 the art of crop cultivation、草地芸術 the art of meadow cultivation から成り立っています。その一方で、クラウゼは農村の最高の美しい装飾となるものは、健康で、剛健で、美しく、幸せな人々であるとも考えています。

森林芸術について、クラウゼは "森林芸術に関して言えば、その主要な課題は、**実用のためにも、美と喜びのためにも、林木と潅木類を植え育てること、**

それから森の生物を養うことである"と述べています。それはまた、**森林の利用と美のために、必要に応じて造られる**家屋、歩道と道路施設、草地と庭園、用水池、給水施設のような施設を含みます。

　上記の太字で示された部分は、それらが含んでいる明確な区別が注目に値する部分です。木材を利用することが目的ではなく、単に美と喜びのためだけに経営される森林は、林業芸術（または、クラウゼの言う森林芸術）には当てはまりません。しかしながら、森林の利用と森林の美のために必要とされる家屋、道路、庭園等々は、林業芸術の一部分です。

　ここまで、林業芸術を、造園芸術を含むランドスケープ芸術の一部分であると位置づけてきましたが、ここで、ある誤りが起こりうることに注意する必要があります。

　造園芸術では、**自然を理想化すること** idealizing nature をその仕事として定義する美学の動向があります。他の数名の著者とともに、K. E. シュナイダー K. E. Schneider 博士[2]はこの意見を支持し、彼の著書 "造園芸術の美学的基礎のための試論 *Attempt for the Aesthetic Foundation of the Fine Art of Gardening*" の中の彼の見解、"未だ存在せざる科学" によって始めることと美学体系の未だ残された溝を埋めたことを自画自賛しています。そこで、シュナイダー博士に同意する人、自然を理想化することが可能であることを信じる人は、森林の自然を理想化することを林業芸術の仕事であると考えるかもしれません。

　しかし、どうしたら、欠点ばかりの人間にこの仕事が出来るのでしょうか！

　残念なことに、シュナイダーの誤りが一人だけでないことは残念なことです。

　ゲーテ Goethe はその時代において、すでに同様の誤りと戦わねばなりませんでした。彼は彼自身のやり方で、すなわち、短いけれども彼の残念な気持ちをよく現した詩を詠むことで戦いました。この詩は、"**ローマの中国人 Der Chinese in Rom**" [The Chinese Man in Rome] と呼ばれています。残念なことに、あまり知られていないので、ここに引用したいと思います。

　　　ローマで私は一人の中国人に会った　彼には古代と近代の
　　　建物すべてが、疎ましく重苦しく思われた
　　　ああ、と彼はため息をついた　哀れな連中め、彼らにどうか分からせて

やりたい

木の柱が屋根の梁を支えていればこそ、
気舞や厚紙、彫り物や色鮮やかな金箔を見て
教養ある眼の繊細な感覚のみが快いにすぎないのだと

そのとき私はこの手の夢想家の心の内を覗き見た気がした
彼はおのが空中楼閣を堅固な自然から成る永遠の絨毯と比べている
正真正銘な健康人を病人と呼び、自分こそ病人なのに健康だと名乗る輩
なのだ

　美学者たちの中には、造園芸術の目的を真に理解している者がいました。例えば、フィッシャーVischer[3]は造園芸術の目的を"色彩豊かで絵のように美的〔ピクチャレスクpicturesque〕な場所の**散策walk**を理想化すること"としています。

　しかしながら、自然を理想化することが造園家landscape gardenerの仕事でないならば、このことは、もちろん、森林官foresterに対しても同様に目的であると主張できないことです。しかし、どちらでもないなら、私たちは理想を失ってしまいます。その理想こそ、**林業芸術の目的は、経済的な森林管理を理想化すること**なのです。

　建築がレンガ積みの工芸と呼ばれるように、林業芸術も森林管理の現場労働にたずさわる職人が技能上で向上することを前提にしています。

　森林の自然に関して、われわれの仕事は表裏のものです。

　まず始めに、**人間がひきおこす、終局に至る破壊**があります。ここで再び、クラウゼ[4]を引用しましょう。

　"芸術は、何か重要なものを創造したり形にしたりするための、人間の持つある種のエネルギーから形成された技能であり、それによって作り出されたものは人間の生活の中に置かれ、生活の中で維持されてゆきます。人間は悪いもの、邪悪なもの、自然に逆らうものを作ることが可能であり、その能力は優れています。しかし、そのようなものはつくるべきではありません。もし人間が

そのような自然に逆らうものをつくったとしたら、それは芸術ではなく、罪であり悪です"

いかに多くの"自然に逆らうもの"が再設計されていることでしょう。さらに、クラウゼの言うように、私たちの仕事は**"新たな観点と関係の中で自然を美しく形づくること"**です。

このことの説明として私が指摘したいのは、立木地 timber stands が将来最適な形で利用されるということに関し、また、関係し、また同時にそれが美しい方法で育てられるならば、この要求が満たされるのだということです。

間伐 thinned cut されない、菌類が繁殖する高齢の天然林は公園では美しいかもしれませんが、それらは森林経済の"観点と関係"に合致しません。したがって、そのような林分は木材利用を可能とする、若い木に転換させるべきです。

森林 forest と公園林地 park woodland との相違については、応用編で詳述したいと思います。

2. 森林経営を美的観点から考慮する必要

"美しさには絶対的に意味があります。だから同様に、合理的な人間が美を形成する完全に義務的な要求があります。"

このクラウゼ[4]による意見は、宗教的理由と哲学的方法によって証明できます。読者は引用元の文でこれを読みたいかも知れません。しかし、この引用文がキリスト教の博愛とよく理解されている人類の利益の観点によるランドスケープ芸術の広範な分野において、格別の考慮に値するという意見で十分だと思います。だれもが天才的芸術家になれるわけではありませんが、立場や職業の枠組みの中で、例え、清潔さや秩序を好むだけであっても、誰でも美の向上に貢献できます。森林官がその与えられた仕事以上のことをすることを禁止することは何度も試みられています。例えば、G. ハイヤーG. Heyer は、このように書いています[5]。"もし個人が自分の森林を公園のように管理して、絵画のように美しくかつ経済的に成熟した林木をそこに維持できるならば、彼はそのような管理の仕方を禁止される理由はありません。なぜならば、彼は所有地とその管理について、自分に対してのみ責任を持てばよいからです。しかし、国有林 federal forests の場合は異なります。そこからの収入の全てが市民の税負担を

軽くするのに役立つからです。だから、貧しい者でも国有林が高い利益をもたらすことに興味を抱いています。利益が多ければ、税の支払いがより少なくて済むからです。"

しかし、財政第一という狭い考えによって、彼らの森林での楽しみが減らされることがないように、特に、比較的低所得者が優先的に森を楽しむ権利をもつことについて、多くの人が共感を持ち、これを強調すべきです。他の人びとと同様、グーゼGuseもこの点を繰り返し主張しました。

彼がトリエル市City Trierの主任森林管理官chief forest rangerだったとき、土地純収益説net profit theoryの信奉者と戦いながら、国が特に貧しい人びとに配慮した財政的視点だけを見ることでいいのかという疑問を抱きました。彼はこの質問に対して否定的に答えざるを得ないと感じたのです。ここでグーゼの意見の一部[6]を引用しましょう。

"私は担当区を通る散策にあなたたちを連れ出したいのです。炭鉱で働く日中勤務の作業者と夜間勤務の作業者の交代の時間帯に、帰途につく労働者はオークとブナの森を抜ける歩道を通ります。また、坑道に向かう労働者も同じ道を歩きます。これらの人びとが清澄な森林の空気を吸うことをどれほど楽しんでいることか、見てほしいのです。うっとりして、彼らは木々の上の方を見上げます。もう一度、これらの林分をもっとよく見て下さい。その将来の森林管理はこれ以上木々が壮大に成長することを許さないために、森林はこれ以上子供達を心から喜ばせることはないでしょう。企業家は彼の公園を維持しますが、それを誰も否定できません。では、あなた方はどうでしょう。針葉樹の方が一層儲かるなら、あなた方は若いブナbeechの林分を残そうとさえしないでしょう。そうすると、あなた方は木陰のない場所を通って急いで帰宅することを受け入れざるを得ないし、あなた方の子供達は近くの森林で遊ぶことはできないでしょう。なぜならば、土地の価値が余りにも高く、この場所で植林することは馬鹿げていることになるからです。"……"実際、控えめな森林管理によって不利益を被るのは貧しい階層ではありません。富裕な人びとは旅行をしてその印象を家に持ち帰ることができ、それによって日常環境を忘れて自分を慰めることができます。でも、貧しい人びとにはそうする立場にはありません。高価な森林資本を低い純益の状態におくことが贅沢ならば、贅沢は国家の経済

学者が我慢できないものであり、私たちは他のことでも一貫性を保つべきでしょう。莫大な費用を投じて、ノルマン様式Norman styleで建築され、（金持ちのための）一等と二等の快適な待合室のある、あの鉄道駅をご覧なさい。これは、なんという公共の富の浪費でしょうか？ これは儲かるのでしょうか？ これは必要なのでしょうか？ 向こうの橋は、なんと高価な装飾で満ちた構造でしょう！ 学校や議会の建物も同じです。われわれの森林の長伐期施業に必要な経費をはるかに越える、なんと非常識な浪費でしょう？ なぜ必要だけに限定しなくてはならないのでしょうか？ どちらを選ぶのですか！ あなた方、特に（森林計画の基礎を担う）数学者は一貫性を保つべきです。"

近年、グーゼは自分の意見に確信を抱きました。デンツイン Denzin との論争において、良好な土壌におけるマツの林分の許容伐期齢 permissible rotation period について彼は次のように述べました。[7]

"デンツイン氏は長伐期齢で管理された森林のより大きな美について、私が自分の理論に従って管理された森林を描きましたが、その私の意見をちょっとからかうように '牧歌的' とみなしました。彼は森林が年と共に一層の美を獲得することを否定するわけではないのですが、その主要な目的を考えると、国有林は '経済林' である、と言いました。誰がこのことを否定できますか？ しかし、長伐期齢で施業される森林は経済林ではないのでしょうか？ 100年を超える長伐期齢で施業されるとその森林は経済林ではなくなるのでしょうか？ 結局、美は私たちの行政が配慮すべき基準ではないのでしょうか？ この美という基準を配慮しないで建設されるような支線鉄道駅や公共建築はほとんどありません。なぜ林業だけが例外なのでしょうか？ 見栄えのする建物と森林の壮大さのどちらが多くの人びとに喜びを与えるでしょうか？ 森林と湖は我が国の東部における主要な景勝地です。誰も私たちにどうしても支払ってくれようとはしない投機的な地価を上昇させるために、私たちは森林の美を減少させても良いのでしょうか？ デンツインによれば、財政的に引き合う程度以下の高度の大量生産による伐期齢においても、自然の力は観察可能であるといいます。しかし、私には、200年未満のオークの細く棒状になった高密度の林分や中層や地表のホバシラモミ mast spruces や広葉樹の林分において、自然の力を強く賞賛する人がいるとは思えません。私たちは物質中心の時代に生きてい

ると言われます。それでも、美が必要とされていることは、あらゆる公共施設を見ればわかります。政府は、何世紀にも渉って存続すると見積もられている記念碑や建物などで都市を装飾できることを誇りに思っています。繁栄する国家は壮大で円熟した森林を提供することにも誇りを見いだせないものでしょうか？"

グーゼの理想的意見を分かちあえない人であっても、美に関わる問題において予算的狭量さを避けるべきはないでしょうか？ なぜならば、森林の美に気を配ることは所有者の個人的楽しみを増大させるだけでなく、確かな利点をもたらします。

この点を詳しく明らかにすることが、ダンケルマン会報 *Dankelmannsche Zeitung* [Danchelmann's Newspaper] に公表した長い論説の目的です。詳細を述べると、本書の応用編を述べることになるので、ここでは、その中から主要な点だけを述べることにしましょう。

1. 美的観点の考慮は**経済的な失敗を防ぎます**。なぜなら、美の完成のために努力することに一致して、善と用が同時に達成されるからです。

2. 森林官の職務遂行の熱意は、その担当区の美によって左右されます。

これは既にプファイル Pfeil の論説において何度か指摘されていることです。"愛情が欠けているなら、知識だけではうまくいきません。"

若い森林官に浸透させるべき森林へのある種の愛情があり、"それは莫大な利益をもたらす樹木に対して木材業者が抱くような愛情とは異なる"とプファイルは述べています。"後者は肉屋が肥えた牛や豚に対して抱く愛情と似ていて、樹木を伐倒したり動物を屠殺したりすることによってのみ気持ちが満たされます。そしてまた、森林に対する愛情は、その人がほとんどあるいは何も手をかけてこなかった美しい林分を見せびらかすような虚栄心にもとづくようなものでもありません。ましてや、森林の管理者が所有者の立場になったとしても、人間の根本には常に非難されるべきエゴイズムが潜んでいるため、唯一の支配者としてそれを独裁的に扱ったり使ったりできるように他の人びとが森林を使うのを排除するような排他的な愛情ではなく、本来の森林に対する愛情は、人びとに対する愛情と常に一体です。どんな努力や困難があってもそれを引き継ぐことは、樹木と森林の繁栄に対する深い関心と樹木自身のために美を高め

るための努力と、個を犠牲にしてでもそれを目指す熱意なのです。"

　プファイルによれば、森林官がこの愛情を欠いていたならば、"最大の知識"があってもこの欠点に取って代わることはできないと言います。なぜならば、彼らは"どこにも自分自身の目をもっていない上、そのような現場志向にない森林官は林業全体を官僚的に管理する傾向がある"からなのです。

　今日でもその美に対する理解から森林を愛し、仕事に対する熱意が部分的にせよ、森林に対する愛情に基づいていることを理解している森林官がいます。この点をレードラーRoedler森林官がうまく表現しています。

　"このすべてが不要だとか、無用の自然への熱中だとか言わないで欲しいのです。とりわけ日々の単調で厳しい業務の中に、そこを訪れて保持している、自然の美の隠れ場は、楽しさや有益な気分転換や休息を与えてくれます。良識のある人で、本当の自然愛好家は、管理者の気配りや慈しむ手が感じられる森林地域に入る時、気持ちよくその地域と触れ合います。ドイツの森林という聖なる大聖堂に入るハイカーの静かなる賞賛は、こうした管理者に向けられるものなのです。しかし、私が意味するのは、この報酬だけでなく、その管理者自身も彼の創造物である森林を見ることによって大いなる満足と絶え間ない刺激を見出すでしょう。そして、多くの喜びが彼の努力に報いるでしょう。"

　3．森林の美に向けられた人びとの愛着は多くの点で森林にとって有用です。

　このことを主席森林官のノイマンNeumannほどうまく表現している人はいません。彼は次のように記しました。"森林の**美的管理beauty care**は人間の理想の精神の要求を満たすだけでなく、その**保護を意味**します。良好に維持管理された美学的に美しい森林は、全ての教養ある人びとの興味を引きます。このことだけでも、森林は多くの来訪者の保護の元に置かれるでしょう。このことが私たちの森林保全に少なからず貢献します。しかし、まだ多くの人びとがこの態度を支持しているわけではありません。公式にはこれは全く認められていませんが、全幅の配慮に値します。"

　更に、"美学的に美しい森林"を評価できるのは"教養ある人"に限定されるわけではないことを私は述べておきたいのです。**それほど教養が高くない、あるいは教育を受けていない人びとも、美の恩恵を受けます**。教養のない人たちではなく、中途半端な教育で甘やかされたり虐待されたりした輩だけが美を汚し

ています。

4. 身近な森林の美を楽しむことによって、**人々をゆったり**させます。

この点は、国の森林官だけでなく都市や農村の社会や私有林の所有者も、社会政策の上で考慮すべきことです。子供や孫たちが自分と同じように自分たちの親や祖父たちが、働き、活気あふれた大地の上に生き続けることを願う土地所有者は、一方では子供達を慎ましく育てる必要があり、他方では彼らがその森林を愛するようになって貰うために、その所有地の美と利潤に気を配る必要があります。しかしながら、だれもが林地を所有できるわけではありませんが所有しなくても美を楽しむことができることは幸運です。すなわち自分自身を楽しむことに委ね、所有者の喜びを分かつことによって、だれでもその共同所有者であるかのように感じ始めるのです。**"楽しんでいる者が所有しているのだから、所有者owner はそれ以上のことができるだろうか？"** とフォン・モルトケ伯爵Count von Moltke[12]が言っている通りです。

しかし、所有者は一層高い意識を持って森林を見ます。純粋な美的満足に加えて、所有者は別の心地よい感情で満たされます。それは最初の満足に強く関わっているのです。これは、かつて私が"森林を所有することの誇り the pride of forest property"と呼んだものです。ここでは私は所有の法的な意味を言っているのではありません。シレジア Silesia 出身者が皆、**"私たちの"** ズデーテン山地Sudeten Mountainsの美しさについて語るように、ドイツ人は誰でもドイツの森林の共同所有者と自分たちを見なします。このことが、この観点を私有林だけでなく国有林に対して、そしてとりわけ村落の共有林に対して考慮すべき理由です。それは、すべての市民、所有する共同体のすべての構成員が共同所有者の自覚を持ち、実は美的とは言えないのですが、その程度は森林の美的な手入れによって決まるという特別の満足感を楽しむためです。

不幸にもこの寛大な態度に今なお反対する者がいます。人口の多い都市や、温泉地、紳士や貴族の狩猟地域や同様に好まれる森林、観光客がよく訪れる道路周辺では、美のために何かしなければならないと言うことは、もはや否定されません。しかし、遠隔地の広大な森林には、多くの人々の意見によって森林美の専門家があえて干渉することができない状態がほとんどです。

そのような意見は、もうほとんど文献には見られませんが、大多数の森林官

は今なお大森林の中心にいてさえも、美学の声に耳を傾けることをいやがるということが現実です。これは森林官に教えられた謙虚な抑制の結果ですが、この場合それが行き過ぎています。

第一に、森林官自身が"いわば、一人の人間"なのです。彼は毎日、深い理解を持って森林を見ます。森林官は森林に養われているので、彼の意見は多くの観光客の意見よりも傾聴に値します。

だれもそれを予想していませんでしたが、交通ルートが発達してすでに多くの森林に容易に到達できるようにしていることを認識すべきです。素敵な歩道の配置や成長した樹木などを、別荘をつくるように短時間でつくることは不可能なので、森林は起こりうる全てのことを受容する必要があります。

多くの人びとによって頻繁に見られるものだけを美しく作られればよいというのは、結局、極めて狭量な態度でしょう。

人間は感覚ではなく知性によって美を享受します。それを見ることができなくても、その存在を知るだけでも、美によって歓喜します。

典型的な曲線をもつ列柱が続く神殿に切妻の三角の面を備えることによって、ギリシャの巨匠は参拝者から離れた大理石の壁の隅々まで常に意のままに芸術的配慮を向けました。**私たちが見ることができる美だけでなく、見なくても存在を知ることができる美も私たちを歓喜させる**という考えを、彼らは持っていたに違いありません。**私たちの森林においても同じことが言えます。けっしてそこを訪れない人でさえも、その存在とその美しさを大切に思うことでしょう。**

このようなことは自明であると思いがちですが、この原則はしばしば無視されるので、もう少しこの意見を議論したいと思います。

森林を楽しむことは乗馬の楽しみに似ています。つまり、馬がよく走り、一番楽しい動きをしても、その馬にしっぽの毛がないというような欠点があったら、走っている時にそれを見ることはなくても、人は乗馬を楽しめないでしょう。同様に、森林所有者は退屈で魅力のない森林からでなく、美しくてよく手入れされた森林から収入を得ることを好むでしょう。

シレジア森林協会Schlesischer Forstverein [Silesian Forest Organization]において、ハイヤーG. Heyerのような人びととは対照的に、王立ザクセンKoeniglich Saechsische [Royal Saxonian] 主席森林官も勤めたシュルチェ

Schulze[13]は、幸いにも多くの人々にとっての美しい森の価値をきわめてはっきりと述べました。彼らの故郷の他の芸術作品に加えてシスティナの聖母 Sistinian Madonna を持っていることは、すべてのザクセン人に誇りであり、同様にすべてのザクセン人はその国有林について価値があり、美しく、喜びに満ちた財産をもっていることを誇りとしています。財政上の利益に加えて森林財産の精神の高揚、美しさ、喜びを考慮することが讃えられます。

3. 森林美学の歴史と文献——林学の特別な一分野として森林美学を研究し、教育する必要性——

林業科学 forestry science の一分野として森林美学を研究し、教育する必要性があるか否かの問題は幾度となく提起されてきました。それはまれに肯定され、多くの場合には否定されてきました。このために学問としての森林美学の歩みはゆっくりしていました。最初に記された森林美学の書物は、ニューフォレスト New Forest、ボールドレー Boldre の主任牧師、サリスベリー Salisbury の司祭評議員 canon であったギルピン Gilpin によって 1791 年にイギリスで、ドイツ語版は 1800 年にライプツィヒ Leipzig で出版されています。それは "主にピクチュアレスクな美に関するハンプシャー州ニューフォレストの景色にみる森林風景と林地の眺めの論評 *Bemerkungen ueber Waldscenen und Waldansichten und ihre malerischen Schoenheiten, von Scenen des Neuwaldes in Hampshire hergenommen*" [Remarks on Forest Scenes and Views and Their Picturesque Beauties from Scenes of New Forest in Hampshire] という幾分印象的なタイトルを持つ数巻でした。この本は繊細かつ正確な観察眼に富み、今日でも価値があります。

ところで、聖職者や神学教育を受けた人々が林学を先導したことは興味深いことです。ギルピン以外にも、後世にいう増加公式の発見者であるフィーレンクレー Vierenklee、最初の林学雑誌の創設者であるシュタール Stahl、ドライシュヒアーカー Dreissigacker 林学院の創設者であるベッヒシュタイン Bechstein などがそうです。

ギルピンの本はドイツのみならず、彼の母国でも忘れ去られていたようです。ドイツでは似たような独自の動きがある前に長い時間が経ちました。1824

年にフォン・デル・ボルヒ von der Borch は雑誌シルバン *Sylvan* に立派な林業の論文を発表し、1830 年には絵画で装飾・編集されることを望んだ "森林における美学 *Aesthetics in the Forest*" のために出版者を探していました。この試みによって受けた様々な非難について、後に彼は不平を述べています。彼の "美学" は、結局、出版されませんでした。話は変わって、ピュックラー侯 Prince Pueckler を第一人者とする造園家達、シュライデン Schleiden のような植物学者達と森林の理解者達、——もっとも値する人物にマシウス Masius[14]、ロスメスラー Rossmaessler[15] を挙げます——は、森林本来の自然の美しさの理解の向上に努力しています。しかし、彼らは森林管理の最新の方法に有効な影響を与えることはできませんでした。

G. ケーニッヒ G. Koenig の著作 "森林撫育 *Forest Care*" の数頁には、森林の美しさに関する驚くほどたくさんの注目すべきヒントが凝縮されています。例えば、"林業的な完成度が高い森林は、同時に最高に美しい状態にある" という言葉は、彼の深い理解を表しています。

ブルクハルト Burckhardt は著書 "播種と植樹 *Sowing and Planting*" のなかに "森林の改良 Forest Enhancement" の章を設け、そこ、ここにすばらしい観察と助言を公表しています。しかし、彼の主張していることのすべてに賛成できるわけではありません。普段、彼は森林の美しさの管理について、次のように述べています。"**森林の美しさの概念が呼び起こすものに従うより外に定められた規則に従って行動することはほとんど不可能です。**" この考えは、**慎ましやかな態度に加えて、森林美の純化された概念が林業芸術の主要な要素である**限りは有効です。しかしながら、誤りのない巨匠の判定——(巨匠だけが主要な形式を打ち破る事ができる)は極めて少数の人への天賦の才としてだけにしか与えられません。この贈り物のかわりに他の面で才能あふれる多くの専門家には、残念ながら画一的な審美眼しか備わっていません。

ガイヤー Gayer[16] は "誤って伝えられた美の感覚" が経済的な誤りをもたらすかもしれないことを何度も指摘しています。そして、有望な樹種が更新しても他の樹種の混交によってその経済的価値が低下することを目にしなかった者はいません。有望な樹種の混交が、播種の列、植林の列のために造林地 plantation の端から端まで何の障害を受けることもなくまっすぐに伸びていく

ものだと思われていたのです。ある森林官がマツを選んで皆伐後に残された
わずかなブナの萌芽を伐採した時、"これらが私の方法だ"と言いました。単に
植栽地がかなり整然として見えるようにするためにだけ除伐を行うのではな
く、成長する隙間さえないような伸びきった高い茂みの下で、更新した稚樹が
どんなに衰退させられているのかを思い起こして手入れをして欲しいものです。
確かに、より広い地域の森林官はそれぞれ、この頻発する誤った保育作業に多
少、苦情を漏らしていましたが、自分自身の似たような行動や関連する原因に
ついて考えることはありませんでした。例えば、直線の好みと地図上の情報だ
けで、小道と小川に手を加えたり、林班界を作ることもよく行われてしまい
ます。

　有能で、少しも悪い影響を受けていない森林官でさえも、芸術に専念しよう
としている者と同様に、芸術の規則を知ることは重要です。

　森林官は、建築家、彫刻家や画家とは違って、最初にスケッチや模型をつく
ることで思いどおりに修正することや、あるものを取り除くことはできません。
何故なら、彼の活動はいくらかのお金を費やすことも許されておらず、全く反
対に可能な限りお金を作ることが求められるからです。

　もっとも、私たちが犯した多くの過ちを自然の治癒力が埋め合わせてくれる
のは真実です。私たちが妨げていても美しさが展開することが可能です。しか
し、しばしば私たちは自然が治癒することを損なうことがあります。拙速にな
された誤りには、数世代の範囲では修復不可能なことも多いのです。

　**私がこれを実例で説明しようとすれば、この本の残りの部分を先回りして紹
介することになります。しかし、もし、これまでの態度を改めないか、いくら
かの規則の感化を受入れないで、この本を閉じようとしない読者が一人でもい
るとすれば、それこそ、知識の一分野としての森林美学の有用性と必要性が実
際的に証明されることになるでしょう。**

　上述の太字は、私の著書である森林美学の第一版から踏襲してきました。と
ころで、ヴィルブラント Wilbrand は森林美学の研究の必要性を立証し、しば
しば書籍だけでなく、講義の中でこの目的に専念しています。しかし、この最
後の願いには反響がありませんでした。著述と同様に比較的わずかな教材が
集められ、その最良のものはヴィルブラント自身によるものでした。私の知

識ではフォン・フィッシュバッハvon Fischbach、フォン・グーテンベルクvon Guttenberg、ハンペルHampelとクラフトKraftによる森林美学の評論があり[18]、それらは読者に多くの優れた新しい考え方を示しています。森林団体でもこれらの議題についてかなりの時間を議論に費やしていますし、プロシア上院議会Prussian Upper Chamberでさえも委員会や本会議で森林美学の要求を討議しました。さらにこれらの専門の著述家が、既存の仕事に付加される提案を補強しようと努力しました。しかし、理論的な林業の仕事である他分野で賞賛されるべき熱心さとは比較になりませんが、このすべてが、未完成で残されています。

　この本の新版は森林美学の課題についての新しく有益な理解者を獲得することに成功するかもしれません。

第2章　美の歓喜の原因

1．美しさから喜びを得る人間の内なる能力

　"私たちは、美を、内に備わっている特性としてその対象のなかに封じ込めます。つまり、美しいものは、例え、私たちがその美しいものに気付かず、感じ取ることがなくとも、それ自体で美しいのであり、美しさを備えていると主張します。美しい影像は、海の底に沈められたとしても、美しいままであり続けます。美しさも美も、たとえ、生き物の間で珍しい程ではないとしても、そのまま同じ価値を保ちます。美しい物は私たちに意味深く訴えかけますが、これは私たちとの係わりがあってはじめて美しくなるものではないのです。"

　クラウゼKrause[19]のこの文章を把えるならば、以下の2つの疑問が生じるでしょう。

1．私たちが美から喜びを感じることができる人間の特性はどのようなものなのか。

2．私たちの美の感覚senseに適合するものに内在する特性はどのようなものなのか。

　まず、第一の疑問をみていきましょう。ダーウィンDarwinは私たちの美的判断の拠り所を感覚だけに置いています。人間の起源についての彼の著書の第2巻目[20]で、彼は次のように書いています。"人間やより下等な動物の感覚は、

華々しい色、確かな形、調和し、リズミカルな音を楽しみ、これらを美しいと呼ぶように見えます。**ただし、なぜそうなるのか、私たちは知りません**。もちろん、物質的な美に対するある決まった尺度が人間の心の中にあるというのは、正しくありません。けれども、時の流れの中で決まった好みが受け継がれていくことはあり得ます。**だが、この見解を裏付ける証拠はありません**。"

　ダーウィンはむしろここで謙虚ですが（私が太字で強調した部分からわかるように）、もっと気が小さい人々は、いつもそうであるとは限りませんでした。例えば、森林美学の領域で同様に高く認められているロスメスラーRossmaessler[21]は、次のように書いています。"もしかすると、人間の好みに応じて自然は養成されるという考え方が疑われるかもしれません。その考えは創造の中心に人間を置いて、人間の興味へ全てのものを従属させることに行き着きます。最も謙遜して発言していると信じている人々が特に、この思いあがった判断をし、反論するものです。木と植物が人間の好みに合わせてつくられているのは、木と植物の領域ではなく、人間の好みが木と植物の存在のために徐々に形成されるのです。葉と尖頭アーチとバラという、あまりにも豪華な装飾をつけた古いドイツの建築様式は、私たちのドイツの森林を表わしているのです。それは、古代ギリシャの列柱様式が単純で美しい形をした南方のヤシの木を表していることと同じです。"

　ロスメスラーの批判に関わらず、人間の好みに応じて自然は養成されるという意見を持つ人がいるとは、あるいは、いるはずだったとは、私は信じることができません。ロスメスラーの拳は空を切り、誰も傷つけなかったことになります。けれども、ロスメスラーの論評は、半分の真実を含んでいる限り、輝いています。というのも、長い習慣によって私たちを外の世界に親しませ、愛させ、ついには、もっと美しいものもあるのに、それほど美しくない物を美しいと思わせる点に関して、結局、私たちは彼に賛成せざるを得なくなるからです。このことによって、周囲の自然によって決定され、世代から世代へと受け継がれ、固定されてきた人々の好みの外に、工芸と芸術の結果として生まれた自然の様子に歴然とした一致がしばしば生じることの説明となります。ロスメスラーの例に加えて、ある美学者たちの考えによると、ペルシャ絨毯によく使われる緑色は、ペルシャの山岳地方の豊かな植生に由来し、アフリカの織物の燃

えるような色合いは砂漠のきらめく明るさに由来するということです。

　しかし、結局、ロスメスラーの説明の試みは、全体的に不十分なままです。私たちが慣れてきたためであるという、この唯一の理由だけで自然が好きだということは、決して認められません。他方、私たちの自然の宝庫への美学的愛好を、知ることや習慣にすることになります。それは全く真実ではありません。さらに、私は、第一印象が魅力であろうという事実も無視したいのですが、ジャガイモをどんなに研究したとしても、有用なジャガイモがバラの花よりも美しく見える人はほとんどいないということだけは指摘しておきたいのです。

　しかし、自然の愛好が純粋な習慣ではないなら、何がその根底なのでしょうか？

　もしかして、それは偶然の一致でしょうか？ 外界をつくっている原子と、変化しながら私たちの体をつくる原子とが、前者の美学的愛好が、後者のなかの意識的事柄に発展するように毎回、配列する、そんな非常に複雑な偶然の一致があったに違いありません。このような方向での説明の詳細な試みが不足していないこと、あるいは、間もなく不足しなくなるということを、私は少しも疑っていません。というのも、人間の道徳的な特性までもが同じ根拠で説明することを試みる人もいたからです。しかし、敬愛する読者の方々は、テオドール・ハルティッヒ Theodor Hartig に賛成すると考えています。彼は、建築家なしに精巧な建築を想像することはできないという考えを、生涯にわたって持っていました。

　ここで私はこの傑出した研究者の注目すべき告白[22]を引用します。"昆虫の帝国には、多くの事実があります。そこでは、もっとも異なった個体、つまり、植物と動物が、自然法則に従って互いに依存関係にあります。これらは、現代の見方に矛盾するものです。現代のものの見方では、思考そのものが物質的機能の産物、つまり、脳の物質の転換の産物であることによるとするものです。有機体と同様に、機械はそれらが働いている時はいつでも、特別の支配力を必要とします。それは、それらの動きが与えられた目的かある目標に縛られている時を意味します。その力とは、生命のない機械で言えば、それを動かす航海士や職長などに相当し、有機体について言えば、生命力と呼ばれるものです。その力は、違う物質を同じ方法で、同じ物質を違う方法で、動かし、変えるこ

とが進行するので、一つの物質内部にはありえないものです。"

　私たちが美しさと考える現象の形と色の変化によって、容易に作られた方法には生存競争が考慮されていないという事実があり、この事実が、美の喜びを物質的な方法で説明することを格別に難しくしているのです。

　周囲の自然が私たちに美しくみえるのは、単なる習慣ではなく、偶然でもないとすれば、唯物論は芸術美についてさえも、ほとんど失敗することになります。

　私たちの美の喜びは、それが純粋に美学的である限り、個人の興味の主観的なものです。まれに、美しいものを見つめること、認識することは、私たちに快感を与えます。この現象は、生存競争に無関係に説明することはできません。全く対比的に、もし生存競争だけが有機体の世界を支配するならば、美学的な見方という"無用な邪魔もの"がとっくに捨てられざるをえなかったはずです。

　ある人々は、美的な見方という邪魔ものを捨てることに大いに成功しました。しかし、私たちはこれらの人たちのことをどのように判断したらよいのでしょうか。私たちは、この人たちの考えは進歩的なのだと、彼らを認めるのではなく、非難します。それは、私たちは、正と不正に関する道徳的な判断力と同様に、美の領域の考慮を要求する美学的な判断力の証明なのです。ある物が美しいかどうかという疑問について、ある物が善か悪かの疑問と同様に、激しく議論し、論争することがしばしばあります。すべての人は、理性的議論で他の人を説得しようとします。よく引き合いに出される格言"蓼食う虫も好き好き"(好みは争うことができない)は、表面的にはその争いを終らせるものです。しかし、各々の人は他の人が自分に賛成するはずであり、自分と反対の意見を持つことは不当であるだけでなく間違っている、とさえ考えているのです。

　これは言ってみれば感情の問題です。印象の正しさの証明を見たい人はエールシュテット Oersted[23] を読むべきです。彼は、才気あふれる語り口で、円形広場、噴水について、そして、音がつくりだす快感の理由について説明しました。彼によれば、私たちの感覚の能力は理性の法則に従っており、私たちを支配する理性的法則は、全世界を支配している法則と同じものだということです。

　近年、ユングマン Jungmann[23] は、プラトン Plato にならって、全く類似した方法で、自己を表現しています。

"この一致によって理性的精神に対する喜びの対象であるのにふさわしい限り、ものの美は、理性的な精神との実際の一致です。"

したがって、美を楽しむ私たちの能力は、私たちの理性に基づいていることになります。私たちの理性の根源をより深く追求しようとすれば、美学というよりむしろ宗教の問題になってきます。

2. 物の属性と美の調整——装飾の手引——

私たちは訊ねます。どのような事物の属性が、理性的な精神と実際に一致して、その理性的精神に対する快感の対象物となり得るものなのでしょうか。

美しいかどうかに関わらず、例として、ケルン大聖堂、蝶、ベートーベンの第9交響曲、勿忘草、騎兵隊の行進、シラーの"ワーレンシュタインWallenstein"、朝日、一本のオーク、シェイクスピアの"ロメオとジュリエット Romeo and Juliet"、ビスマルク侯 Prince Bismark、オレンジの木、を想像し、そこで、自問します、"これらのすべてに共通するものは何だろうか"と。

最初に、それらすべてに、ある考えが浮かび上がってきます。具体的な考えは互いに全く異なっていますが、各人は非常に完全な知覚をさきに述べた"美しいもの"の例の中に見いだします。もし誰もこのように感じないなら、あまり上手くありませんが、私の例を述べてみましょう。私にとって、ケルンの荘厳な建物は大聖堂の理想であり、水路の勿忘草は春の花々の理想なのです。

ゲーテ Goethe はオイゲニー Eugenie に次のように語らせています。"本質を欠いた現象とは何だろうか？ 本質は、それが見えないものであっても存在するのだろうか？"彼は、本質を欠いた現象は根拠の少ないものと考え、現象は、その物の本質と一致すべきであると考えていました。この意味で、美は**真実 truth** に基づいています。

それ故、そびえる尖塔か天空を模したドームによって、その場所がはるかな天上の事物へ関連していると、われわれに認識させるように教会に求めます。さらに、その建築様式によって、材料(石、レンガ、木材)や建設された時代を認識できます。私たちは、その建物が設計者の特に長所を表現していることを望みさえします。端的に言えば、一般的に、芸術作品と人間の仕事は**ある際だった様式をもたなければならない**と考えられます。

第2章 美の歓喜の原因　　23

　シンケルSchinkelの建築物は、つまるところとても美しいものですが、私たちは彼からどれほどの示唆を受けているのでしょうか。[24] 彼は**存在する**材料を用い**自身の様式を創造**しました。

　自然の構造について、様式を語ることは不可能です。しかしながら、私たちの好みは自然の構造に同じ要求をします。私たちは、山を好きになればなる程、火成岩でできているのか水成岩でできているのかが明らかになります。また、海カモメのしわがれた鳴き声が私たちを喜ばせるのは、それがこの陸地に降りずせわしげな彼らの動きに一致しているからです。羽根の特徴的なしるしは、蛾の仲間（*Nokutuiden* 属）の主要な模様に見られるものです。

　ある事物が、私たちがその分野に持つ考えと深く関係し、**その姿が典型的typical なものであるならば**、それが実際には美しいものでないにも関わらず、専門家はそれを大いに好むかもしれません。これは、医者が門外漢には胸が悪くなる程不快なことに対して、好奇心と一種の歓喜で見つめるのと同じです。

　このような "規則" には例外のように思われることがあるのが常です。私たちが最高の美の根源と見なしてきたいくつかの芸術は、美しい外見を形作ることを目的としていますが、もしそれが私たちを欺くものであるならば、その芸術的な行為は特に非難されます。この理由のため、蝋人形は気持ちの良いものではありませんし、画家は、ほとんどいかさまの外観を持ついくつかの個別の物を、前景に構成すべきではありません。これは全く自然なことであり、何故かといえば、良く知られたゼウクシス Zeuxis とパラシウス Parrhasius の絵画競争の話の後段に出てくるような罪のない冗談を除けば、人は誰しも欺かれたくないと思っているからなのです。[訳注1] しかしながら、私たちを脅えさせる病気から、ついには安堵を感じるかもしれない医者の例は、**観念がその外観を作ること**が重要であるとわかります。観念は同等ではなく、多くは現れる観念の種類に依存しています。例えば、十字架グモはクモの中では最も美しいものかもしれませんが、蝶の美しさに比べると劣ります。しかしながら、蝶はより優雅な生物と比べると劣ります。私たちは真に完全であることに喜びを感じます。しかしながら、人間の身体はそのような豊かな美を備えており、ヴィンケルマンWinckelmann の芸術的な審美眼を呼び起こしたトルソー（胴体の影像）が示す

訳注1　鳥の眼を欺むくブドウを描いた前者と画家の眼を欺く垂れ幕を描いた後者。

ように、不適当に（体が）切断された後でさえ、その理想が熱中を呼び起こすことができます。

　私たちが観念の重要性を決定する多くの他の条件に加えて、特に私たちの道徳的な意識が強く要求されます。**良いもの〔善 the good〕と美しいもの〔美 the beautiful〕との密接な関係**が、このことに基づいています。言語としての使い方だけを見れば、良いものと美しいものが、しばしば同じ意味で用いられることからもわかるように、この2つの言葉には非常に密接な関係があります。私たちは、真に善良な人を意味して、美しい行為について話します。ギリシャ人は、カロス〔美〕という言葉とアガトス〔善〕のという言葉を互いに組み合わせて使うことを好みました。彼らは最高に正直な人間が美しくはないか、美しい人間が最高に正直でないかの場合に、それらに矛盾が生じるために、最高に正直な人間をカロスカガトス〔美にして善〕と呼びました。

　これに関連して、ソクラテスは次のように言いました。[25]"セアテよ、テアドロスが君について話したこととは違って、君は真に美しく、全く醜くはない。明瞭に話す方法を知るものは、美しく、正しいのです。"

　哲学的な詩人シェイクスピア Shakespeare は、公爵がブラバンショウ〔Brabantio〕にオセロ Othello のことを語るとき、同じ方法で自分自身のことを次のように表現しています。[26]

　　　"もし、人が徳を美と認めなくてはならないとしたら、
　　　あなたは、義理の息子を醜いと言うことは許されません。"

クロプシュトック Klopstock は同じ気持ちでこう書いています。[27]

　　　"おう、徳よ、私は叫んだ。あなたはなんと美しいのでしょう。
　　　あなたを高める魂は、なんという神の傑作でしょうか。"

　私は次のような異論に立ち向かわなければなりません。人は私に次のように指摘するでしょう。多くの芸術作品が、道徳的にはかなり疑わしいけれども、一般には美しいと見なされます。例えば、マルシアスを奪うアポロ、白鳥とレ

ダなどです。私は答えます。そのような芸術作品はシンケルの建築と比較することができます。実際に悪影響を与える時、建築内部の壁や木組みや装飾が外部に現れることを望まないことが、上述の画家や彫刻家の作品は、**技術は同程度であるけれども、議論の余地のない考えを表現することに、はるかに劣っています**。芸術家が表現する最も非凡な熟達した形だけが、私たちに内に秘めた欠陥を受入れさせます。しかし、これらの作品の複製を石膏模型や普通の印刷の形で部屋に設置してみて、だれが耐えられるというのでしょう。

　しかしながら、もし善の観念が最高のもので、それゆえ、その"形"が最高の美的満足を与えるとするなら、日常生活において**有益**であることを意味する善の観念が、密接な関係を持つものとしてその傍に置かれるべきでしょう。

　外部の形は材料に関連するべきことを前述した時、私たちはすでに**有益性**usefulnessという言葉を取上げていますが、ここではまた、そこに話を向けたいと思います。私たちは、馬鹿げていて役立たない行為は悪であると考えます。だから、私たちは道徳の欠如と同様に、そのような悪には傷つけられますが、明らかに認められる有益性は私たちにとって喜ばしいものです。理性的存在である人間は、理にかなったこと（すなわち、有益である物）によって満足することができ、行動のこの原理が私たちの美的要求をも支配するのです。このことを明らかにするために、ここでいくつかの例を示しましょう。例えば、異なる階層をなすギリシャ建築の円柱は、上に置かれた荷重を安全に支えるのに必要な最低限の間隔で並んでいます。そのため、より強いドーリア式円柱の柱の間隔は、コリント式円柱に比べてより広い間隔で並べることができるのです。軽い木造の場合、私たちは細い柱が離れて並んでいるのを好みますし、鉄の構造物では、支持梁ができるだけ細く、できるだけ広がっているように見たいと思うでしょう。また、私たちはガラスと少しの鉄で作られた温室を好みますし、堡塁（砦）に築かれる塀には狭い窓と銃眼を備えていることを良しとするでしょう。さらに目的もなく建てられず、完全なものでありさえすれば私たちは建物を好みます。この理由で、一時代前には公園を飾るためによく建てられていた小さな聖堂やそれと同様の物は受け入れるべきものではないし、芝生の窪地を高い弧を描いて横断する橋の建設などは言うまでもありません。[28]

　私たちは、反対の方法を選んだかもしれませんし、有名な美学者（フェヒ

ナーFechner）が示す[29]ように、善のために声を届かせる時、有益性のための声から始める方がよいかもしれません。彼は言います。"最善の好みtasteは、人間のための最善に近づくこととともに存在します。しかしながら、人間にとってより善なることとは、時を得た、おそらく永遠の幸福に対して、より好意的であることです。"

　考えの内容に関する私たちの評価は、善か悪か、有益か無益かという言葉によるだけではありません。私たちは、すべてのものを人間が動物の上に、動物が植物の上に、植物が無機物の岩石のはるか上に位置づけます。一般に、この階層構造は、私たちの美の評価の順位と一致しています。しかし、私たちの美の評価は、無機的な自然の形成や現象がしばしばこの上もなく美しいと見なされることを否定しません。無機物のそれらは生命感がないことをその規模に置き換えているのです。また、ヨブ記の作者である信心深い詩人で神の声を聞いた唯一の人を嵐の中に置いたのです[訳注2]。

　より厳密に限定した用語として、美学は善、悪や有益、無益とは何の関係も持たず、私たちの感覚が私たちに伝えることに限定されていることを、私ははっきりと意識しています。

　より厳密な哲学的な態度にとって、事物は美的喜びaesthetic pleasureの単なる対象でしかありません。それは、私たちの好みの判断がそれらの目的や性質に関する隠された主題の影響を受けることがない限り、**それらの表現方法に**基づくためです。このような態度は、私たちが目標に到達することの助けにはならないでしょう。なぜなら、**その物の存在する目的や性質の影響を全く受けない判断は、実際にはありえない**からです。私たちが自分のやり方を変えることができないように、自分の持つ経験や知識を捨て去ることはできません。

　別の例をあげて、このことを明らかにしたいと思います。

　私は、これまでの無味乾燥な理論の話に付き合ってくださった読者のみなさんを、気晴らしのために緑の空間へご招待したいと思います。私たちは森に入ります。夕暮れ時、最初の空き地で赤みを帯びた何かを見ました。それは、枯れたシダでしょうか？　それとも、ノロジカでしょうか？　私たちは見分けるこ

訳注2　正しい人に悪い事が起きる、という"義人の苦難"というテーマを扱った旧約聖書の一篇。

第2章　美の歓喜の原因　　27

とができず、それ以上は注意を払わなくなります。突然、赤い点が動きました。それはノロジカだったのです。再びそれが動かなくなり、さらに、先ほどよりも闇が深くなりその赤いものがわずかにしか見えないにもかかわらず、その消えゆく赤い点はその森全体のイメージを高めるのに十分な役割を果たしたのです。なぜなら、今、私たちは森を見なくても、森が生きていることは知っているからです。

　これまで、私たちは現象が美の要件である基本的観念と一致することを学んできました。しかし、それだけでは美の性質はまだ十分に説明されていません。これまで学んだこと加えて、美の性質は**調和harmony**、あるいは専門用語で言えば、**多様性を保った統一unity in variety**に基づいています。

　私たちが知覚するものはすべて、それ自体のために存在するものはなく、世界の一部としてだけ存在しています。そして、唯一の世界、すなわち宇宙が本当のところ美しいのです。明瞭な境界が見えると同時に、小さな部分が共通の性質と異なると同時に、限られた人間の心には、部分でさえも全体として見えるのです。これらの全体の心地よさは、2方向から支えられます。一方は、統一に対する関係が明らかになります（例えば、全面一色の壁紙の例を考えてください）。もう一方では、部分が明らかになります。最も効果的な関係が与えられるのは、**厳格な分割とともに最終的に統一が保たれる**場合です。それぞれの部分が一つの方向に不完全であるというのは、その方向が一つの部分が完全なために、他の部分を必要としている状態であるのが、この例なのです。地下階、地上階、屋根にはっきりと分けられたルネッサンス様式の大きな建物は、いつも街の一部に一体化しているさまざまな最新の都市住宅の巨大な複合体で見せられるよりも、その部分でより多くの多様性を示しています。しかしながら、初期のものについて部分は他の部分無しには存在し得ません。一方、都市の賃貸住宅のそれぞれは、他のものが無くても存在している状態を容易に想像できます。

　部分の大きさは、その価値に対して合理的な関係であるべきです。例えば、同一階にある同等の部屋では、同じ大きさの窓を揃えられるでしょう。しかし、田舎の家の主要階は、物置や上の階よりも大きな窓が必要でしょう。

　もし、同じつり合いで部分と部分、部分と全体を結びつけているのなら、**不**

均等に分割した時でも、**統一との関係**はとても明確に、そして美しい方法で維持されるでしょう。**黄金分割 golden section** がこれを可能にします。ここで、より小さい部分がより大きい部分に、より大きい部分が全体に関係づけられます。人が同じつり合いで次々に分割していっても、常に保たれた法則によって、解決できない混乱はけっしてないでしょう。実に私たちが最も美しいと認める形がこのつり合い proportion によって配列されていることが測定によって証明されています。例えば、人間の体やどの時代の建築の最高傑作もが3つに結び目を作り、2つにそれを解くように示されています。

黄金分割の教えは、森林数学 forest mathematics において現在まで無視されてきました。森林数学は複利計算に偏りすぎていました。そこで、私たちが高等学校で習った黄金分割"について、ここで要約することは無用ではないでしょう。[30]

線分abを黄金分割で分けようとする場合について説明します。線分abの長さの1/2の垂線をいずれかの端点から直立させます。ここでは点aから直立させ、その終点をcとします。そして、点bと点cを結んでできる直角三角形の斜辺bc上に点dを置きます。この点dは、線分bdの長さが線分abの長さの1/2になる点とします。このとき、斜辺上の線分cdは線分abの1/2よりも長くなります。この線分cdの長さをMとし、線分abについて点aから長さMを切り取ると、線分abの1/2より短い長さが残ります。この長さをmとすると、次のような比例関係が成り立ちます〔図1〕。線分abの長さ：$M = M : m$。

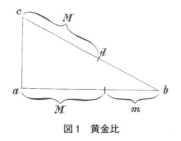

図1　黄金比

証明を自力で導き出したいというどなたの快感も奪うつもりありません。私は、最初のつり合いの部分の相違が第2のつり合いの部分の相違に関係する時、第1の後部が第2の部分に関係することによる算術的命題に対して同じ態度を

持っています。この理由を私達は次のように述べることができます。

$M:m = (ab - M):(M - m)$。ここで、$M - m = m_1$とすると、次のようになります。$M:m = m:m_1$。これは、以下のように無限に続きます。すなわち、$m:m_1 = m_1:m_2$、等。

このつり合いはすべての数字を表現することはできませんが、2、3、5、8、13、21、34、等々の連続する数で近似させることができます。この数列において、ある数はその前の2つの数の合計になります。大きな数になるほど精度が高く、$3:5 = 5:8$よりも、$8:13 = 13:21$の方が正確なつり合いと黄金分割により近くなります。

人体では、腰より下の部分が大きい分割(M)、腰より上部が小さい分割(m)と一致します。私たちは、小さい分割(m)を腰からひざの分割にも見出し、したがって、ひざから足底まで$M - m = m_1$が残ります。腰から測られたこの長さは、喉頭まで至り、そこで頭部は$m - m_1 = m_2$になります。そのように一つのつり合いが人体全体を支配しています。さらに、人体の輪郭を描く波線もまた支配しています。

波線wavy linesは、長さに対して高さと波長の関係が$m:(M + m)$、あるいは、$M:(M + m)$であり、また波の天井の線が立ち上る部分と$m:M$のつり合いのように関係する場合、特に快適です。

しかしながら、多くは**調和のとれた分割の配置**に左右されています。一様な部分に関して、**左右対称の配置symmetrical arrangement**は測定を容易にし、**同じ種類**の部分を統一することができます。

色彩と装飾adornmentも手伝って、**動きの均質さhomojeneity of movement**が統一された接続効果を持ちます。例えば、ハトやホシムクドリstarlingの群れが飛んでいるところを考えてみてください。最後に、**有用という用語**について、ここで再考しなければなりません。なぜなら、同じ目的を持つことによって、そうでなければお互いに関係していない事物の間に、最も効果的な関係が作り出されるからです。洗練された正餐の席を飾る色々な物の特徴と形がどれだけ異なっていることでしょう！ また、それらすべては、それらが向かう共通の目的のために、どれだけ適性に結びつけられているでしょう！

もし私たちがそれを理解していなかったならば、どれだけ多くの利用を除い

て私たちにとって美であるのでしょうか！美しい事物は、普遍的に明瞭な言語、すなわち**装飾の言語language of adornment**で理解するための必要に応えます。

　人間の装飾に関して詳細な研究を行ったゼレンカSelenkaは次のように述べています。"**装飾は自然言語以外の何者でもなく、自分自身の利益advantageを自分の周りの人々に普遍的な明瞭さで、象徴的に語るのに適しています。**"ここでゼレンカによれば、人間の装飾はいくつかに区分され、以下のように名づけられています。

　1.　**輪の装飾Ring adornment**　"つり合った装飾"のようなもので、身体の自然の区分に印をつけるためにつけられ、あるいは、筋骨たくましい肌が筋肉で盛り上がってきているときの"生命の豊かさの象徴"となるために付けられます(例えば、古代ゲルマン人が上腕につけていた腕輪など)。

　2.　**垂れ下げる装飾Hanging adornment**　これは身体の上や傍らに、垂直もしくは下降する線を形づくるものです(例えば、トロイのプリアモス王女の冠、あるいは、役人の肩帯の下げ飾りの端)。"生々した優美さで、波うち、変化する有機的な形の外観が視覚的に強調される"時の対比によって効果的なものとなります。たれ下げる装飾は、それを着けている者がすばやい動きをすると邪魔になります。したがって、すばやい動きが抑制され、威厳を示すことになります。

　3.　**指揮の装飾Direction adornment**　(例えば、馬のたてがみでできた鉄兜の装飾のように、)これはその着用者を高い機動性をもつことを特徴づけていると思われます。

　4.　**所属の装飾Attached adornment**　これは着用者を立派な名士として示すためのものです(例えば、選抜歩兵grenadierの頭髪帽、宮廷礼装のすそ)。

　5.　**地方色の装飾Local color adornment**(例えば、髪につけられる花、指輪の宝石など)。男性あるいは女性のある持主の長所、例えば、美しい髪、美しい手に注意を引くためのものです。

　6.　**衣服の装飾Clothes adornment**　軍服の首の硬いえりは"一般に、硬い姿勢と規律ある服従の象徴"です。やわらかく横になるえりや裏面にえりのついた上着は"内向的ではなく、開放的な心の態度を示す"ものです。今日の簡素な街着は着ている人が事業と商業の時代に生きていることを示しています。

これらの区別の責任はゼレンカに譲りますが、私自身は異なる方法でいくつかの物を区別してきました。例えば、指揮者の所属の装飾を小区分に載せるでしょう。しかし、いずれにせよ、彼の定めた区分には利点があり、私たちの判断が明確になり、そして人間の装飾に関して正しく理解するために役立つだけでなく、一般的にもかなり役に立ちます。いくつかの例をここに示しましょう。

1. 輪の装飾：ほとんどすべての卓上ランプは、（節の欠如が特徴とされるイタリアン・グラス*Molinia*を除いて）草の葉のように飾ります。建物では、外側の壁の出張りが階の区分を示しています。

2. 垂れ下げる装飾：七面鳥の頭の肉片。

3. 指揮の装飾：走る列車の汽笛の煙、風の中の"しだれシラカンバ"。

4. 所属の装飾：孔雀の尻尾と羽のとさか。

5. 地方色の装飾：花々の色、カケスの翼の上の青い羽。

6. 衣服の装飾：常緑針葉樹の硬い外樹皮。

装飾はささいな重要性しか持たないことは、一つの例から明らかにできるでしょう。怠惰な、なりあがり者の太った手は、指輪が多ければ多いほど、あるいは宝石が大きいほど、指に目が向けられます。しかし、地方の労働者の力強い手は指輪の飾りがなくとも美しいものです。結婚指輪か婚約指輪だけはよく似合うでしょう。言葉でだけでなく、身振り手振りも上品に語る知性的な人々の手入れの行き届いた手は、第三の指輪を着けているようです。

確かに、誰もが好意的な印象によって自分自身を美しく見せるでしょうが、身に着ける装飾品には注意を払うべきです。

これは森林にも当てはまります。不毛のマツとヒースの土地を数本のカンバ類によって親しみ深くすることは、たいていの場合、安全です。しかし、それをモミ*Abies nordmanniana*の一種で飾ることは勇気が必要な試みであって、失敗しやすいでしょう。しかし、ここで先回りすべきではありません。装飾の考えの森林美学に有効な応用は、この本の第2篇第2部で議論するつもりです。

3. 美の快感を増加させる様々な方法──混乱に対する防御の必要──

ある物が美しければ美しいほど、**その物についての正確な知識を得る快感がより大きくなります**。私が読者に思い出してほしいのは、素晴らしい絵画

を初めて見たり、質の高い音楽作品を初めて聞いたりする時には、その真価をほとんど鑑賞できていません。そこで研究によって昆虫insectsの体の構造に知見の深い科学者が、イモムシcaterpillarを亜門subdivisionとして、ヤスデmillipedeをその目orderとして認識し、両方の動物に対する、特定の美しさについて、議論しないという観点を気づかせたいと思います。よく言われることですが、調査研究によって微に入り細に入ることは、"すべての詩歌を破壊すること"であり、研究者は、植物学や動物学をまじめに研究しないことについて願ってもない言い訳として、このような主張をします。しかし、ゲーテGoetheとフンボルトHumboldtは、彼らの時代において、既に、この考え方に妥協せざるを得なくなっています。フンボルトは、彼らの態度を"乏しい知性と心のある感傷的な鈍さ"に基づくものとして記述していますが、この疑問は、彼の執筆した入門書である"コスモスCosmos"において、ページを割くに値する重要なことであると考えています。しかし、彼は細部に留まることが、心に霊感を与えるものではないと認めています。("これが仕事の安全な成功について幸いです")、しかし同時に彼は、人がより多くの快感を獲得しようとし無学の状態よりも、細部を知った後により大きな視野が導かれることを強調しています。

　寛大な読者は"コスモス"のこの後の部分を読みたいと思うかもしれませんが、ここで私が言いたいことは、私たちは単に彼らのように事物を捉えているだけでなく、自分自身の経験をそれらに加え、**観念の連想idea-associations**とそれらを無意識のうちに結びつけることによって、豊かなものとすることです。そのような連想は様々な種類があるでしょう。最も重要なものの一つは、物質世界に関係する**私たちの知的条件の関連**に起因するものです。このようにして、明るく陽の注ぐ景色は私たちを快活にさせ、シダレヤナギ*Salix babylonica*は悲しんでおり、そして黒いイトスギdark cypressは真剣さを連想させます。

　これに全くつけ加えるものがないという訳ではなく、エールシュテットOerstedが"転嫁による美"と呼んでいる他の連想があります。これらは役に立たないという訳ではありません。つまり、正当化されていないにもかかわらず、極めて重要であることは、ライオンは度量によって、ハトは穏やかさで、スミレは慎ましく飾られます。

第2章　美の歓喜の原因　　　33

　さらに、**善the good**や**有用the useful**の**観念**は、再び遠まわしな方法で述べる
ことになりますが、非常に大切で、これは事象が今どうであるか、将来どうな
るのかということだけではなく、以前はどうであったかということに深く依存
しています。しかしながら、さらに効果的なのは、**純粋に個人的な興味**に起因
する連想です。つまり、ある人が享受してきた、あるいは期待している有用な
思考です。時折、好んでいたこととは大きく異なることがそれらの中から出て
くるにもかかわらず、これらは非常に正当なものです。

　昔、私は太った豚とよく手入れされたビート畑が美しいだけではなく――私
たちは子細にそれに同意すべきでしたが――、世界で最も美しい物と考えてい
る農夫を知りました。

　美学と呼ばれる分野ほど、これまで述べてきたようなことについて議論のあ
る分野はないでしょう。[32] 幾人かの著述家によれば、美の本質にとって最も重要
なものは観念の連想であり、またある人は、それは全く重要ではありません。
以下の例で、ここで上げている論点を明確にすることができると思います。シ
ラーSchillerの著作 "ヴィルヘルム・テル *Wilhelm Tell*" は、そこに表現されて
いる愛国心によってほとんどの一般の人々に喜ばれており、この点において、
私たちの快感が基づく善の観念です。しかしながら、もしスイス人が自国を賛
美している点で演劇を好み、あるいはシュヴァーベンSwabian諸皇帝が同胞で
あるだけでなく、非常に尊敬できる人間であるという点でその詩歌を好んでい
るなら、これらは実際には芸術作品の本質とは何も関係がない観念の連想とい
うことになります。そのような思考の連想がほとんどそれ自体で私たちの好み
の判断を決定することは、まれなことではありません。

　上述した事物を振り返り、私たちが年を追うごとに事物をより知るようにな
ること、また、それらが私たちの思考のより多い関係によって、日ごとに向上
させられることを考えてみると、私たちを取り巻く世界が、年を追うごとに、
より美しいものとなることが必要ではないかという認識に至ります。経験はこ
の仮定と一致しますが、それは年齢を重ねるほど、子供時代や青年時代と比べ
て美に対するより多くの感覚をもつからです。しかしながら、いくつかの例外
があり、これらは、主に**私たちの印象の変化**の理由によって生じます。山岳地
の住人に対して、親しい山々はとうとう無関心なものとなり、長い間そこから

離れた後でだけ、その景色を十分に楽しめるようになります。しかし、確かに彼は、初めてその山々を訪問する平地の住人よりも、その価値をより高く評価することができるでしょう。

さて、**私たちの注意をひき、長きにわたってその事象への興味をもち続けさせるのはどのような関係なのか**、を問うてみましょう。私たちは最初、そのような関係を事物自体の真の変化として認め、次に、その事物が直接全体を見ることはできないけれども、**異なる視点から違って見える**ような、配置として認めます。最初のものに関しては、植生に重要な例を見ることができます。植物のほとんど毎日の変化の装いは、熱帯林の大変な壮麗さよりも私たちを満たしてくれます。第二の証明に関しては、決してその全部を十分に見ることができない隅と割れ目の多い中世の大邸宅を読者に思い起させます。

残念ながら、同じ印象を持ち続けことからくる感動のなさは、美の快感を妨げることはほとんどありません。何故ならこの快感は、特に**私たちの肉体と精神の健康**に依存するからです。

すべての快感は重大な悩みと両立することができません。そして、一時的な悩みは多かれ少なかれ快感を減少させるでしょう。病気や疲労でさえ同様に、わたしたちはあまりに身体に依存しているので、精神的な病や心配事と同様に私たちの体の動きを鈍くします。

このすべてを詳細に議論する必要はないかもしれませんが、ここで述べなくてはならないことは、人は**おそらくある種の美 types of beauty に対してのみ敏感であることができますが、それらは二重の感じ方ができるということです**。そのため、悲しんでいる人は深刻な音楽だけを聴きたいと思い、そしていつもより悲しさの中でその音楽をより楽しむでしょう。肉体的な休息を必要とする人は、高い山で華麗に広がる自然にじらされる時、噴水がきらきらと輝いているような、境界のはっきりした庭を訪ねたいと思うでしょう。そのような精神の状態に影響を受ける好みは、特定の個人に現れたり、人々の間に一時的に現れるだけでなく、多かれ少なかれ、国家の歴史の中に現れる現象です。そのように、芸術の創造が純粋な美しさ、崇高 sublime、ロマン romantic、優雅 graceful に捧げられるとき、その嗜好は宗教や社会の情勢に深く根ざしています。

第2章　美の歓喜の原因 35

　私はここで初めて、次のような表現を使いたいと思います。それらはすべて、いわゆる**美しさの飾り**と言われています。これらの多くから手短に私が私たちに最も重要と考えることを選んで述べます。

　鋭い対比がなく、各部分の最も完全な調和によって喜びを導く美の形態が**純粋な美しさ purely beautiful** と呼ばれるのに対して、**ピクチャレスク〔絵画的な美〕the picturesque** は、このような対比の存在のみに基づいています。動作の中に見られる美は**優雅 gracefulness** と呼ばれます。その偉大さや素晴らしさによって私たちに自分の小ささを気づかせてくれるこのような外観の美しさは**崇高 sublime** に高まるものです。崇高の崩壊を私たちは**悲劇 tragic** と呼びます。

　森林官にとって特に重要なことは、現存する多くの困難を慰める人としての**ユーモア humor** です。林業界における美しさのこの類型の中で最も素晴らしい花は、オスカー・フォン・リーゼンタール Oskar von Riesenthal の著書で最高傑作である "トゥーヘル原野の風景 *Builder aus der Tuchler Haide* (Scenes out of the Tuchler Heathland)"[33] です。その著書の中で気づいたことを加えますと、**醜いもの the ugly** でさえ何らかの美しさがあるということです。"完全には美しくないすべてのものは同時に醜いものであり、そしてすべての醜いものは同時にその裏返しとして美しいものなのです。" それゆえ、人は物事のすべてを見て学ぼうとし、その最良の面ですべてを表現しようとするのです。

セクションB：自然の美[34]

第1章　自然美 Natural Beauty と芸術美 Artistic Beauty の関係に関する基本的見解

　他の職業の人々より野外で過ごすことの多い私たち森林官 forester にとって、自然美 natural beauty は特別に重要なものであり、私たちは自然美という豊かな財産を護り、手入れしていかなくてはなりません。

　一般の人は自然が美しいことを自明なものと認め、春には愛をもって熱狂して詩をあふれさせていますが、哲学者達は、どのように、どれだけ、美しいものとして自然を考えることが、自分たちに許されているのかについて気づきません。

　例えば、（私がツァイジング Zeising にしたがって判断した場合）、ヘーゲル Hegel は自然の内にある美しさの存在を知りませんでした。彼にとっては、芸術的美しさ artistically beautiful だけが、いわゆる "美しさ" として正当でした。自然に対する感覚を何度も立証したシラー Schiller でさえ、哲学的に考察し始めるやいなや、そのような自分自身を否定します。彼は評論 "崇高について on the sublime" の中で次のように主張しようと考えます。

　"さて、自然自体が美しさと崇高さを生み出す膨大な資質を備えています。しかし、他の場合と同じように、人は直接的より間接的に受け入れやすく、自然が一斉に動き出す春に苦労して辛い思いをして探し出すよりも、芸術から準備され、選び抜かれた材料を受け取ることを好みます。"

　ヘルマン Hermannn[35] は、これらの問題をより明確に論じています。

　"言ってみれば、芸術のすべての内容は自然の中に表われ、前もって作られているのです。つまり自然は、芸術によって捻出されるか、示される方法で本物の事物すべてを創造することを望んできたのです。言うならば、芸術作品の中身あるいは本質を作り上げている自然自体の美の基本的な観念があります。その結果、芸術作品には常に真実や客観性が存在し、そして、芸術の主要な価

第1章　自然美と芸術美の関係に関する基本的見解　　37

値や一般的重要性が認められるのは、結局その部分だけなのです。

　自然の個々の事象は、平均して、芸術作品と比べ、見た目は常に不完全ですが、この不完全さが私たちに芸術形成の必要性を育むのです。これに関連して、すべての芸術は同時に、その与えられた個々の事象やその見た目で自然の批判か非難の根拠になっています。もし、自然自体が完全に美しく、美学的に十分なものであったならば、私たちの中に芸術という観念は生じなかったでしょう。それゆえ、結局のところ、芸術は部分的に自然を認め、同時に部分的には批判し、同時にそれを改善します。しかし、一般の自然や自然そのものとは不完全なものか、真の目的を欠いてきたか、あるいは、不適当な方法でなんとかたどり着いたものである、ということは仮定されていません。他方、完全な出来栄えの芸術作品であっても、もしそれが真に実在するか、生きているものであったとしたら、その作品は少々不完全で、満足のいかない、後世には残らないものに見えるにちがいないでしょう。したがって、自然と芸術の両方がお互いを補完し合うとともに、そして、完全に異なる独立した尺度で評価されなければなりません。芸術の判断尺度は、個々の自然の事物自体から推定されたり、引き出されたりはできません。芸術の視点からいえば、自然の事物は常に、どういうわけか、劣っていたり不完全であったりするものです。自然そのものが、芸術の全体あるいは秩序のある全体の特性を備えているように見える限り、それは個々の事象や外見ではなく、芸術作品の特徴と比較しうるように見える機構か、全体としての観念だけなのです。したがって、芸術の重要性や真実は、結局のところ、芸術というものが万物の認めるしくみか、実際には全体が統一され秩序だった考えを備えた事象であるという事実なのです。しかし、芸術が認めないもの、あるいは、芸術として認められていないのは、事物を構成している質のぎごちなさや、質感のような、経験的に与えられた細部です。しかしながら、自然の中で認めるものか、それ自体で表現することは、実際の事象すべての生命の機構の有機的な思考と法則なのです。したがって、自然の中の個々の事物は同時に一般的な自然法則との関係を持っているということによって、あらゆる芸術にとって価値あるものになるのです。そして芸術の一般的な役割と性格は、個々の事物を純粋でより高い価値のあるものにまで純化することにあるのです。"

ヘルマン Hermann の述べた、芸術作品に比べて "自然の中の個々の事物は平均して、いつも見た目が不完全である" という主張は、経験的に与えられた細部それ自体が、"構成された性質のぎごちなさや価値" に苦しんでいるという主張と同じくらい不当であるように見えます。

この意見は、芸術家が決して簡単には自然を模倣できないことを意味し、認識されることによります。芸術家が自分の芸術の専門性に応じて自然がもたらす材料を再設計するとはいえ、その行為には、偉大な人々さえも抱くような自惚れ、すなわち、自分自身の作品が原物よりも完全なものであるという考えが伴います。しかし、彫刻家が自分の作品を詩人の作品より上位に位置づけようとした場合に言われるであろうことは、作家レッシング G. E. Lessing がラオコオン Laokoon を題材に視覚芸術と文学のそれぞれのジャンルの「限界」を検討したように、彫刻家はホメーロス Homer が部分的に与えてくれた材料を全く使わないことができるし、完全に設計しなおした後だけ、部分的に使うことができます。

一方、ヘルマンは芸術作品についても自然に対して述べたのと同じように、"もし芸術作品が真に実在し、または生きている事象であるならば、その作品は私たちから見ればいくつかの点で不完全なものに見えるだろう" と主張しています。しかし、彼はこの事実に一致する結論を導き出すことを差し控えます。残念なことに、多くの人々は自然の中の美を哲学者の非難なしでさえ無視します。この不幸の根源の一つは、私たち一般人が特別の経費や努力を費やさず与えられる事物に対してほとんど関心を持たないという、誉められない習性にあります。

都市の民はみすぼらしく小さな花束にどれだけのお金を払うつもりなのか、裏庭に少しのシダを育てている時にどれだけ幸せなのか、比較をして何を得たのでしょうか。ほんの少しだけ考えれば、私たちの森林によって保たれている自然の財産が、ただ、その美の価値によるだけで、すべての芸術の価値をもってしても計り知れないほど優れたものであることは、簡単に判断することができます。そして、これらの森林では、私たちが美術館の管理者なのです。

自然の中の美が無視されることは、無知によるものです。ユングマン Jungmann でさえ、自分自身がどれだけ困るかを考えずに次のように述べてい

ます。"人が美を見出せない小石や木切れにどのような関心があるのでしょうか。結局、感覚に束縛される私たち人間は、すべての事物に美を**見出す**とは言いませんが、すべての事物が美しいこと、それは、すべての事物が内なる美を持っていることであり、それゆえ、**美をはっきりと認識する**合理的な心の働きに喜びをもたらす理由であるのでしょう。"

この最後の一文が正しいということを私自身が経験したのは、32年前、R. ハルティッヒ R. Hartig とレメーレ Remele が私に木片や石ころの"内的な美しさ"を説明した時でした。それが非常に明瞭であったために、私はそのような事物を美しいと考えない人がいることがとても想像できません。動物学の分野でアルトゥム Altum が私を目覚めさせました。これは、私が自然を理解し始めてきた時に、芸術作品の実際の鑑賞で終えるような方法でした。エーベルスヴァルデ Eberswalde に旅行した時、私はベルリンで聖ゲオルグ Georgios とドラゴンの戦いの場面を描いた有名なキス Kiss の群像を見ました。この芸術作品は私を凍りつかせました。なぜ騎士が戦いに剣を使おうとしなかったのか、私には理解できませんでした。しかし家に帰ってから、私は群像を別の目で見ました。アルトゥムが聞き手にドラゴンとの戦いに対する説明を聞いてからは、私にとってドラゴンは生き続けていました。そして、私にとって一目で明らかだったことは、騎士は、とてつもなく武装した怪物を剣で傷つけることができなったであろうということと、シンボルとしての十字架の旗を持つ、より大きな力の助けだけが、彼を勝利に導くことができたということです。

この例に見られるように、芸術の理解と自然の理解は最も美しい方法で互いを補い合います。

残念なことに、自然の中の美の考察のために、わずかな章しか捧げられません。一方、主題の圧倒的な豊かさから、いくつかの写真だけを取り出します。これは、この編だけで本書の全体量を引き上げるかもしれないからです。しかし、私はここで用意できたわずかな事象が自然の美の理解を伴って森林への愛情を深めるのに十分であることを望みます。私は、例えば森林野生動物のような価値ある分野の美学的評価に特別な章を割り当てることができませんでした。より有能な方が森林研究におけるこのギャップをなるべく早く埋めてくれることを望みます。

第2章　ランドスケープにおける色彩の理論 Theory of Color

ランドスケープにおける色彩の理論は、何冊もの書物を読まない限り、事象を一人で整理することがほとんどできない複雑な主題です。[37]

ここではまず、**一般的な視覚 seeing** に関する知見をいくつか取り上げておきます。

私たちがものを見るとき、その表面のとても小さな部分が私たちの目 eye の網膜に映し出されます（例えば、シカを見たとき、その見ているものは私たちの方に向けられている表面色でしかありません）。そして、私たちは延々と知覚 perception し続け、見た方向にあるものの存在が視覚的印象と一致することによって、それを**見る**のではなく**知る**ことになります。顎鬚を剃り始めて剃刀で傷つくような時にどれくらいの範囲を見るかを訓練すると考えれば良く理解できるかもしれません。鏡に映るすべての動作は、鏡を見ながら自分が行う現実の動作と頭の中で左右を入れ替えて対応させなければなりませんが、最終的には無意識にできるようになるのに、予めどの程度学習する必要があるのでしょうか。幼い頃、私たちは物の大きさ、距離、相互の位置関係を正しく見積もることを学習したものです。しかし、今は、雄のノロジカ roebuck について言えば、私たちに向けられた動物 animal の体の表面でそれが進んでいることを認めなくても、これまでの学習を思い出すことはありません。雄のノロジカの動きの鋭敏さ、用心深さ、狩猟動物としての性格など、私たちがこの動物を知っている全てのこと以上に、一目見ることによってはっきりと知ることができるので、私たちは全くそれを見逃すことはないのです（言葉で表すことはそれをとても明確にします）。**したがって、視覚は、私たちが普通理解しているよりもずっと芸術的なのです！**

視覚における光学的な事象は、これらの事実よりもよく知られています。私たちは皆、映像が繊細に枝分かれした網膜にどのように到達するか少なからず明瞭な観念を持っています。しかし、網膜はその広がり全体が均一に敏感ではなく、細かな部分が色と同様に形の明瞭な視覚に全体的に適応しています。したがって、私たちは、自分で思っている以上に目を前後に動かしています。私

たちは、お互いに接近した2つのものを同時に見ないで、目の位置の変化に普段は気づかないほど早く動かして交互に見ます。しかし、ある**一点**をはっきりと見たいなら、それに向かって視線を固定する必要があるのですが、知覚が視野全体に等しい強さであったなら、その必要はありません。

　私たちが主に網膜の小さな部分だけを使うような、そして、それがいつも同じ部位であるような環境が問題になります。なぜなら、**網膜はどんな種類でも光の信号に素早く慣れ、ひとたび慣れた信号は、より弱いものとして知覚しますが、次の瞬間に反対の信号を2倍の強さに感じる性質を持つからです。**

　同様に、暗い夜は稲妻の光った後にもっと暗く感じられるように、輝く光に焦点を合わせた直後に他方の周囲を見ると、暗い場所が実際よりも暗く見えます。色に関して、**ある色を見た後にその反対色を見るといつもより純粋に見えます。**つまり、ある色が初めの色を白に補色するのです。したがって、赤色は緑色に囲まれている程、燃え立ち、青色はオレンジ色、黄色は紫色の中にあるとより際立って見えるという関係があります。

　私たちに得られる色の感覚方法を詳細に議論しようと思います。現在の科学によれば、網膜にある錐体細胞には3つのタイプがあることが明らかにされているようです。それは、長波光に反応する細胞、中間光に反応する細胞、短波光に反応する細胞です。色の知覚の構造は、これらの異なるタイプの神経が同時に異なる程度で働くことによって生じると推定されます。この仮説は、多くの顕著な現象を説明することができます。まず、色覚障害、それから、全く異なる光の混合が色の一つと同じ印象に作用する事実、例えば、補色の関係にある2色の光の混合と同じように、虹の全ての色から白く見える光が作られます。

　赤色の物体、例えば、小さな赤い紙の一片を白い紙の上に置き、それをじっと30秒ほど見つめてからすばやくそれを退けたとき、仮説によると、私たちは赤い紙があった場所に緑がかった残像を見ることになります。赤い波長に対して特に敏感な神経は、網膜のいくらかの部分で一瞬疲れます。それゆえ、その神経は白色光に含まれた赤の光線によってほんのわずかだけ頂点に達します。これが、私たちが紙を白と知覚する光の影響のバランスが乱れる理由です。これから、私たちは網膜の疲れた部分で、少しの間、白い紙に色があるように見えることが続きます。この現象の用語は、**継時対比 successive contrast** と呼ばれ

ています。これとともに、もう一つ重要な対比contrastの種類が知られています。それは、**同時対比 simultaneous contrast** です。

もし、私たちが再度実験を繰り返し、今度は残像だけでなく白い紙の周辺部分にも注目するとしたら、これにも変化したらしいことに気づくでしょう。その周辺部分はより暗く見え、残像の補色をわずかに映し出します。これは私たちが残像をつくるために使った色、この場合は赤ということになります。これは、近くに並べて置かれた大きさの違うものが、それらの違いが簡単に知覚できるため、容易に不正確に評価されるという、いつもの経験と同じように関係しています。例えば、背の高い男性と低い男性が並んでいるとき、私たちはおそらく背の高い人の身長は実際よりも高く、低い人はより低く認識するでしょう。また、急に変化する傾斜も完全に間違って判断してしまうことがあります。道路の急傾斜が突然、非常に緩い傾斜に変化したら、傾斜の違いを過大評価してしまうでしょう。この場合、（もし、長年、目を訓練してこなかったなら、）緩い傾斜の区域を多分、上りでも水平と判断することになるでしょう。また、ある日、川が期待していたのとは反対方向に道端を流れているのを見て、非常に驚かされるでしょう。次のような対比contrastがないことを意味して眺めを中断しない場合でさえ、光と陰が推移して変化している状態以上に、陰のすぐそばの光を明るく、光のそばの陰を暗く考えることが、おそらく同様に説明できるでしょう。色彩に関しては、過去の映像を用いた実験に成功する人はたぶんいないでしょう。なぜなら、視線をある物に完全に固定することは容易ではないからです。しかし、冬の夕方には最も快適な方法で同時対比の現象を学ぶことができます。窓辺に腰掛け、沈み行く夕日の光で読書している時は、きっと部屋にランプを持ってきたくなるでしょう。ランプの明かりが開いた本の片方のページを照らし、もう片方のページが窓に面したままであるなら、ランプに照らされたページは金色の赤golden redに見え、夕日に照らされたページはまだ同じ白色で照らされているにも関わらず、著しく強い青色に見えるでしょう。このように色は実際にはその色が存在しないところにも現れるのと同様に、同じ原理で、**実際の色**が並べて置かれると、時として著しい変化を見せます。**それらの色は実際の個々の色よりもより異なって見えます。**

さて、残りの2つ目の特性を議論しましょう。耳の場合、低い音を聞きとれ

るようにするためには高い音を聞くときよりボリュームを大きくすることが必要なように、目立たせようとするならば目は、スペクトルの正反対の色よりも、長い波長の色の強さをより大きくして照らす必要があります。したがって、光が明るいか薄暗いかによって、私たちが見る物体の色は全く異なります。明るい場合、主に赤味や黄味がかった陰を知覚し、薄暗い場合は、青や紫色に見えます。この識別は画家の間では非常によく知られています。彼らは色を彼らの言う**暖色と寒色 warm and cool colors** に２区分します。この名称は暖かい色が暖かな陽光の中でより多く現れ、もう一方が陰の側により多く現れることに由来していると思われます。

暖色と寒色との区別は、**進出色と後退色 forward-stepping and back-stepping colors** の分類とほぼ完全に一致します。スペクトルに示される光線の屈折率の違いは、媒体となる私たちの目においても重要です。それゆえ、私たちは光源までの距離が等しいという条件のもとで、おおよそ区別可能な種類の光線のいずれを扱っているかどうかに基づいて目という光学装置を調整しなければなりません。もし私たちが赤い糸の隣に青い糸を置いたら、両方の糸で紡がれる糸を同時に目で追うことはできないでしょう。しかし、赤い糸はより近くにあるように、青い糸はより遠くにあるように目を調整することが必要となるでしょう。そうすると、一方の糸が他方の糸よりも実際により近いという錯覚に簡単に陥ります。

画家は画面の平板さを忘れさせるために、多様な光学的錯覚を使います。彼らは色の知覚のこれらの差異の多くの利点を得る方法を知っています。

進出色が光沢を放っていると、印象を強くすることができます。

ここまでの話は、幸運にも、大部分、私の見解に対して科学的に証明された事実に従うことができました。しかし、残念ながら、残る一つの最も重要な疑問点に対して、生理学は私たちをかなり失望させます。**この疑問点とは、可能な色の組合せ combination of color の多くがなぜ私たちを不快にするのかということ**です。特に、原色同士はかなり不適合です。緑色が黄色や青色の隣にあると良く見えません。ゲーテは緑色と黄色を“不愉快—快活 nasty-cheerful”の組み合わせ、緑色と青色を“不愉快—醜い nasty-ugly”の組み合わせと呼びました。しかし、この判断はそれ程厳しいものではありません。憲兵の制服が青いカフ

スと緑の袖の部分を分ける金のモールを取り去ったところを想像してごらんなさい、胸が悪くなるように見えるのではないでしょうか（スコットランドの格子縞のように、非常に暗い緑色と青色の場合には調和しています）。

　一般的に、いくつかの色がある場合、お互いに近い関係にある色ですが全く似ていないので単に同じ色とその陰と認識され、十分に区別でき分離することも、近いものとして統合することもできない色を並べて置くべきではありません。もし、互いに近接することが避けられなければ、少なくともそれら両方に調和する他の色を細い区分線として間に入れるべきです。**どの色とどの色がお互いに明確に調和するのでしょうか？** まず、補色complementary colorsから答えを予測できるかもしれません。なぜなら、色は対比によって純度purity（あるいは、画家の言う彩度saturation）を増すことが知られているからです。この結論は、お互いの色が悪く見えないために正しいと言えます。しかしながら、これらで最善の色の組み合わせに到達することはできそうもありません。科学ではなく、良い好みtasteだけがそれらの組み合わせを見つけることができますが、これは当然のことです。なぜなら、自由であることがすべての高次の美における主な要求事項であり、それゆえに美の豊かさは数学的に計算された形や関係の中には含まれないことを思い起すからです。直角の交差点はある他の角度よりも美しいものではなく、円形広場が自由な曲線よりも美しくはないように、互いに密接に関係した補色の組み合わせを、最も良いとは認められません。

　しかしながら、**多くの場合、選択した色が互いに調和することがまだ十分ではなく、多くが各々、ふさわしい場所に程よく分布することに依存**します。それゆえ、私たちはこの観点から装飾芸術decorative artを導く原理について、まだ学ぶ必要があります。私たちの目的のために、絵画よりも装飾芸術から多くを学ぶことができます。絵画は楽しい**現象appearance**を呼び出すのに対して、装飾芸術は、全く自然の中にいるような、楽しい**現実感reality**を目指します。そして、絶対的に必要とされる以上の形や色で人間の利用のために作り出された事物を輝かせ、充実させようとします。しかし、このように充実させようとすることが、装飾される事物に対して、非常に強くそして容易に理解できる関係となるように行われるべきであり、また私たちが事物の形状や本質を理

第2章　ランドスケープにおける色彩の理論　45

解することが容易となるように行われるべきです。**それゆえ、表現力のより強い色は、より好ましい場所で使われる必要があります**。この観点で、色を3組に分けて考えなければなりません。

　Ⅰ　金・銀・黒・白（一般的に使われる呼び方をもちいます）、そして金のかわりとなる黄。

　Ⅱ　飽和色saturated colors、これは自然光における、ほぼ純粋なスペクトル色です。

　Ⅲ　混合色blended colors（他の色を混ぜた色です）。暗い色、パステルカラー。後者は、白色光をより多く混合した色です。

　これらの原則に従う良い色の組み合せで明らかな例は、森林官の制服です。彼らの制服の布地は混合色を用いています。したがって、前述の第3組にあたります。装飾のための襟とモールには、より純度の高い色の組——緑色——が選ばれてきました。前述の第2組に属する色の布地を使った平服の制服は、金色のボタンによって第1組の色の装飾となっています。

　軍隊の制服uniformの様々な型は、多かれ少なかれ同じ原則を示しています。

　この分類の妥当性を疑う余地はありませんが、もっと興味深いのは**次の質問です。つまり、どんな条件によってある色を一般的に認められ、好まれる位置に配置するのでしょうかということです。私たちの目が有する生理学上の特性**が、ある程度決定的な要因かもしれません。白と黄色が最も明るい2色となる金属の光沢gleamは、スペクトルの純粋な色と同様に、私たちの目を刺激するかもしれませんが、もちろん、その他の理由があります。私たちはこれら後者を議論しなくてはならないでしょう。

　いわゆる混合色は装飾芸術によって作られますが、その方法は、顔料を混ぜるのではなく、各色を非常に細い線や点として非常に近くに配置するので、ある程度離れた位置から見ると、それぞれから来る着色された光は、1色に溶け合います。明るさの微妙な差も、同じように白あるいは黒の線が着色された地に重ねて作り出されます。そして、この方法で組み合わせの、調和した印象が約束されます。

　それを理解するためにアルハンブラ宮殿the Alhambraまで行く必要はありません。布や毛糸でできたテーブルクロスの多くがそのような色の調和を見せ

ています。

　しかしながら、前述の多彩装飾polychromyの規則は、異なる色を使うことがともかくふさわしいという前提でのみ妥当であることを指摘しておかなければなりません。彩色された上着は多彩装飾の法則に従ってまとめられているにすぎないということは疑う余地がありませんが、多色のものは単色のものより常に美しいとは言えません。熱帯林の原住民と研究室の美学者は前者が刺青を入れ、後者が"色彩豊かな"中世を思い起こすことを強く望んで、時には、その判断を誤ります。

　今や、ついに実際の応用に到達してきました。

　植物の単一な部分で細部をひとたび見ると、植物が驚くほど正確に私たち人間が色を使って物を飾るときに用いる規則を守っていることがわかるでしょう。**私たちは、自然が私たちに見せてくれる人間の美の感覚に沿ったこの事物の調和をどのように説明することができるかを直接に自問します。**

　この答えについては、私たちの美の感覚は、人間以外のすべてのものと同じ法則にしたがって作り出されたものであるという第2編第1部で述べた証明に言及する以上の他には知りません。このことを逆の立場から同じように述べることができます。私たちの理性に対して決定的なものであるのと同様に自然において、同じ法則が支配します。

　ヘルマンHermann[38] も同様の意見を述べています。"色の美的な価値に関する人間の一般的な判断は、自然の現象の様々な分野か領域に対して、色の分類のすべての組織や秩序における位置づけに間違いない方法で、結局最後にはどこでも従います。**自然もまた、事象の本質を説明する意味や理由に従って色を使っています。**一般に、自然か物体のそれぞれの色は、限られた範囲の事象や現象を支配します。つまり、主観性か、人間の生活かのどちらでも、色は限られた範囲の事象や目的、条件に対してより好ましい形で用いられます。しかしながら、この後者の範囲は、常に、ある種の連続性や反応として前者に伴います。例えば、青色の美的な価値は、まず、空の客観的な自然現象の一般的な重要性や性格を伴います。ここで、実際の存在と伴った色の美的価値の経験による観察の広い分野が開かれます。しかしながら、色は、実際には、目に対するだけの空虚な現象以外の何物でもないのですが、私たちは無意識的にこの現象

に現実性を与え、そして、その現象も、私たちを取り囲むすべての自然の事物に対して必然的かつ有機的な方法で関係付けられます。"

ロスメスラーRossmaesslerの主張する冷たい唯物論ではなく、この観点のもとで考察を続ける時、私たちは偶然に一致する機会よりもより高く、ある法則による作用があるために、私たちの主題をより興味深いものと考えるようになります。

まず、植物の色の配置が偶然の一致ではないことを思い出しましょう。

色がその場所において限られた目的を果たしていることを証明できる事実は、非常にたくさんあります。人はこのように言うかもしれません。例えば、**各々の色はある目的を果たしています。色が生活のより重要な役割を演じている場所で、私たちはより効果的な色に出合う必要があります。そして、この方法で最も美しい秩序が確保されるのです。**木部を覆い保護している樹皮は、色の輝きや色の純粋な陰が不足します。原料の二酸化炭素から有機物へ変化させる葉は、もう一段階高次なものです。花と果実は、その植物に対する本質的な役割を果たすために、昆虫や鳥を引きつけると考えられます。それゆえ、花や果実は昆虫や鳥の目に特別に訴えかけるような色とされています。それが、私たちが花や果実の色をより高次に分類する理由です。高次な色というのは、とりわけよく見えるように私たちの神経に作用するもの、すなわち、純色および表面の特性によって光沢がつけられた色です。種子について、黒色でも十分であり、それは種子の散布に活躍する鳥の目に強く訴えかける色です。また、同じように私たちの感覚にも強く訴えかけます。なぜなら、自然界において非常に稀な色であるからです。^{訳注3}

さて、私たちが多彩装飾の第一の原則を見ることに、もう驚くことはないでしょう。その原則とは、自然によって非常に正確に観察される植物の多くの群による、植物の部分ごとの重要さによる色の配分です。しかし、別の見方をすると、**自然の芸術は、人間の生み出す芸術よりもはるかに自由に行われる、**ということに気づきます。**自然は、大衆の印象を心配することなく、同系色を隣り合わせに配置します。**例えば、緑の草原のラナンキュラスの黄色い花、水路沿いの緑の縁の勿忘草の青い花、青い水面の緑色のスイレンの葉は、確かに誰

訳注3　鳥は紫外線が見え、黒は銀色に見えている可能性がある。

も不愉快にさせていません。

　ある芸術において不愉快であることが自然の中ではなぜ可能となるのか、を見てみましょう。説明のために、日々の観察を思い出してみましょう。重要人物の服の色が調和していないと、私たちはとても容易に、確実に、それを認めます。しかし、ソファーカバーとそこに座っている人のスーツの色が似合っているかどうかを観察する人は、ほとんどいません。**すなわち、統一へと結合することを示すように、色が固定されている事象の場合、色の組み合わせに関する判断に厳しいのです。しかし、自然の自由さは、そのような統一を問題にしません。**私たちが植物を作品に使おうとする時に、これが、実に見苦しいものを避けるための魔法の大部分であることをすぐに学びます。ブーケや花壇に植物を配する時に、バラと赤いユリ、ゼラニウムとフロックスを組み合わせることは罰を受けたほうが良いくらいです。最も調和のないものは、くっきりした縁取りの色が互いに接近して配置されている毛氈花壇です。自然はこのような危険を冒さないように気を配っています。自然は鋭い境界線を作ることはなく、私たちが望む豊富な色の中から組み合わせる全体の自由を許してくれます。そして、**よく観察することで、並外れて良い調和が生じたことを気づかせ、私たちはそれらを組み合わせます。しかし、私たちはかすかな美しさをしばしば簡単に見過ごしてしまいます。私**は勿忘草を手に取り、すばらしい青色や花の中心の素敵な黄色、そしてその2色を精密に分けている繊細な白色を味わいます。また、最も若い花のピンク色から赤色と、咲いてから時間のたっている青い花の間で起こる美しい陰影の色に注目します。しかし、その青い花が、（**それら自体の葉の鈍い緑色が、より明るく、輝いている多くの花の背景を提供している**）隣のみずみずしい植物の葉と実際調和していない時に不快と考える人はいません。

　読者にもう少し良く知られている第2の例をあげてみましょう。晩秋に落葉したスノキ属の茎の青緑と、松林のコケの黄緑は明らかに調和しないのですが、誰がそれに気づこうとするでしょうか？　たぶん、このような随筆を読んだことのある人やこのようなものを書こうとする随筆家だけでしょう。松林のこちらの方では2つの植物がお互いにほとんど気づかないほどに入り混じり、あちらの方ではシダと枯草によって分かれており、遠方では小さな茂みとじゅうた

んが溶け合って緑色の毛布のように見えます。私たちは前景に目立つ細部を批判することはなく、このように装飾された親しみ深い松林を存分に楽しみます。

　ところで、緑の多様な陰は、お互いに特に相性の悪い色です。画家はそのことをよく知っていて、私たちがそれぞれの展覧会で茶色い樹木の描かれた絵を10枚ほど見て、やっと次に、緑の木を描いた絵を1枚見つける理由を知っています。この一枚の絵が巨匠によって描かれたものでなければ、観客はたいていそれを実際に見ようとしないでしょう。"単なるホウレン草"と言って、緑色以外の絵に移動するでしょう。

　しかし、自然が常に私たちを満足させることができるなら、自然の基本となる色が無情なものであるにも関わらず、それは芸術家に関する上述の議論よりもずっと好都合な点があるに違いないし、このことは紛れもない真実です。自然は、**色の混合と組み合わせと分割の方法**によって、私たちに感銘を与えます。自然は下塗りされた地面の上に様々な色の繊細な線や点を配置することによって混合色をつくりだすという、芸術家には真似のできないような妙技をあらゆるところに、何とすばらしい方法で使うのでしょうか。

　緑色から白、黒、青、黄、赤色へと次第に変化しようとする場合、自然は、微細な毛や腺で葉や茎を覆うか、それに必要な色で葉脈を張り巡らしたりするでしょう。全体をみると、慎重ではあるけれど、なんと豊かに草原の広がりを刺繍していることでしょう！　一つの色が全く突然に現れるようなことは決してないでしょう。まず、ほんのわずかな点が新しい色になります。そして徐々に多くの点がその色を示すようになり、その色が完全に優占し、次にその色が薄れていき、その空間が他の色に変わっていきます。自然は色の扱い方を熟知しているので、春から秋にかけて変化する牧草地の数え切れないほどの色のすべてが、ほんのわずかでも不調和に見えることはありません。エノコログサ Fuchsschwanz [*Alopecurus agrostis*] の鋼（暗青灰）色やラナンキュラス Ranunculus の黄色、ハナタネツケバナ *Cardamine pratensis* の繊細なピンク色、ニセシラゲガヤ Honiggras [*Holcus mollis*] の明るいスミレ緑色、モリニアカエルレア *Molinia carrulea* の茶色っぽい青色、カーネーション [*Silene* spp.] の赤色、これらの全てが存在すべき場所に存在し、それぞれの色は配分されている次の色に移り変わります。

全く同様に、驚くべき色の変化は、風でかすかに揺れる水面に作り出されます。そこでは、波の独特の色とその様々な反射光が、表面を表す一つの色へと織り込まれてゆきます。

最も繊細な陰影と、最も敏感な組み合わせの達人である自然は、最も完全な美しさを示そうとするところ、**同時に形と色によって、効果を得ようとするところ**にいつもこの芸術を開花させます。これは、純粋に混合色でない色を並べて置くと、あまりに多くの注意を引きつけて、全体の印象を悪くしてしまうかもしれないためです。ヤマシギforest snipeがオウムparrotよりも美しいことは疑う余地もありません。自然は、カプレアヤナギ*Salix caprea*やブラックチェリー*Prunus serotine*、セイヨウオニシバ*Daphne mezereum*に与えた花の装飾を、ブナやオークに与えない時に何をするかが良くわかっていました。

ところで、繊細な移り変わりは、部分的にのみ事物その物に依存していますが、しばしば、**葉、水、空気が、それらを透過し、あるいは、それらが反射して色のない光は残さない**作用によってのみ創り出されます。その繊細な移り変わりは事物に対して、**風景が一体化された性質に大部分は負わないことに対して仲介する意味合いを与えます**。例えば、ブナの幹の冷たく白っぽい灰色は、ブナの葉の暖かみのある緑色とは合いませんが、自然の中では決してそれに気付かないでしょう。なぜなら、樹皮は透過光や反射光によって、木の先端から暖かくより適当な木漏れ日を受け取るからです。

私が持っている一枚の絵は、上述のことが実際にとても重要な事実であると証明しています。この絵は、ブナの老木の精密な描写で、驚くほど節くれだち明るい幹が特徴です。画家はこの幹に特別の注意を払っており、それがまさに典型的な樹皮をその色（明るい白を与えた）で描くことが生じた理由でしょう。しかし、それは画家が屋外で見たものとは異なります。その結果、白っぽい幹がどういうわけか奇妙な感じで風景の中に立っています。これがまさに失敗の理由です。私がそのことを学んだのは、ある日、青い眼鏡をつけることがあり、その眼鏡を通して幹を見たときです。風景画全体は最も調和した方法で彩色されて見えました。

しかし、ここで画家はどうして見たものと違うように描くという間違いをしてしまったか、という疑問が生じます。それを説明するのはとても簡単です。

第2章　ランドスケープにおける色彩の理論　　51

画家が緑色の森をスケッチしているとき、彼の画板は自然が受けるのと同じ恩
恵を受け、色の着いた光が画板の上に降り注いでいます。そして、この光は彼
が描いた色に対して、白色光の元では見られないような調和を与えているので
す。同じような経験は水でも起こります。ここで、反射によって創られる美し
い推移が同じくらい水面特有の青色と植物の緑色の不利益な組み合わせの可能
性を含むものです。植物の緑色の反射が、水面と植物の2色の間を媒介する動
きをします。実際の現象について理論的思考のもとで十分に比較できる人はほ
とんどいません。この最後の文に関して、私が書いてしまった後、その正しさ
を証明する最も美しい機会を見つけました。強い雨の後、中くらいの牧草地に
たくさんの小さな水溜りを見ましたが、各水溜りは空の反射した部分によって
全く異なる色をしていました。赤っぽく輝いている水溜りが最もかわいらしい
ことは疑いもありませんが、緑色の牧草地の中にある青っぽい色の水溜りもと
てもいい感じに見えました。牧草が十分に光を反射できない程に牛に食べられ
ていたため、反射による色の推移が見えるところは少しもなく、反射光による
色の推移について、私は(ほとんどの事例についてはおそらく正しい)調和の効
果であると考えてきたことと異なりました。それで、私はすぐに気づきました。
**水溜りの青と牧草地の緑は、両者の光の強さが著しく異なるために調和したの
です。** ある色の組み合わせの悪い印象は、それらを異なる色としてか、同じ色
の陰影としてか、どちらを知覚したらいいのかを知らないために当惑させられ
ることが原因である、と私が信じていたことを思い出してください。この牧草
地と水溜りの場合、光の強さが大きく違うことによって色が区別しやすく、混
乱し、もやもやとした状態が取り去られるのです。

　この説明が正しいであろうということがより確実になってきたのは、私が牧
草地を風景画の一部として想像した時でした。そのとき私は自分自身に対して、
キャンバス上の色は見苦しくならない別の方法で表現することはできなかった
のだろう、ということを言い聞かせなければなりませんでした。ブレスラウ
^{訳注4}
Breslauで催された絵画展で、色以外のすべての点において美しいと感じる絵
画を見たときに、この推定の正しさを学ぶことができました。その絵はアルプ
ス the Alpsのある湖をありえないような緑の水面で描いていました。背景の一

───────────────

訳注4　現ポーランド西部の都市。

部では、支流の流れる谷間から吹く風で水面がはっきりと波立っていて、波が澄んだ青い空を映していました。このような景色が現実にあるとしたらどれほど美しいはずなのか、ほんの少しの想像力があれば十分"見える"のです。しかしながら、絵画において緑色と青色の2色の相性がお互いに大変悪かったのは、この2色に対して画家が実際の眺めと同様の光の強さの差をつけなかったからです。木の梢が空の青にとてもすばらしいふさわしさを持つことは、同じように説明できるでしょう。一方で、いつも空がほとんど純粋な青色以上には見えない地平線を背景とした樹木の梢が見られることに気付き、他方で、枝の傍の葉は、葉群を透過した光で黄色味を帯びた陰となっています。

　矛盾したものを結合することが必要な時はいつでも、自然はその処理に別の重要な意味を持ちます。それは**大気遠近法 the atmospheric perspective** です。大気は全体に純粋ではありません。常に微量の水蒸気とその他の微粒子を含んでおり、それらの数や大きさ、そして太陽の位置との関係に応じて、大きく、あるいは小さく目立つ影響を持っています。遠くの事物の前にある不純物がその遠くの事物から返ってくる光線の一部を反射し、他の光源から届く光線を妨害するため、それらの光線の代わりに、私たちの目に青い空か雲が映ります。色の清澄さを減少させる同じ法則に倣ったすばらしいまとまりで陰となった遠景を見ることはこの関係によるものです。それは遠くの背景だけでなく、私たちが通常考える以上に、より近景でさえも同じことです。絵画と現実に可能な色の組み合わせの違いを理解し、同時に、現実の長所に気づくために、衣服の赤色について大気遠近法を故意に無視するベックリン Boecklin の絵画を見ることが必要なのです。

　これまでに学んできた方法は、私たちが毎日楽しむ豪華で豊富な調和と美を自然が描くには十分です。しかし時には、**より鋭く引き締まった対比によって私たちにより深く影響すること**が仕事のようになります。特に、荘厳な一日の始まりと終わりを告げる朝日と夕日がそうです。**しかし、最も強い対比を見せるこれらの絵の中でさえ、私たちが調和を見過ごさないためにはどうしたら良いのでしょうか？**

　平野では(山地について詳細な状況まで議論できるほどの知識がありませんが)、最も美しい光の効果は多分、夕暮れ時のマツ pine 林で見られるでしょう。

視覚効果の原則を証明するために、これらを例として取り上げましょう。夕日の中で高齢のマツの梢がすばらしく鮮やかな色でどのように被われるのかを初めて見た人は誰でも、南国の地中海マツ the Mediterranean pines を望むのではなく、その木の前でこれらの威厳のある木々に対して深い尊敬の気持ちでいっぱいになるでしょう。私たちの友人であるこれらのマツの控え目な"衣服"が、何の前触れもなく非常に豪華に彩られることが、どのようにして可能になるでしょうか？

　今となれば、このことを上述の生理学の視点からの説明を推定するのはたやすいことですし、初めに多すぎるように見えた詳しい情報も、今では役に立つでしょう。豊かな光は暖色にとって有用となり、弱い光は寒色にとって有用となることを今、読者に思い起こさせることで足ります。私たちは、経時対比と同時対比が色に関するこの差異をどのように著しく増加させるのかを理解しています。そして最終的に、私たちは、後方に続く、森の歩道に陰影のある林内を生み出す色群 color groups の前進や後退の作用が起こる理由に気づき、その方法を使って、実際の景色よりも大きな空間的相違を風景イメージに与えます。

　簡単な例が前述の質問に対する回答を私たちに与えてくれます。夕方の色の対比は実物に対して小さな部分だけにふさわしく照らすのですが、私たちの視覚の特性によって、それらの創造物を多く見出します。それゆえ、それらが私たちの心に快感であり、私たちを喜ばせることは、自然そのものです。

　冬の景観 winter landscape もまた、同様の有益な観察の機会を与えてくれます。逆説的に聞こえるかもしれませんが、冬の景観が主に人を魅了するのは、黄色っぽい、または赤っぽい雪の部分と、青色か紫色になる色を持つ陰の部分**の色の対比 color contrasts** です。そこには、最も美しい構成の同時対比が見られます。

　冬の森の色彩に対して、人間はしばしば不公平です。歌は冬の緑のために立派なモミ honest fir を讃えます。しかし、冬の森を遠くから見るなら、老木のハンノキ alder の去年つけた花や芽の美しい赤茶色、ブナ林 beech stand の梢を覆うすばらしい茶紫色を讃えます（春の新芽の芽鱗の先端からの色づいた茎）。

　あらゆる面で理想的な木としてトウヒ spruce を挙げる人は、冬の景観を公平に見ようとしているかもしれません。私は、12月の天気の良い日が根深

い偏見を激しく揺るがすことになると考えています。全く反対に、低林low forestはとても親しみやすい冬の景観を形作ります。なぜなら、若い木々の樹皮は明るく、生き生きした色をしているからです。同時に、針葉樹の緑が加わることが必要です。私たちはこれらの低林により大きな、またはより小さな群で針葉樹conifersを加えることができます。それらが控え目に取り入れられれば、密集しているときのように薄暗くなることはなく、針葉樹の緑色は低林との色の対比によって鮮やかさを増すでしょう。そして、これらの樹木を近接させることで、広葉樹の暖かな陰影を増すでしょう。

しかしながら、針葉樹は比類ないものであるという一面を持ちます。中景では、針葉樹の強い色は、大気遠近法によってもあまり大きく変化しません。なぜなら、その対比によって背景がより明るく繊細に見えるようになるのです。

私は、森林美学の応用の第2部に踏み込んでしまいました。そこに入る前に、自然における美の単独の分野について、もう少し考えて見ましょう。

第3章　森林の装飾としての石Stones

森林で働く人は、展覧会にいつでも行くことができるわけではなく、映画やコンサートホールにもそんなに頻繁に出かけるわけでもなく、素晴らしい本を読んで詩人の世界にひたる機会もほとんどありません。しかし、森林こそ、森で働く人にとっての展覧会であり、コンサートホールであり、映画館であり、図書館なのです。森で働く人ならば誰でも、ほとんど同じ状況にあります。私は最近、**自然を楽しむことが、近代人にとって実は芸術を楽しむことの代わりになっている**ことに気づきました。それは、次のようなすばらしい言葉で言い表すことができます。[39]"私たちの教育された目や科学的な理解力のために、風景は彩り豊かなイメージを残してきたわけではありません。しかし、風景は私たちにその中に因果関係が示されて**自然に成長した芸術作品**を見せてくれます。"

詩情的な見方をすれば、毎年のように劇的な出来事が展開します。朝から次の朝までの日々が、天気や季節seasonsの移り変わりを通して、時には愛らしく時には気品豊かに、私たちの目の前を規則的に連続して更新してゆきま

第3章　森林の装飾としての石　　　55

す。例え、地球の起伏を形成するような大地震に比べるとはるかに小さなこと
であっても、私たちがいま経験していることがすべてなのです。私たち森林官
には、このような自然の戦いが時にはっきり起こっているのが目に見えるよう
な場所があります。だから、しわwinklesや曲がりfoldsなどの古い地面の起伏
scarsはとても面白いのです〔写真I〕。

　例えば、石灰岩土壌shell limestone soilの上で大きく成長したブナや、石英
砂の風成土の洲windblown dunes of quartz sandの上に成長した哀れなマツや
氾濫原の粘度質土壌the mud of the floodplainの上に生えたトネリコashやオー
クのように、自分で耕した土壌で成長するものを楽しみとする森林官は、ライ
ン川の滝を水力発電の資源として利用できるかどうか見ている学者先生とは好
対照なのです。

　**地質学geologyは、生物の生息域や生活場の理論的な基礎であるのと同様
に、また森林美学の基礎を担います**[40]。私たちの国土、つまり、私の住んでい
るツォープテン山脈Zobten mountainsの地表に分布するモレーンthe ground
moraines〔氷河が取り残した堆積物〕の起伏は、ヴァルトブルクWartburg城
からはるか遠方を望むと無限に続くように見えます。モレーン丘の周りに花
崗岩graniteと斑糲岩gabbroと蛇紋岩serpentineが囲む中部シレジアmiddle
Silesiaの絵のようなシンボルが続いているのを思い起せばよいのです。しかし、
驚くべきことは、それはまだ"遥か彼方"にまで続いています。

　**地表面を芸術的な造形物として見るために、ちょっとしたことから始めてみ
ましょう**。層をなす堆積物や移動石礫のことを勉強しましょう。このために、
今もまだ少しばかり移動していて、層を形成する仕組みが簡単で、その仕組み
が実際の現場で使えるものに注目しました。石ころひとつ見かけないような森
林はどこにもないので、私は次のような問いかけが読者の何人かの興味を引き
付けると思います。

　ペーターホフPeterhof村の近くの石を豊富に使って人工的に作った鱒の
小川creekを賞賛しているモルトケMoltkeにならって[41]、ある日、私は小川の
中に途中で集めた丸い石を放り込んで、川の流れをあちこち少し変えてみまし
た。

　小さな早瀬がとても素敵でした。しかし、やがて周りの何もかもが激しい流

56　　第1部　森林美学の基礎理念/B：自然の美

I　岩石、石、土砂を運ぶ急流

　写真はベルリンの画商 Ed.Schulte から入手。カール・ハッシュKarl Hasch（ウィーンにて 1897 年没）によって、Oetzal の Umhausen 近くの Stuiben Falls に至る途中の風景が描かれた。

第3章　森林の装飾としての石　　57

れにのみこまれるような激しい雷雨に見舞われました。そして、私の仕事と自然の力と比べてみると、自分のやった仕事がいかに哀れなものか理解しました。この経験から、私は、こういうことについてわずかしか書いていない手近な本ではなく、**文学作品**の中にこそアドバイスを求めるべきだとはじめて思いました。

　造園芸術による石群に関する文献は、いかにそれを行うかを示しているにすぎません。それも自然から学ぶということは難しいようです。表現方法を学ぼうとして山に行った時は、最初は計り知れないほどの場面の変化に圧倒されるものです。それでも、シラーSchillerの"現象の飛躍のための支えの棒"を一生懸命探し求める人は誰でも、ある原理にたどり着くものです。その原理というのは、規模が大きくなればなるほどより明白になるでしょう。たとえば、フォン・ドマズビスキー von Domaszewskiが、荒れた渓流の中にまだほとんど岩屑が堆積して、まだまだ山岳渓流の谷間に石が転がり落ちるようなダニューブ川 the Danube 源流について書いています。"こぶし大の石はプレスブルク Pressburgよりもっと下流に運ばれて、やがてオーフェンペスト Ofen-Pestの石礫の流路を通過し、砂となってビッダイン Widdeinを流れ去り、最後にシルトや粘土にこなれて黒海 the Black Seaの河川デルタ（三角州）に堆積します。"

　これが当たり前だということは素人でもわかります。しかし、**河川の上流部**の姿かたちを説明することは、大変難しいのです。もし、勾配が変化しているようなところがあれば、大きかろうが小さかろうが、石礫はすべて勾配の最も緩いところに集まると思うでしょう。なぜなら、大きな石は容易に流れに抵抗できる場所に居座り続けると思われるからです。

　しかし、実際はこれと逆で、大きな石の大部分は最も急な場所に溜まっています。この不思議な現象はF. ヴァングF. Wangの著作によって理解できます。彼は次のように説明しています[42]。

　"他の条件が同じであれば、運搬される物質が多いほど流体の平均流速は減少します。それゆえ、運搬する力も浸食力もまた減少します[訳注5]。"

　図2は、この作用を視覚的に示したものです。急流の河川区間A–Dでは、

[訳注5]　これは、土砂が多いと流体中の土砂濃度が高くなり流速が落ちるという水理現象だが、本当はその分だけ流体の粘性が高まり掃流力が大きくなるので、かならずしも運搬する力は減少しない。従って、この記述は古い考え方か、思い違いである。

図2　石の配置(著者画)
波線は、浸食によって形成された新しい河床です。

　より荒い石礫はA–B区間に堆積し、この区間ではそのために元の河床が浸食から保護されます。Bの下流側では、強い水流が河床をたたき続けるため、はじめはBの下流側は大きなダメージをうけ、やがて淵が形成されます。下流に行くほど、それは緩和され、もっと下流でふたたび石礫の堆積するところまで徐々に河床の高さを戻していきます。これら下流の石礫は、河床が深掘されて流されないように抵抗しています。私は、それを自分の目で見て、この説明は間違いないと確信しました。これが正しいことは、ハンノキalderの茂る水路にそって歩いていれば、どこでも見られます。[訳注6]

　そこでは、最も急な勾配は木の根と切り株の間に形成されることが見られます。また、ハンノキは水流が速く流れる水辺に生育するものと考えられるからです。このことから、河川の形がほかの何物でもなく、流れの抵抗によって形成されるということには疑いはありません。

　またその他の方法では、岩の上を流れる急流は、川の全面に効力のある"物質を級化sorting of material"する規則が岩の多い急流で部分的に乱れます。つまり、重い大きな岩が細かい堆積物の前方(下流側)に見られることがよくあります。この矛盾については、私はより大きな堆積物は**土石流(泥流)mudslide**が発生したときだけ谷底を運ばれるということで説明したいのです。しかし、これは特別な例です。F.ヴァングは、これを大変わかりやすく示しています。"……土石流が起こった時は、河川水は比重の高いどろどろの流れとなっており、大きく重い石礫や家の大きさの岩石でさえ軽々と谷底を運ばれて行きます。土石流は、まるで古代ギリシャの密集した重歩兵a closed phalanxが進むように、水の中で堆積物が運ばれるよりもっとゆっくりと前方に動き、その中で石は無

訳注6　上のパラグラフのプロセスに関する記述は、最近の研究成果からみて正しくない箇所がいくつかあります。このような河床形態をステップ・プール構造というが、その成因に関して正しい理解は専門書を参考にしてほしい。

第3章　森林の装飾としての石　　59

秩序にお互いに集まって、ひしめき合いながら泥と混ざって運ばれます。土石流は、その前方にあるものを何もかもなぎ倒して谷の中を突き進みます。比重が大きいため、特に重い物でも運ぶことができるこの土石流の土塊の中でも、物質の級化は起ります。つまり、特に大きな石はパワーが強いので、先頭に集まります。土石流に含まれる堆積物は、移動するに従ってお互いの結合が緩くなるので、各個運搬とは違い、移動土塊が全体的になだらかになるように移動します。そして、底の方にあった最も大きな岩はより早く動き、細かい物質はより後ろの方に残され、やがて大きな岩が流れの先頭に見られるようになります。"

　形の変化が生じることを言う必要はほとんどないでしょう。

　土石流が停止するや否や、個々の移動物質はそこに留まり、石はそれぞれに勝手な場所に座ります。しかし、これはここで書くほどに素早く起こるわけではありません。後ろの方にあった小さな軽い石は、最初に動くでしょう。しかし、**それらの石はしばしば険しい行程上で無理やり動きを止められます**。その滞在の原因はさまざまですが、最も一般的な原因は、より小さな石が大きな石に妨げられることによって流れに抵抗するか、扁平な礫が河床を覆って保護するかによることでしょう。その扁平な石が流れに対してどちらを向いているかによっては、流れの当たる面が小さければ、移動速度は遅くなることになるでしょう。これは、例えば円筒型の石が長軸を流れと並行にして留まっているような場合です。小さな石ほど大きな石の上流側や川幅の広い場所で溜まっていますが、このどちらの場合も水流の速度が小さいからです。

　また、しばしば石は運ばれながらも、お互いにぶつかりあって動きを妨げるものです。これには3つの異なるケースがあります。もし大きな岩が水流の中に飛び出していれば、ほかの砂礫はそれに邪魔されます。また、58頁の図2のBのように、平らな石が他の石の上にのしかかる場合もあります。平らな石はたいへん安定しており、これらの全体の塊が動くことに抵抗しています。また、まれなことではあるのですが、石がアーチ形に集積する場合もあります。

訳注7　これは逆級化現象といって、土石流の中で相対的に粒径の大きな石礫が流体進行方向の上部に浮上する現象である。地すべりは基本的に流体でないので、こういう現象は起こらない。
訳注8　一個一個の石が個別に運ばれる運動のこと。

そうなると、見ようによっては、アーチの端っこは川岸の土手に接していることになります。このようにして、美しい滝や早瀬ができます。そのとき石に落ちる水流は、横切ったり、固まったり、また広がったりして、人の目を引く造形となります。

庭師が、自然になり代わってそれを行うことは素晴らしいことです。たくさんのセメントを使えば、あらゆる規則に反しても、まるで自然になり代わって、クリーム壺の注ぎ口を流れに取り付けたように、美しいアーチを下流に向かって開くように作ることができます。

丸い石も他の規則にしたがいます。それについては、2つの異なる場所が見られます。すなわち、大きな尖った石の間、もしくは浅瀬や川岸の間、またはもっと小さな平らで尖った石の間に引っかかったり、壊れて堆積しています。まるで、一度動いたおおきなボールが二度と動けぬようにがっちり挟み込まれた形で、流れの影響範囲から外れてしまっています〔図3〕。

残念ながら、私は氷河の影響や海岸の石の移動堆積の規則について何が正し

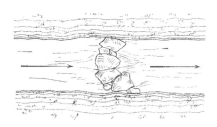

図3 石の配置（著者画）

いか確かめるすべがありません。それは、私は氷河を見たこともなく、石の配置にまだ注意を払いはじめていなかったずっと前にしか、**海岸線**に行ったことがないからです。

最近、私は国会議事堂Reichstagの読書室で、オイゲン・ブラハトEugen Brachtによるバルト海the Baltic Seaの浜辺の絵を学ぶ機会がありました。そこでは、海に対する海岸線から縦の軸線に向かって、長く伸びたすべての石（30個くらいの石）が一つだけを例外として現れていることがわかりました。打ち寄せる波によって石が並行にならんでいることはよくわかります。それは波止めにもなっており、前後に動かされるのでしょう。打ち寄せる水に向って

石が狭い場所で耐える一瞬、時間を止めたような光景です。

　水の中か汀にある石を詳細に議論してきて、まだ探索していないことで、**破片の石**に少しふれたいと思います。

　水の力で動かない石ころは、斜面上を谷に向かって動いています。その歩みは緩やかなので、それらがうまく斜面になじむのに十分に時間があります。多くの石が**一番広い面**で地面と接し、もし下に土があれば多少深く**地面にめり込んでいる**理由がこれです。しかし、もし斜面が石や硬い岩石片でできていたり、あちこちに根っこが埋まっていたら、石はもっとゆっくりと谷に向かって動くでしょう。そして、土のほうが先に掘れてしまうので、**石で斜面が階段状になる**でしょう〔図4〕。

　いくつかの石が完全に地面を覆って、積み重なっているような石礫の堆積面

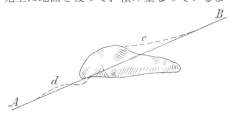

図4　石の配置(著者画)
A-Bは元の土の斜面である。波線で示したもののうち、cは土がずれてできた新しい地形面、一方dは生物が掘り起こしてできた新しい地形を示す。

を見かけることがあります。人間は円柱形のころを使って重いものを動かしますが、自然もまた同じようにしているのです。大きな板状の岩石は、**最も摩擦が少ないような面を丸い小石の上に乗せて動き出すでしょう**(図5、6)。

　動かない硬い障害物があれば、石はそこで止まります。そして、これらはお

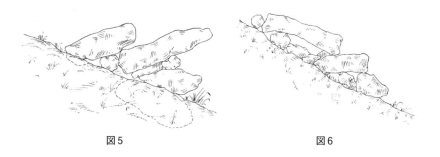

図5　　　　　　　　　　　図6

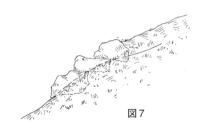

図7

石の配置(著者画)

互いに積み重なって、ときにはひとつながりの階段のような地形を形作ることがあります(図7)。

ほとんど水で運ばれてきたが、今はひと時河岸に置かれているような石たとえば**標石** findlinge［漂移性の巨石 erratic boulders］は、上に述べたのと同じような動きをし、地中に少し沈み、ゆっくりと谷へ移動します。

しかし、動かない石もあります。不均一な風化作用によって基岩から割れた石は、**平衡状態** equilibrium か、ほぼそれに近い状態にあり、基岩との摩擦抵抗に打ち勝つことができず、たとえ落ち着かない場所であっても、そこに留まり続けます。このような石の構成は、地元の人が初めての訪問客に特別の誇りを持って見せるものかもしれません。

読者の皆さんは、キツネやウサギなどの野生動物が、植物が石の傍らに生育するのと同じように、石の下や石の間を住みかとして堀起こすことをご存じでしょう。

また、蘚苔類は、石が長い間そこに置かれている印象を最大に強めます。ゲーテは彼の"大気 Atomosphere"という詩の中で、次のように訴えています。

"私はこれらすべてを両眼でとらえずにはいられない、
だがあれやこれやと思いめぐらすつもりはない。"

石の重なりが雲の層のようだというのは本当のことです。それは、詩人の慰めの言葉がぴったりするでしょう。

第3章　森林の装飾としての石　　63

"なんじを無限のなかで見出すことは、
区別し結合させずにはおかない。"

　私は、読者にとって、自然界で法則によって支配された統一に単一の現象を
結びつけることが、区別することよりも容易であることを望みます。
　分裂したり合体したりすることにあえて自己を鍛えようとする人は、自然へ
の感嘆が精神的にだけではありませんが、原型に従って**飾り embellishment の**
ために加工していない石を使おうとする人は、その大変な難しさに気付くこと
ができるでしょう。
　第2部B編の第7章では、難しい仕事をより簡単に行うには、どのようにす
ればよいか、実用的なヒントによって解説しましょう。この章では、ただ、自
然が提供する美への快感と、とくに石の言葉 *saxa loquuntur!*［石との対話!］を
いかに理解させるかに重点をおきます。
　私がこの章のはじめで引用したゼレンカ Selenka を思い出してください。

　　　"装飾 adornment とは自然の言葉以外の何物でもない。大部分がわか
りやすく、語りやすい。それらの長所を隣人に暗喩で言ってみてごらん
なさい。"

　これは、人間の装飾にとって真実だけではありません。森林も又、その装
飾（石もその一部ですが）を通じて、隣人や森林官に多くのことを語りかけます。
　この章の最初に掲げた絵は、画家が精密な原型として自然をとらえている
ということを示しており、その意味でたいへん参考になります。ギース川
Giessbach［Gies Creek］の石を乗り越える波を見ます。その石は河床の浸食を
防いでいます。一方、前景では、散在する石の部分をもっと大きな高さで波が
到達します。右岸には、T字型の大きな石が、小さな石の先端に引っかかって
留まっています。また、巨礫によって強い流れから保護されて砂利が保たれて
います。両岸から供給される岩の破片は下流に押し流されます。そして、最も
それらすべてが急傾斜の方向に長辺を沿うように横たわります。ギース川にま
だ到達していない石は斜面の土に埋まっていたり、斜面に階段のような地形を

作っています。

第4章　樹種Speciesの美的価値[43]

1. 緒　言

植物の世界は、いわば、地球の上着です。全ての部分で美しく存在するということは、植物がすばらしい独自性を備えているということであり、その上着の各部分がそれぞれ特別な特徴を備えているということです。森林美学の役割は、森林の植物たちの美しさと個々の価値が認められ、そして、なぜそれらの植物たちがドイツの森として敬意を表され愛される調和のとれた総体として一体化するのかを吟味することにあります。この章では、樹木種に限りますが、この役割の基礎になる情報を提供したいと思います。

ここからは、林業の慣例に沿って話を進めていきましょう。先ず硬い幹を持つ広葉樹、ついで針葉樹、そして最後に潅木類について述べます。また、林業に役立つ外来樹種についても、特別にページを割きました。もし、読者が不必要なまでに変種、樹種の特徴や森林樹木の樹型にページを割いていると感じるなら、皆さんが、私の個人的興味の多くを除いて、自らの確固たる学問分野を実践した時に、はじめて私の記述を信じようと思うでしょう。

ロシア産の種から育ち、グリューンベルク Gruenberg の市有林に隣接する林の価値の無いオークとは違った、真っ直ぐで垂直な幹を持つ 90 年生のオーク *Quercus robur* の林分を見たことのあるシレジア森林協会のメンバーは、良い変種 varieties や亜種 sub-varieties の美的価値を評価することの意義がわかるでしょう[44]。

美的価値に乏しい変種もまた大切です。それらによって"物事の理想とは何かを明らかにする"ことができるからです。私はこのことを書いたエールシュテット Oersted〔19 世紀の物理学者〕の以下の言葉に従います[45]。すなわち、

"自然は、無限の時間の中で生み出される数え切れないほどの多様な姿や働きの中で、それ自身の持つ様々な理念を実行しています。あらゆる自然の理想は、それ自らが語ります。まさに、哲学家自身が基本となる考え方を最も異なる形で表現するように、また、役者が自分の台本を変えるように、自然も自ら

を変えるのですが、それは信じられないくらいの変化です。統合されたすべての生命（個体）は、事物の理想とする主要なものを特徴的に実現したものです。しかし、豊かな自然は、私たちの前にあって実際にはもう完成してしまった理想を限りなく実現して見せます、というか、有限の世界における無数の変化によって、自然は私たちに訴えるのです。その変化は、一面的な観察者は、すぐに目につく不完全なものだと捉えるかもしれませんが、一方、自然の解釈を高尚なものだと考え、自然の解釈は全人類のなかで発展していくべきだと考える者は、その無数の変化こそ、強くはっきりとした精神に対して、豊かに物事の理念を明示するためのものであると、考えるにちがいありません。"

2. 硬材である広葉樹

オークOak

[*Quercus petraea*（セサイルオークSessile Oak）]

[*Q. robur*（*Q. pedunculata*）（イングリッシュオークEnglish Oak）]

オークは、間違いなく、樹木の中で最もすばらしい部類に属します。なぜなら、老齢期において**崇高sublimeな "性格"** を獲得するからです。オークのこの性格は、樹木が大きいことに加えて、1本1本の幹がそうなっていることからもわかるように、すべての部分が強固な構造であることに起因しています。このように種の固有の性質以外にも、いくつかの本質的な特徴を内在していることにも起因すると考えられます。

芽の位置だけを見ても独特の特徴を現しています。オークの芽は全てが "らせん状" に配置していますが、しばしば大きさが非常に異なります。これは幹や枝、そして、地中にあって見えませんが、根株についても同様です。

詩人はこのことを次のように称賛します。

"あちこちに、好きなように力強い枝を伸ばしますが、樹木としての均衡は保たれています。" *"tum fortes late ramos et brachia tendens huc illuc"*──*media ipsa ingentem sustinet umbram.*

Esculus inprimis quae quantum vertice ad auras
Aetheras, tantum radice in Tartara tendit

II スザンナオーク

ポステルの教員ヴァスドルフ Wassdorff 氏撮影。胸高直径は 185〜202 cm、周囲長は 6.73 m。このスザンナオークは、ポステルにある Kaelberwinkel の境界で保存されている標準的な樹木。

第4章　樹種の美的価値

Ergo non hiemes illam, non flabra neque imbres
Convellunt immota manet multosque per annos
Multa virum volvens durando scula vincit.
Tum fortes late ramos et brachia tendens
Huc illuc, media ipsa ingentem sustinet umbram.

プブリウス・ウェルギリウス・マロ、農耕詩第2巻　Vigil. Georg. Ⅱ. 290

[最初にオークは、上空の世界へと林冠を伸ばします、
それは黄泉の国に向かって伸びる根と同じくらい大きく。
したがって、どんな嵐、突風、降雨もオークを引き裂くことは出来ません。
不動のオークはそこに留まり、その頑丈さゆえに、
何世代にもわたって、人間の多くの時代にもわたって生き残ります。
そして、中心にある幹からあたり一帯に、たくさんの強固な枝を広げ、
巨大な日陰を作り出します。]

　感覚がその存在によって直ちに知覚する**印象**は、**私たちがそれを知っていることによって強められます**。私たちは**オークの自然の諸要素に対する抵抗力を知っています**。オークはそよ風ではささやきませんが、嵐でうなり声を上げ、嵐に抵抗するために戦います。私たちはオークに対して、稲妻の巨大な力がオークを何度も試すという事実を詩的に解釈します。私たちは、稲妻との闘いの結果である名誉の傷跡を樹体に刻んだだけでなく、新しい枝や樹幹を力強く成長させることによって**活力**をさらに大きく拡大する準備ができているオークを見つけるでしょう。この活力は、詩人が自国の繁栄している時代をオークの生き様と対比させて喩えるときのものと同じです。一人の人間でなく、**国家の単位**で考えると、オークの**寿命**の中でいくつの国家が衰退していくでしょうか、また直径が人間の脚下から胸までの長さよりも大きな倒木の年輪を数えれば、豊かな実りの中の一粒であったこの大木のタネが野生のイノシシによって古い伐採林の真新しい地面の中に隠されたときには、ドイツの国々の皇帝がいったい誰だったのかを知ることができるでしょう。私たちがたどり着く場所や、私たちの子供や孫がたどり着く場所について、心配しながら考えるなら、私たち

が、今、精を出して播いたドングリのひとつが芽吹くなら、幹は今、目の前にある倒木と同じくらい大きく成長することでしょう。

さらに、主要ではないけれど適切で、印象を強めるようないくつかの見解があります。私たちがよく目にする、オークが他の樹木の上にそびえ立つ姿です。それは、まるで王様が他の樹木を守っているように見えます。オークは最も遅く、緑色が濃くなります。他の樹木の後を追い、最も目立つように。オークは小さな植物を身にまといます。それは、重厚な色で優しく覆われた樹皮の荒々しさを和らげるために。オークは森林の多くの野生生物に食物と避難場所を提供します。そして、最後は人間が使うことで価値を高めます。このようにオークは単に他の樹種で期待されるような材としての価値を持つだけではありません。

オークの葉――それは、幸運な狩猟者の栄誉の花冠や高貴な皇太子、王の宮殿の表玄関に用いられる装飾――は私たちドイツ人にとってあたかも月桂樹の冠のように名誉を表します。^{訳注9}

無名、有名を問わず、画家や詩人は、賞賛の光の中にあるオークの優れた点を表現し、オークに対する解釈を多くの人々に伝えることに関心を持ってきました。すべての人が、自分の周りにある自然の美しさに対して目を向け、耳を澄まし、心を開いているというわけではありません。芸術家だけが人々のために、自然の美しさの意味を明らかにすることができるのです。芸術家は私たちのオークの木を賞賛し、善意を欠くことはありませんでした。それはクロプシュトック Klopstock が始めたことなのですが、詩人達は様々な樹木を私たちドイツ人が独占的に取り込み、受け継ぎ、所有するものであると主張することを良し、としてきました。そして、詩人達はそうすることの利点を見逃しませんでした。19世紀の初めの30年において、林学の雑誌には、この話題についての詩で部分的には非常に優れたものが特に多く掲載されていました。

画家はこの件においてさらに勤勉です。画家の絵筆はすべてのオークに対処することはできません。少なくとも、森林官が育てたいと思うような、閉鎖した高林high forestのすらりとした幹や複合林composite forestの中の整った樹冠木の丸い梢に対しては。しかし、画家は古い択伐林selection forestや放

訳注9　狩猟家でもある森林官が獲物をいとめた時のもの。

牧林 grazing forest で成長してきたような樹木の形をうまく活用します。ギルピン Gilpin は、自国のオークのピクチャレスク〔絵画的な美〕picturesque を称賛した時、すでにそのような手法に気づいていました。彼の賞賛したオークは、100 年前にはまだ野生の馬が歩き回っていた、エイボン川 the Avon の土手の広い森林地帯にありました。

　彼は、自由に放牧されたポニーの歯の届かない所に生えていたそれらのオークを、次のように考えていました。"……見ることが出来る最も絵のように美しい木です。それらのオークは、他の肥えた土の中に生えるオークのように背が高くなることはほとんどありません。しかし、それらの枝（造船業者が利用する湾曲した材 crooked wood）は、たいていお互いの周りに、絵で書いたように美しい形に曲がりくねって存在します。とにかく、私は土が痩せていればいるほど、木が絵になるほど美しく育つと思います。——それは、樹形を決める枝分かれの形がよいことを意味します。"

　"さらに、ニューフォレスト New Forest に育つオークは、豊かな土壌で育つ他の樹木のように、葉を密集させることが出来ません。葉が密集しすぎると、すべての形が台無しになります。逆に、葉が少なすぎると、木は惨めでしなびているように見えてしまいます。木が絵になるほど完璧な形であるのは、葉としてのまとまりを見せるのに十分な量の葉が茂っているけれど、その枝を隠してしまうほどの量ではないときです。木の最も重要な美しさのひとつは、その枝分かれです。例え葉が密集していたとしても、時々は葉の陰から枝が姿を見せなければなりません。"

　親愛なる読者の皆様は、上述のウェルギリウスの農耕賛歌の引用文について何か特別なことに気がつくのでなく、そこに示された考えをかなり自明のこととみなすことと私は確信しています。しかし、そこに述べられているようなことは、全くないのです。もしそれが私たちにとって明瞭でわかりやすい言葉で述べられているのならば、私たちはこの理論的な考えを妥当なことと考えるでしょう。しかし、事実に直面するとき、未熟な目では絵のような美しさを疑いなく認識することはできず、また、その美しさを視覚的に楽しむことが必ずしもできるわけではないのです。

　枯死しそうなオークでさえ、絵のように美しくあり得るのです。そのような

オークは、植物の形から建築的な要素を見いだすことがよくあります。想像力をもってオークの枯れた枝を見る人は誰もが、何かの怪物に見えるでしょう。——それはヘビ、竜、犬の首など、まるでそれらがガーゴイルgargoyle、つまりゴシック建築の奇妙な装飾のような印象をもつでしょう。

　枝の構造やそれによって決まる樹体全体への葉の分布に続き、枝における**葉の配列**を詳細に、すなわち、その木の外観を決定付ける葉の大きさ、形、色について、詳しく見ていきましょう。

　自生しているオークの2樹種〔セサイルオーク、イングリッシュオーク〕の葉の位置は、広い視点とまた美学的に重要な違いを示しています。

　2つのオークの葉柄の長さが違うことは一般的に知られていますが、葉の位置や形に関して、葉の表面が本質的に幹の長さに影響を受けているということは十分考慮されていないようです。というのは、短い葉柄で枝とくっついているイングリッシュオークの葉は、太陽の光を受けるのに最も都合の良い位置を獲得することがほとんどできていないか、ほんの一部しかできていません。一方、セサイルオークが太陽に向かって葉を完全に広げるためには、その長い葉柄を回転させるだけでよいのです。ある意味ではG. L. ハルティッヒG. L. Hartigが言ったように、その葉はブナのシュートのように枝に交互に着いていると言えます。

　短い枝に付いている葉の配列は、老齢木にとっては有利で、ほんの短いシュート〔短枝〕も魅力的に飾り、枝を細やかに隠しますが、水平方向に広がるイングリッシュオークの葉は、主に長いシュートを伸ばす若い幹にとって、特に都合が良い着き方のようです。

　葉の位置と同様に、**葉の光沢**も重要です。光沢の有無が有利であるかどうかは周りの環境によります。物体の輝きは無色の白色光として到達する太陽光線の一部が反射することによって引き起こされます。したがって、鮮やかな色の効果は、艶のない物体や見る人がいない方向にだけ光を反射する物体に対してのみ現れます。

　したがって、イングリッシュオークの光沢のないロゼット葉は、水彩画のようで、すべての方向の光を受け取ることができますが、ある方向から見ると輝

訳注10　怪物をかたどった彫刻等のこと。

第4章　樹種の美的価値　　71

いて見える葉は、初心者が描いた油絵のように色が合っていないと感じられる
かもしれません。油絵の初心者が展覧会に参加すると、主催者は照明条件の
好ましくない場所を提供します。そして、マッカート Mackart やアッヘンバッ
ハ Achenbach〔19世紀ドイツ風景画の父〕には、部屋のどの角度から見ても遜
色なく光を反射するような場所を提供するのです。そのような場所では、絵の
具を厚く塗った箇所が、貴重な石や満月、薄暗闇から打ち寄せる波のように
見えます（その箇所がどうなっているのかを近づいて確認すると、普通の人に
は "絵の具の斑点" に見えるでしょう）。マツのまばらな薄い影から伸び出たイ
ングリッシュオークの枝が木立の中で明るく輝いていることがよくありますが、
この点はブナと非常によく似ています。

　ところで、2つのオークの葉にはたくさんの変形種があり、非常に明るい色
の葉をもつイングリッシュオークは少しも珍しくありません。[47]ここで、ポステ
ルや近所で採取したいくつかの葉の絵を示しましょう（図8〜16）。

　(a)のセサイルオークの葉は、一風変わっています。なぜなら、先端が鋭く
尖った鋸歯をもつアメリカ産の葉の形状へ移行する途中の段階を示しているか
らです。(b)の葉は、わずかに二重の裂片があります。(c)の葉は主脈が二股
に分かれ、(d)と(e)の葉は、それぞれハンノキ、ヤナギの葉の形状に似てい
ます。(f)の葉はセサイルオークの雑種型に由来し、複合果だけでなく葉柄も
特徴的ですが、その葉自体はイングリッシュオークの一般的な特徴を備えてい
ます。イングリッシュオークの葉の最も一般的な形は(g)ですが、(h)の葉も
ごくまれに見られます。G. L. ハルティッヒはこれらの微妙に深い裂片をもつ
オークを特別な変種 variety（*Quercus altera tenerius dissecta*, Rseneiche）〔Lawn
Oak〕として区別せざるをえないと感じました。[48]私は十字架のような形の(i)の
葉を冬芽 Johannistriebe から発達した枝（6月のシュート——夏至 Johannes は6
月です〔土用枝〕）からとって来ました。それは自然のなせる業です。図17に
示した葉は、上部の先端部が欠損している所に特徴があります。これは主脈の
成長が阻害されているせいですが、その葉が生きてきた歴史によってより一層
特別なものになっています。

　1863年の秋、プロシア王 King of Prussia の時代に、皇帝ヴィルヘルム

訳注11　19世紀オーストリアの歴史画家

第1部　森林美学の基礎理念／B：自然の美

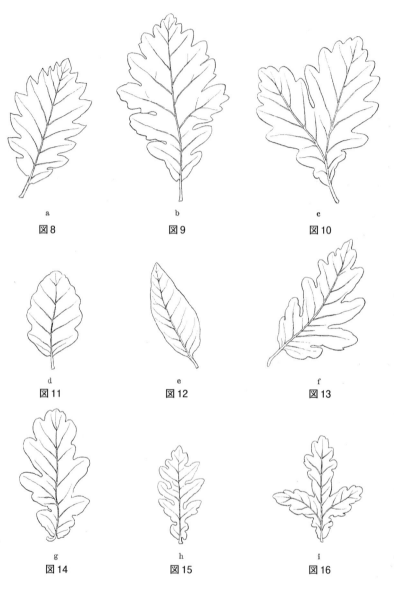

天然のオークの葉
（ヨハンナ・フォン・ザーリッシュ画）

第 4 章　樹種の美的価値

図 17　ヴィルヘルム 1 世によって描かれたオークの葉
（フォン・マイヤーリンク大隊長 Major v. Meyerlink から入手した複製）

Emperor Wilhelm はレスリンガー原野 Lesslinger Heide ［heath］^{訳注12}で狩りを催しました。イノシシ類の狩りの始まる少し前に、皇帝陛下は隣にいた大隊長 Major、フォン・マイヤーリンク v. Meyerinck 氏に呼びかけ、彼に今まで森の中で先端が 2 つに割れた丸いオークの葉を見つけたことがあるかと尋ねました。彼は"いいえ"と答え、"自分はこれまでそのようなことに注意を払ったことは一度もありません"と言いました。皇帝は言いました。"想像してごらんなさい。私はそのようなオークの葉をちょうど今見つけました。それは私の生涯の中で 2 度目のことです。どうして私がそのことに興味を持っているのかを君に話そうと思います。ある日、私は兄弟たちと一緒に父のいるサンスーシ Sanssouci 宮殿にいました。父は私たち子供にこんなことを言いました。'公園に行って、先端が 2 つ丸くなったオークの葉を見つけてきておくれ。私はそれに興味がある。そのような葉を持ってきてくれた子には褒美を与えよう。' 私たち兄弟は急いで出かけ、オークの木の下をとても熱心に探しました。私は幸運にも先端が 2 つの卵形をした葉を見つけ、喜んで声を上げ、父の所に駆けつけて行きました。私はテラスにいた父にその葉を渡しました。よくやった！ 今、私はとても満足しているよ。と王は言いました。私はオークの葉を持った赤いワシのメダルを作ろうとしているのだ。ヴィルヘルム、君に褒美を与えよう。——でも私は、この時の褒美をまだ受け取っていません" 皇帝陛下はそう言って、笑いました。

王は先端が 2 つの丸い葉を大隊長フォン・マイヤーリンクに手渡し、彼に紙と鉛筆を持ってくるよう言いました。そしてそこに一般的な葉と先端が 2 つに

訳注12　heath = 潅木が生育する荒れ地のこと。

なっている葉を描きました。

大隊長フォン・マイヤーリンクのご配慮によって、私はここに、王の描いた絵と同様の、歴史的な葉を載せることができました〔図18〕。

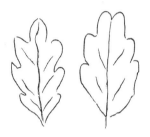

図18　ヴィルヘルム1世によって描かれたオークの葉
(フォン・マイヤーリンク大隊長 Major v. Meyerlink から入手した複製)

形と同様に、オークの葉の色も変化します。春、夏至のシュート〔6月〕、そして特に秋の終わりに、まどろんでいるような色合い coloration の違いと豪華さを見せます。

ほとんどすべての森林において、オークは銅褐色のシュート shoot を出し、その後明るい赤や薄い緑の若枝が夏至の頃に芽吹き、そして秋には濃い茶色がかった黄色から非常に薄いレモン色まで様々な色合いのシュートが見られます。このことに、私はこれまで何度も感嘆しています。

しかしながら、これらの葉の**秋の色**は、野心的に森の価値を高めたい人から見ると十分ではなく、彼らはレッドオーク Red Oak〔*Quercus rubra*〕なしに美しさを演出することはできないと信じています。しかし、私たちのオークの**秋の黄色**は、特に針葉樹の色を非常に優れたやり方で補っているのです。オークはマツやトウヒの色に対して驚くほどふさわしい色合いを補います。オークの淡く茶色がかった黄色はマツのくすんだ緑と比べるとほんの少し目立っていますが、鮮明なトウヒの緑色よりはわずかに抑えられた色合いになっています。

若齢のオークや一部の老齢のオークは、冬の間ずっと葉を落とさず枝につけたままでいます。^{訳注13}

園芸苗畑には、たくさんの**オークの品種**であふれていますが、その多くはドイツ原産です。依然として、その数は増え続けています。イエロー

訳注13　マレセントといい、落葉せず冬芽を護っていること。

オーク Yellow Oak（*Quercus robur 'Concordia'*）は、おそらくコシュネーベ
Koschnoeweのはずれのトレーブニッツ Trebnitz 地区由来です。シルバー
オーク Silver Oak（*Q. robur fol. agr. pictis*）はフルダ Fuldaの近くのシュリッツ
Schlitzのゲルツ Goertzの宮廷の公園から広がりました。ブラッドオーク Blood
Oak（*Quercus robur fol. Atropurpureis*）は、今世紀の初めにゴータ Gothaの公爵
領のラウヘイヤーの薪炭林 Lauhaer Holzでベッヒシュタイン Bechstein によっ
て発見されました。ピラミッドオーク Pyramid Oak（*Quercus robur fastigiata*）
の新しい形態もまたベッヒシュタインで知られています。1876年のペツォ
ルト Petzold[49]の記述によると、ピラミッドオークは100フィートの高さがあ
り、樹齢はおよそ280年と推定されていました。それは、ヘッセン大公Grand
Duchy of Hessenのディーバウ Diebau〔ポーランドの地名〕とアシャフェンブ
ルグ Aschaffenburgの間のバーベンハウゼン Babenhausenの近くに立ってい
ます。その一帯はハーレスハウゼン Harreshausen 一族によって引き継がれて
います。現在、そのオークは、胸高直径1m、樹高24.75m、枝下高10mです。
20年前に雷に打たれましたが、今もなお生き続けています。

　他の品種については、あまりにも数が多いためにここでは省略します。ムス
カウ上流 Muskau Oberのアルニン Arnim 苗畑では、価格リストに元々2樹種
の自生オークの63もの多品種の名前を挙げています。ここポステルでは、私
は非常に様々な形態をもった、とても興味深い13の野生種を見つけています。

ブナ Beech
［*Fagus sylvatica*（ヨーロッパブナ European Beech）］

　ブナを描くことは簡単ではありません。ブナの形を刷毛で描くことは非常に
難しく、多分よほどの絵の達人でなければブナに見えるようには描けないで
しょう。というのも、その枝はとても単純な形に見えるけれども描くのが厄介
な規則的な扇形をしており、また、特に若いブナの梢は上部の枝ほど競い合う
ようにまっすぐ上に向かって伸びているからです。

　樹冠の外側に位置する枝の先端は、夏にはすばらしい葉群で、冬に荘厳な芽
で飾られますが、春先に一気に伸びた芽がまだ自身を支えるような強さがない
ような時期や、そのシュートが美しい曲線を描いているような時期の枝の繊細

さは、少なくとも自然の頑固な印象を与えるものではありません。その時期の若いブナは、おそらく私たちの森が受け入れる最も愛らしい姿を見せてくれます。その木々が、他の樹種には見られないほどの最も荘厳で壮麗な美しさを持つ林分になるべく、より高次の美しさに向かって成長していることは、それらの細い幹からは到底考えられないでしょう。オークについては、各々の木の特徴をそれぞれ個別に鑑賞したいような樹型をしているので、オークの木々を森として見ることができないことがあり得ます。しかし、ブナは全く違います。木は確固たる形ですっと立ち上がり、各々の木はその他の木と同じで等間隔に並ぶすらりとした壮大な列柱を形作り、その梢には一様に、端正に配置された葉群を備える繊細な枝で支えられた高い樹冠を乗せています。全体の特徴を邪魔するような付属品がないことによって、荘厳な印象はさらに高められています。クルマバソウ Waldmeister(*Galium odoratum*)やコミヤマカタバミ Sauerklee(*Oxalis acetosella*)や繊細な草だけが、均等に広げられた落ち葉の毛布の間から恐る恐る姿を現します。そこへ木漏れ日が届きます。石柱のような長く円い幹はやや冷たい灰色をしていますが、地衣類や苔が繊細に覆い、幹を飾っています。幹の色合いは葉の色を効果的に見せるのにとてもふさわしく、5月の新芽のエメラルドグリーンから、秋の比類ない黄金色、ついには地面を覆うことになる晩秋の乾いた葉の赤茶色まで、幹と葉の色の対比によって葉の色はより暖かく見えます。

　しかし、よく知られた机上の情報による誤った見識と戸惑いによって、私たちがブナに対して完全に間違った解釈と徹底的な非難を与えてしまうことを、誰が想像できるでしょうか! 有名な美学者フィッシャーVischerは、ブナについて、次のように述べています。"中央部だけが少し下向きにたわんだ硬い枝は、切れ込んだ線状の溝が目立ちます。外周が鋸歯状の広い楕円形の葉は短い葉柄で幹に互生に付いており、風が吹いてもあまり動きません。樹冠は大きくはないいくつかの枝から成りますが、輪郭を見ると一体であるような形をしています。幹の様子から、材の硬さが想像できますし、その厳格な強さは、形の整った、健康的で有能な印象を与えるものですが、同時に気難しい雰囲気を作り出しています。"

　これまでのところ、フィッシャーは、そしてわずかに功績のある美学者のブ

第4章　樹種の美的価値　　77

ラトラネック Bratranek は、ナイチンゲールという鳥が夜にだけ歌う歌のような他人の評論を転載するのと同じように、この判断を明朗かつ快活に他の場所に転載するだけでなく、次のような一文を付け加えなくてはならないとさえ考えているようです。それは "ブナについて、私たちは男性の非情なエネルギーを感じます。それは、飾り気のないやり方が好まれるかどうかについて多くをたずねないけれども、すべての他のやり方を退けて、その厳しく刺々しいやり方を四方八方に強要します。"

なんとかわいそうなブナ！ あなたは私たちに暴力的で刺々しく接していると言われています、気難しさをかもし出していると言われています！ 私たちの方があなたをよく知っています！ 私たちは、あなたがオークの老木の荒々しい幹の間に立ち、優しいクッションのようにすべての隙間を埋めているのを見るとき、あなたが母親のような気遣いをもって次世代の芽の上にそれらを守るように枝を広げているのを見るとき、春、夏、秋の3シーズンのそれぞれで新しい高貴な上着を身にまとうために、しっかりと枝についた冬芽の中で驚くほど広がったあなたの膨らんだ芽が暖かい太陽の光に始めて照らされたときの色を眼にしたとき、あなたの繊細さを讃えます。そして、冬の霜へのささげものとして、その葉を差し出す時、あなたは新しい外套をまとうことを自分自身に約束するでしょう。あなたは、白霜が宝石で飾られたごとく輝く模様の刺繍を施すために、一定の間隔で堂々とした芽をつけた枝の繊細な先端でその下地を編みます。

最も見事な美しさの白霜で飾られたブナの老木が立つすばらしい光景や、新雪で覆われた庭木のすばらしい光景のような壮麗な眺めを、晴れた冬の朝が見せてくれたとしたら、誰がそれを忘れるでしょうか。そして、この眺めは色々な考えに邪魔されることなく見ることを許されています。それは、本当に低山に生えるブナが、他の樹木を埋めてしまうような装飾品を支えることができるからです。

すべての美学者が、上述のような不公平な判断をするわけではありません。すでにギルピン Gilpin は、ピクチャレスク〔絵画的な美〕picturesque を強調しすぎてはいますが、ブナの良いところを認めています。オークがまだ緑色であってもブナがすでに秋の色をしている時期には、彼の目は森の作り出す比類

ない色の演出に向けられすぎているので、役に立つというよりは友好的になるでしょう。もっと好意的なのは、より最近の書物の著者、ベルトルドBerthold、マシウスMasius、そして最も好意的なロスメスラーRossmaessler、イエガーJaegerの意見です。私もまた、ブラトラネックの意見に反対して、ブナを女性に、オークを男性型に具現化するロスメスラーの考えに賛成します。しかし、ロスメスラーとイエガーのいずれもが"ブナは確かに最も美しいドイツの木である"とか、ブナ林はドイツの植物世界が景観にもたらす最高の美しさであると明言するならば、私は必然的にそのような判断に賛成できません。私は（ペツォルトを引き合いに出すこともできますが）、ブナ**林stand**がそのような賞賛に値するのは、イエガーの言葉でいうところの"崇高な単一性"が起伏の変化によって単調に見えないような場所にある場合だけだと思います。**孤立木individual tree**に関して、並外れた老齢木になり崇高な形状をしているブナとオークだけは同じものとして扱いたいと思っています。

　歴史的に証明することはできませんが、列柱と葉の屋根を支える建築的に整然とした枝をもつ手の加えられていない成熟したブナ林の広大な空間が、ゴシック建築様式を生み出すきっかけとなったと考えられるさまざまな理由があります。ブナの森はほかのどの森林よりも敬虔さを感じさせることに向いています。なぜなら、高く伸び上がる幹が視線を上方へ導き、視線を忙しくさせるであろう地表面の装飾から目をそらさせます。こんなことが故意にできるでしょうか？

　多くのブナの**変種**のうち、特にムラサキブナBlood Beech［*Fagus sylvatica* var. *purppurea*］は、特筆すべき品種です。ムラサキブナの母樹については、繰り返し記述されています。[50]私は、王立主席森林官のシュパナウSpannauの厚意で、オーベルスピールOberspier地方シュバルツブルグ－ゾンダースハウゼンSchwarzburg-Sondershausen公国で大切に保護されている樹木の情報を教えていただきました。胸高直径1m、樹高27mの巨木で、樹冠は380平方メートルに拡がっています。周辺にある普通のブナとの自然交配が想定されるので、植栽時に種子の50〜60％がムラサキブナとなるという、相対的に驚くべき高い値を生み出しています。周辺の林分が更新する間、孤立する危険を避けるため、その周囲の木々はムラサキブナと一緒の林冠として保全されています。

1898年5月に、州主任森林保護官フォン・ストラウハvon StrauchがヴァイマールWeimarの近くにあるエッタースブルグEttersburgの森林地域のムラサキブナBlood Beechを見せてくれた時、私はその木が森林のより高度な美的価値を持っていることを認識できました。5月の緑の木々に囲まれ、ムラサキブナは素晴らしい対比を示していました。しかし、もし、この特徴ある品種を森林の絵に加えるならば、絵はとても混沌として見えるでしょう。ムラサキブナは飾るべき場所にだけ植えるべきです。例えば、ハルティッヒ記念館theHartig-MemorialのあるクラニッヒシュタインKranichsteinの森林に4本のムラサキブナを植えることを私は提案をしました。

ここのポステルで低い枝が重く下に垂れ下がった、およそ50年生のブナを見つけました。もし、注意深く育てて後世に残すなら、非常に美しい木になることでしょう。

ムスカウ苗畑Muscau nurseriesでは、34種類の名前を上げ、ほとんどすべてが注目に値する個体としています。

シデHornbeam

[*Carpinus betulus*]

Nomen-omen［その名はオーメン］。寄り集まって細い木々の林を形成する中で、さまざまな形をしたシデは非常に美しい姿に成長します。その節くれだった幹は、絵になるほど美しく、そしてはっきりと際立つ力強い畝状の凹凸によって特徴づけられます。枝は上に伸びているものもあれば、垂れ下がっているものもあります。枝には深緑の葉が豊富に茂り、美しさを引き立てています。そのため、この樹種は造園家に非常に人気です。彼らは、形の異なる葉を持つ**変種**も高く評価しています。特に、オークに似た葉を持つ変種は、同じ枝に異なる形態の葉をつけるため、あらゆる自然愛好家が興味を抱いています。

しかしながら、いくつかのシデが美しい**秋の色**は、まだ正しく評価されていません。苗床で市販されている'赤い葉'の品種は、夏葉は赤い色をしておらず、6月に伸びたシュートだけが、やや赤みを帯びた葉をしています。しかし、秋には見事な赤銅色になり、普通のシデが秋に持つ明るい黄色の葉に比べると傑出して美しくなります。園芸種のシデ*C. betulus* var. *carpinizza* Hort.は、秋

にはさらに美しい色の葉を身にまといます。アメリカのオークにはこれより美しいものはありません！

セイヨウトネリコ Ash

[*Fraxinus excelsior*(Europiean Ash)]

セイヨウトネリコは実にすばらしい木なので、木の全体像が見渡せるように、低密度に保つ植え方が特に適しています。なぜなら、枝振りと羽状複葉が他の自生樹木とは全く違った趣を与えているからです。たとえ、セイヨウトネリコに適した土壌でなくても、深くまで柔らかい緩い土壌であれば、成長が可能です。

　もし、セイヨウトネリコの大規模な植林地に何かしら(特に散歩道)の変化を加えたいのなら、必要な注意事項を守った上で、園芸品種の実生を使うと良いでしょう。例えば、普通のセイヨウトネリコと同様に密生するある品種は、非常に興味深く、全て羽状複葉のもの、部分的に羽状複葉のもの、そして全く羽状複葉を持たないものがありました。

カエデ類 Maple [51]

[*Acer pseudoplatanus*(シカモアカエデ Sycamore Maple)]、

[*A. campestre*(コブカエデ Hedge Maple)、

A. platanoides(ノルウェーカエデ Norway Maple)]

今年の5月14日、私はあるカエデ林において貴重な体験をしました。カール・ボレ Carl Bolle 博士のご好意で、彼の熟達した魅力あふれるご案内のもと、シャルフェンベルク Scharfenberg 島とテーゲル Tegel にある苗圃を訪れたのです。私の昔からの願いと、この伝統ある試験地で外来樹種の林業的な価値を学びたいという強い思いが一度に叶いました。ボレ博士が記述している"ブルグスドルフ Burgsdorff〔18〜19世紀の森林学者〕の栄光の日々から100歳を超えて生き続けているであろう立派な幹のレッドオーク Red Oak"に私は特に興味を抱きました。カラマツやその植林木の残骸が入り混じる中でそのレッドオークを探しているとき、私はたっぷりと葉をつけた立派な木々を見つけました。その姿に見とれて、そして、滑らかな木肌から、求めていたアメリカの

レッドオークだとすぐに気づきました。私はこの時すでに、森づくりのために この樹種の育成を熱心に薦めようと決めていました。しかし、近寄ってみると、 そのレッドオークたちは３本のノルウェーカエデと１本のコブカエデでした！ 私の探し求めていたレッドオークはすぐ近くに立っていました。巨大な幹の木 でしたが、その葉はまだ十分に開いてはおらず、枝ぶりもそれほど人目を引く ものではありませんでした。

　ここに挙げる３種のカエデは、みな共通して、美しい葉を茂らせ、また、早 くに若葉を出し、秋には美しい色に染まるという点で優れています。最も華麗 に葉を展開させるのは**シカモアカエデ**で、プラタナス［*Platanus acerifolia*］に よく似た、ぺらぺらと剥がれる軽い樹皮をしています。

　ノルウェーカエデは、その鮮明な色が印象的です。春には金色の花や青々と した若葉、秋には淡い黄色あるいは紅色に色づいた葉が目を引きます。

　コブカエデは、高木としてだけでなく潅木としても、森林を構成する要素の 中で最も美的価値のある樹種の一つです。上品な曲線を描くその葉は、秋にな るとほのかな黄色い光を放ちます。年を経ると、たいへん美しいオークのよう な姿になります。

　庭師たちは数え切れないほどのカエデの変種を栽培していますが、林業的に 有用なものはそのうちのごくわずかに過ぎません。

　シュエドレリーカエデ Schwedler Maple［*A. platanoides* ‘*Schwedleri*’］は、春 に真っ赤な葉をつける変種で、上部シレジア地方において実生の中からそれを 発見した宮廷庭師のシュヴェードラー Schwedler に因んでその名がつきました。 あまりに目立ってしまうため、道沿いにしか適していませんが、実生を間引い て栽培することで、さほど際立たないように育てることができます。同様のこ とは、葉の裏が赤い、立派なシカモアカエデにも言えます。その実生は、こち らの播種床では 20 以上もの異なる色あいを示します。３種のカエデ類すべて から、赤い翼を持った美しい種子をつける木を見つけることができますから、 できれば、そうした木からの種子を植栽に用いるべきです。

ニレ Elm

[*Ulmus glabra*(エルム Wich Elm)
U. laevis(ヨーロッパホワイトエルム European White Elm)]、
[*U. campestris*(*U. carpinifolia*)(フレンチエルム Smooth-leaved Elm)]

　3種のニレに共通しているのは、その樹冠の構造のすばらしさと葉の豊富さです。これらの点で、私の知っている最も美しいものは、ツォープテン Zobten山の頂上のニレです。ギルピンはすでに、日当たりの良い場所にこれほど適した樹種は他にないと書いています。彼はおそらくニレにとりわけ詳しく、ともするとニレしか知らなかったでしょうから、このような称賛は無理からぬことです。3種のニレはみな、早くに花を咲かせ、私たちを喜ばせてくれます。多くのフレンチエルム、一部のヨーロッパホワイトエルムは、秋になると、紅色も混じったすばらしい赤茶色の葉を見せてくれます。ヨーロッパホワイトエルムは、花が終わるとほぼ毎年、大量の茶色がかった種子に覆われ、前景としては見苦しくなってしまいます。しかし、目立つ色にとっては絶好の背景となります。不運にも私は、ここ数年の4月の期間、ティアガルテン Tiergarten［ベルリン動物園］の木々の梢の向こうをブランデンブルグ門 Brandenburg Gate まで、国会の17号室から眺め通すことに、あまりにも見慣れてしまっていました。しかし、花の終わったヨーロッパホワイトエルムの前にノルウェーカエデの花が際立っている美しさ、そして逆に、淡い緑や黄色の陰に見える茶色がかった梢のすばらしさに、たいへん嬉しくなりました。こうして、正しい組み合わせの中で用いれば、どんな色も美しいものであると改めて思ったのです。

　苗畑の庭師たちは、数多くの変種を栽培していて、たいへん魅力的なものもありますが、自然の中で見られるよりも美しい庭木のニレの黄葉というものは、一度たりとも見たことがありません。

第4章　樹種の美的価値　　　83

野生の果樹 Wild Fruit Tree

［*Malus sylvestris*（ヒメリンゴ Wild Apple Tree）］

［*Prunus avium*（セイヨウミザクラ Sweat Cherry），

Pyrus communis（セイヨウナシ Common Pear）］

　野生の果樹 fruit trees、すなわち**ヒメリンゴ、セイヨウナシ、セイヨウミザクラ**は、鮮やかな色の壮観な花で春を彩り、秋には様々な色合いの葉で飾りつけます。特にナシの木 pear tree は、移り変わる色に特徴があります。春は白、夏は緑、秋は赤、冬には黒になります。冬に、ぽつんと立ったナシの木は、その色やもつれた髪の毛を思い起こさせる華奢な先端の枝ぶりで、より憂鬱な印象を与えます。一方、古いヒメリンゴ old Wild Apple Tree は挑戦的なたたずまいで、ブルクハルト Burckhardt はその特徴を捉え、"野生の熊のように攻撃的だ"と評しています。セイヨウミザクラは陽気に見えます。枝はまっすぐ上に伸び、幹は滑らかな樹皮に覆われ、樹冠は月桂樹を彷彿させるつややかな葉で飾られています。

3. 針葉樹

マツ Pine

［*Pinus sylvestris*（ヨーロッパアカマツ Common Pine, Scots Pine）］

　数多い針葉樹類の中で、最初にマツを取り上げます。その理由は、マツが例え最も美しい存在ではなくとも、間違いなく最も興味深い針葉樹だからです。

　私は、喜び勇んで、しかしマツのように控え目に、そのすばらしさを褒め称えたい気分ですが、もし誰かがマツのすばらしさを過度に強調すれば、それは全くマツの印象とは異なることになるでしょう。マツのすばらしさを力説した人はいませんが、全く反対に、これまではかなり多くの不当な批判を受ける運命にありました。特に線路沿いによく見られる、（肥沃度が）4階級か、5階級の土壌で育つマツが疲れた旅行者を元気づける景色でないことは、認めざるを得ませんが、より良好な土壌に生育していても、マツのことをより詳しく学ぶ時間も理解することもない近代化した文明人にとっては、あまり魅力のある木ではありません。しかしながら、本質をより深く理解するという点において、近代人は心の全体を把握することや落ち着きに欠けているので、わがままな

旅人はすぐに否定的な判断を下しがちです。しかし、私たち森林官は違います。私たちは慈悲深く、訓練された目でマツを見ます。

この慈悲は私たちとマツ林の相互関係に基づいており、私たちが木に近づく時さえ、マツは友好的に感じよく、私たちにその腕をさしのべます。**林縁 forest's edge** では、マツは私たちに向かってその枝を下げ、風や太陽から林の内部を守ります。枝は下方に曲がり、先端が再びS型に弧を描いて持ち上がります。それはまるで、温かくもてなしてくれるボダイジュlime treeの樹の枝のようです。他の樹がそのように枝をさしのべてきたとしても、マツにはおよびません。曲がって飛び出した突起は好ましい印象を与えないので、マツはできるだけこのような形を避けたり、和らげたりします。丸みをおびた幹は弾力のある、温かく心地よい色をした樹皮片によって飾られており、表面には地衣類lichenが控え目にそして平和に暮らしています。長い針葉は柔らかくて曲がりやすく、その針葉の束はふくらんだ長枕で結合しています。

若いマツ、閉鎖した林分で育った老いたマツ、孤立木の老いたマツの3つは全く異なる形をしているので、おそらく誰でも識別できるでしょう。これらはそれぞれ妙に異なり、例えて言うなら、ボダイジュとニレ、モミfirとトウヒspruceのようなものです。幼少時からこの木について区別することに慣れていないと、後々の形（高くなり細長い幹が傘のような頂きを持つものや、奥行きのある不規則な枝を広げて広がっているものなど）から、最初の10年の間に見られる対称的な均斉のとれた樹型を思い描くことはできないでしょう。

若齢期in its youthのマツは、完全に等間隔の構造、左右対称の枝ぶり、円錐形の樹冠、という典型的な針葉樹の特徴を示します。落葉樹の自由ではあるけれども均整のとれた集団と比べれば、マツのような対称性に基づく美は1ランク低いものです。しかし、マツのごつごつした形が繊細さdelicatenessでその魅力を増すところでは、マツのような針葉樹が若くて小さい間は、落葉広葉樹と一位を競い合うことが十分にできます。クリスマスツリーより5月のシラカンバMay Birchを賞賛する人がいるでしょうか！　しかしながら、鮮やかな色で枝分かれした具合によってより繊細に見えるトウヒを押しのけてまで、クリスマスツリーとしてマツを選ぶような人はめったにいません。しかし、私たちの友であるマツは、この軽視を乗り越えて自らを励ます術を知っています。も

第 4 章　樹種の美的価値　　85

し私たちがマツをロウソクで飾ってあげなければ、祝日になる遥か前から、マ
ツは自分で飾り付けをしなければなりません。それは、そのまま貧相な場所に
甘んじて居続けるか、賞賛を受けながら存在するかによって、マツが自身の存
在する意味を経済的にかつ慎重に管理していかなければならないからです。と
ころで、マツは秋にはすでに若芽を形成し、それを温かいつぼみに閉じ込め、
そして来る翌年の 5 月への準備をします。既にすべての二葉は、精巧ならせん
のどの位置に出現し、30 か月間留まり続けるのかを知っています。その場所
では、若芽の最初の時期を守るために二葉の出現を芽鱗 bud scale が待ってい
ます。この芽鱗は、芽の防御の為だけに現れ、素材を変化させて緑に飾られる
わけでもなく、若く直立してキラキラと明るく彩られたシュートを提供します。
これは、すべての造林地の支度が整い、森林官が老いも若きもすべての家族を
連れて森の中に入って休暇を楽しむこの時期にだけ存在するものです。子供た
ちは若い木から別の若い木へと飛び移り、"これは僕のクリスマスツリー、こ
れは君の。君はそれに火をつけて。僕はこれにつけるから。"と言いながら仕
事を始めます。火はありませんが生き生きとした想像力をもって、小さな棒の
ロウソクを灯し、歓喜の声をあげながら次から次へとマツの木に火のないロウ
ソクの明かりを灯して回ります。これは家族のお祭り、春のお祭で、ヴァンツ
ベッケル新聞の 2 部 *Wandsbeker Bote, Part Two* に掲載されている、古き良き
クラウディウス M. Claudius の "Herbstiling" ["秋の果実 Aurumna Fruits"] や
"Eiszaepfel" ["つらら Icicle"] と並べてもいいくらいのお祭りです。私の子供
たちは彼ら自身でお祭りを作りましたが、彼らは優先事項に対するロスメス
ラー Rossmaessler の道理に異議を唱えることはないでしょう。ちなみに、マ
ツ林は冬においても子供たちの格好の遊び場になります。森の中は暖かくて
風が無く乾いていて、子どもたちの大好きな小さな物で一杯なのです。幼い
子供の良いおもちゃになる古い松笠があり、ハイゴケ属 *Hypnum* の豪華さが
よく現れたサンゴのようなコケも見られます。家に帰って暖かい部屋に入る
と、集めてきた松笠からテントウムシ lady bird が這い出てきます（シレジア人
はこれをゾンマーケーベル Sommerkaelbel と呼んでいます）。この冬の小さな
訪問者のことはちょっとした事件です。しかし、外にはまだまだ驚くべきもの
がたくさんあるのです。近づくととてもかわいい人なつっこいオウゴンヒワ

goldfinchがいるでしょうし、それに忙しいシジュウカラ達titmice、木を打つキツツキwoodpeckerがいて、ビャクシン*Juniperus*の茂みの下ではノウサギhareが座って考え事をしているでしょう。だから、あなたは子供たちについて回ることが大好きなダックスフンドdacksfundに注意しなければいけません。そうしなければ、ノウサギを追いかけて行き捕まえてしまうでしょう。私が気にかける事に関して言えば、私は行儀の悪いダックスフンドのような真似はしたくありません。温かいノウサギの足跡を追いかけて自分の道から誤った方向に行ってしまうことはしないつもりです。そして、私は、マツが**若樹の齢**を超えて成熟林分へと成長するように、整然と知ったかぶりに私の道を歩いていくでしょう！若い頃の繊細さが今はもう失われていますが、ごつごつとしているのにもかかわらず、そうは見えないようにする方法を知っています。新芽は若木の頃のような形をしていないので、小さい枝は樹冠にかなり密集して、樹冠を緩やかに丸め美しい卵型にすることができるのです。この年老いたマツは、これ以降、若い時のように落葉樹と競い合うことはなく、落葉樹と調和しながら成育し、落葉樹との混交によって、マツは美的な観点からも有利になり、損害をこうむることはありません。そのようにして、マツは孤立木であってもまばらに点在していても、落葉樹と調和しています。別の言い方をすれば、マツの林に入ってくる落葉樹は、四季を通じて美しく見えます。これを理解するためには、トウヒと比較してみるとよいでしょう。トウヒは、尖った樹冠と尖った枝、建築物のような規則正しい階層の枝を出し、豊富な針葉をつけ、暗い色をしており、すべての点で落葉樹と正反対です。このことは、トウヒが生育すべき場所ではマツより有力であるけれど、条件の悪い痩せた場所ではろくな生育をせず、多くのものをだめにしてしまう理由です。

　マツは自由に生育することのできる場所では、丸い形の枝振りがどんどん分離して各々がばらばらのまま一つの塊を形成します。そして、年を経るごとに落葉樹に対する姿勢がより完全になってきます。マツと落葉樹のそれぞれが、どのように変化し、その変化がいつ始まるかという点に注目するのはとてもおもしろいことです。詳しく見てみると、特にマツの発達途上における緊張した平衡状態が安定したものは、マツがより自由な形状へと発達するための基礎となっています。とりわけ、各年の新芽の中央にある芽の周りに塊で存在する側

第4章　樹種の美的価値　　　　　87

芽lateral budsのすべては、同じ高さで同じ方向に飛び出しており、そしても
し、その中のひとつが偶然に起きた環境(上に直立した場所)のために、他の側
生芽と比べて好ましい状態にあれば、その芽はすぐに他の芽を引き離すほど勢
いよく成長し、ちょうど民主的な平等の社会において独裁者が自分自身を簡単
に持ち上げるように、他の芽は協力してバランスを保ちます。そのような独裁
者は、通常、自分の勢力範囲を力によって拡大しますが、私たちのマツの芽も
同様です。その芽は同じ年に生まれた他の側生芽よりも多くの光を享受します
が、その芽だけが成長するわけではなく、次に背の高い、より若く輪生した枝
の芽も同様に育つので、他の枝にある同じように勢いの良い芽と出会うまで、
より多くの光の当たる場所を自力で勝ち取ってゆきます。これが通常の樹冠形
成の過程です。昆虫や菌類の介入、雪による圧倒や破壊、シカや家畜による攻
撃、そしてしばしば人の行動はこの通常の樹冠形成の過程を妨げ、そして最も
興味深く、しばしばとても美しく、また美しいと言うよりも創造性に富む形状
を与える原因を作り出します。これら様々な作用のほとんどは、次々と木に特
徴を与えるのに有効です。植物の世界全体や個々の植物は、私たちにとって無
生物の自然よりも興味深いものです。なぜなら、それは人間のような宿命を
持っており、その宿命に対して、まるで"植物も人生を**経験**しています、とで
も言うように、簡単に容姿を貸すことができるからです。この貸し出しがいか
に自然に起こっているか、日々の経験が示しています。人は植物に対して望み
ます、人は彼らがまるで彼らの力を感じているかのような目でそれらを見ます、
そして、人はとても多くの世代の生き物が過ぎ去って行った森林のこの老人に
対して尊敬を抱き、人は霜で痛められた果樹や稲妻に打たれたオークに対して、
まるで彼らの運命は悲劇であるかのように可哀想に思います。[52]"しかし、マツ
はその枝振りの繊細さや針葉の明るさのために、オークのような驚くべき**悲
劇的な tragic**印象を与えることはないでしょう。しかしながら、マツは幹や枝
が露出した部分を(落葉樹のように)休眠芽dormant budから後生枝epicormic
shootを発生させることによって補う能力に欠けているので、オークよりも継
続的に先の経験の爪跡に耐えなければなりません。しかしながら、これら爪跡
はしば不明瞭ではないものの、覆い隠されています。これは、これまで来な
かった方向から光が届くようになると、すべてのマツの枝は新芽を光の方向に

伸ばす能力を持っているためです。光の進入が妨げられていた方向というのは、多くの場合、枝が成長を始め、そして伸び続けようとするのと反対側の方向です。そのためマツの樹冠は、私たちに好意的な印象を与えるような、丸い形になります。なぜなら、私たちはただ全体の形だけを見ますが、丸い形の基礎となる繊細な枝振りの詳しい様子は、近づいて観察するときにだけ注目を惹くものだからです（湾曲したいくつかの枝が強くて活気に満ちた印象を与える壮大なオークとは全く異なります）。

　対で存在した枝の片側を**とても**後になって失ってしまい一方向にしか枝のないマツは、しかしながら、永遠にもの悲しいことでしょう。それでもなお、私たちはロスメスラーのような見方で**すべて**の針葉樹を見る必要はありません。"**孤独な**そして**悲嘆にくれる新来者**のように、石炭紀が終わってから、その樹冠を針葉樹の間に織り込んでいた他の樹種の友人たちが、針葉樹を置き去りにしてしまったので、針葉樹はかつて他の種と覇権を争っていた土地で自分たちだけが君臨するという特権をとても寂しく感じます。"

　早くから自立し、様々な攻撃から自分で身を守らなければならなかった幹は、伸長成長が終わったずっと後に解放された幹よりも美しく見えます。彼らにとって深く刻まれた樹皮の裂け目は闘いのしるしであり、勲章なのです。そこで私たちが目にする松脂に汚れて枯れた梢は、発疹さび病Blaschenrost[blister rust]とのたくましい闘いや、おびただしい数のマツヤガKieferneule[pine noctuid, *Panolia flammea*]の前に屈してしまった何十年もの間の記憶が留められています。50年の後にも、そのような幹に付く枯れた枝は、最近の成長によって今のような高い位置に樹冠が形成される以前に、枝が今より低い位置でどのように樹冠を広げていたかを示してくれます。相違はその樹木の生まれつき持つ性質によって、また立地環境の特性によっても増大します。幹や枝や樹木全体における樹高伸長high-risingと空間の広がりwide-spreadingとらせん状の成長spiral growth、細長かったり湾曲したりする幹の形、枝か幹かあるいは両方が下方に吊り下がる傾向——これらのすべては、ただ一つのマツの継承された性質が、その土地ごとに多様化した表現形です。こうした相違は、特に自然界の攪乱に対して有利に働きます。

　私たち普通の人間が、日常生活の中において、困難な時も途方もなく幸せな

第 4 章　樹種の美的価値　　89

時も、これといった優位性や欠陥を示さないように、マツは中程度に肥えた土地で見られる様式で成長します。しかしながら、風化した基岩にあるときや、湿った地形にあるとき、最も貧栄養な砂地に生育するときには、豊かな腐葉土の土壌に見られるような樹形からは離れてくるでしょう。これらの条件下でマツの変異特性と孤立した個体がすぐに見られます。最初に、私はエーベルスヴァルデ Eberswalde 近くの変わったマツの梢を思い出します。それは、"森の庭師 forest gardener" によってイトスギ cypress の形に成長したもので、ラッツェブルク Ratzeburg の興味を惹き、彼の著書、"森林の昆虫 Forest Insects" の表紙を芸術的に表現した絵として飾ったものです。この絵はおそらく全ての専門家が知っているでしょう。しかし、もしそんなに知られていないとしても問題ありません。私がここで引用するのはその文章です。なぜならば、その本はラッツェブルク Ratzeburg が外観の重要性を扱っていると理解されていますが、特に美学的な観点から（私自身が）強調したい部分があるからです。彼はこのように書いています。

　"ここノイシュタット Neustadt では、芽吹いている木々のすぐ後ろに、十余のマツの老木があります。それらの老木は、考えられないほど長い間昆虫の攻撃に耐え、それによって通常と非常に異なる成長をしたため、とても変わった形をしているだけでなく、**それらのすべては背が高く、広葉樹の上にそびえながら、地平線から見事に突き出しています。**イトスギにとてもよく似た個体もあれば、芸術庭園で高級に使われる刈り込まれたイチイ Yew [*Taxus*] に似たものもあり、適切な呼び方ではないかもしれませんが、キクイムシ Hylesinus はリンネ Linne から *hortulani naturae famulus* "自然を扱う庭師の親方 Hortulani naturae famulus" と呼ばれていました。天才レーゼル Roesel は、キクイムシのことを皆が好きになるために、"森林の昆虫" という素敵な絵付の本をキクイムシたちにささげたのです。"

　もっと良く知られているのは、ダルムシュタット Darmstadt 近くの "ショッペ並木道 Scheppe-Allee[53]" と呼ばれているマツ並木で、刈り込みのやり方がまずく、変形して育ってしまったマツですが、私はそのようなマツ並木のことをここに述べたくありません。それよりも、グルネルト Grunert によって残された、彼の治世以前はマイエンブゥール Maienpfuhl とブライテッセン Breitesen

の区域の古いオーク林だったリーペLiepe森林地域の驚くべき幹についてもう一度思い出してみましょう。これらのマツは樹齢数百年で、遥か以前に解き放たれ、絵のような美しく人目を引く赤銅色の枝を長く広げており、枝の色と同色の大きな幹を持っています。しかしながら、私はこれらのマツを実際に見たことがありません。私が知る中で最も美しいマツはラウエン山脈the Rauen MountainsでケスラーKessler[55]に見せてもらったものです。

　私が以前に研修していた王室森林局のカソリック・ハンマーKatholisch-Hammer地域のマツは、すばらしく美しい林分clustersを形作ることが特徴です。私たちは今まで、マツを硬直した針葉樹の性格より自由な落葉樹のような形になるまでの間、育ててきたので、このような形状の発現をもちろんカソリック・ハンマーでも見ることができますが、それはマルク・ブランデンブルクMark Brandenburgの土壌で見られるほど壮大ではありません。

　マツが全方向に開けた場所で自由に伸びることによって到達する形は、それが到達しうる最も美しい形ではないと私は考えます。**もし完全に自然と調和して成長したなら**、そのマツの姿は最もすばらしい壮麗さに達するでしょう。風で木がなぎ倒されたりして、もしくは別の原因によって生じた十分な光が差し込む林分内の小ギャップgapや、土壌が適切な状態である場所では、私たちはマツの種子がたくさん芽吹き、私たちが人工播種で管理するよりも密度が高いまま、目を見張るほど大きくなるのを見ることができます。この場所において、たくさんいる競争者の中で最も価値のある林木trunksだけが、やがてその土地が許す限り最高の高さに成長するまで重力に逆らってまっすぐに伸びます。

　この成長期間はゆうに100年を越すでしょう。そして100年後、彼らは枝を水平に伸ばし始めます。マツの老木はびっしりと針葉をつけた枝を太陽に向かって広げます。もはや、その枝は物質変換力material-transforming powerによって木材を多量に生産するために伸ばされるわけではなく、既に出来上がっている木部をオーク材のように価値あるものに高めるために、赤い心材red heartwoodを毎年徐々に増やすために広げられるのです。しかしながら、その美しい木の姿は木が生きている間は楽しむことができません。木が生きている間、人はマツの美しい樹皮barkを賞賛するでしょう。幹の下部は上部とは形と色が異なり、枝も瘤もない長い幹は建築材に適した材を供給します。幹の下

第4章　樹種の美的価値　　　91

部は赤茶色で、絵になるほどでこぼこで目が粗く深くひび割れていますが、幹
の上部では生々とした色合いで、繊細なしわができ、樹皮が適度な厚さではが
れ落ちます。樹冠と枝は、深い落ち着いた緑色の針葉によってより見事にはっ
きりとした明るさで飾られるでしょう。そのような状態まで成育するマツには
もはや仲間はいません。少なくとも私たちの暮らしている植生帯では、マツに
類似した木は見当たりません。そのため、孤立したマツの老木を見ると私たち
はさびしい印象を受け、物寂しい気分になるのです。しかしながら、300歳近
くのマツがいくつか集まって成長した場合や、特にブナなど他の樹種の上に傘
のようにそびえ立っている場合、彼らは最も素晴らしい木に見えるのです。ま
さに母なる自然の最高傑作です。

　リュッケルトRueckertの歌劇"オークとダマヤンティーNal und Damanjanti"^{訳注14}
を読んだものは14番目の歌詞を思い出すでしょう。

　　　深い悲しみのダマヤンティー、
　　　悲しみにくれて伴侶を探す、
　　　伴侶を探して深い森をさ迷い歩く
　　　その木は悲しみの解放者
　　　素晴らしい木、悲しみの解放者
　　　ダマヤンティーは木々を愛撫し始めた
　　　森の中心の幸せな木は王様のように
　　　たくさんの王冠で飾られてそびえ立つ
　　　悲しみも受けずに！
　　　私は深い悲しみにくれている
　　　ああ、悲しみの解放者よ！私を悲しみから解放しておくれ

　もし私たちがその喜びと悲しみを語るために森の木々の中から友人を選ぶと
したら、そのような年老いたマツ以上に相応しいものがいるでしょうか。その
マツは、今、若い頃に切望した"悲しみから解放されて"、私たちの上に高く

────────────
訳注14　サンスクリット語：インドの叙事詩マハーバーラタからのエピソード。オークと
　　その妻ダマヤンティー。

聳え立っていますが、下に向かってメロディックな言葉でささやきかけます。

　私はもしそうすることが可能であっても、大げさに表現しないと約束しましたが、上述のように表現してしまいました。いずれにしても、散文としてのそれはリュッケルトの韻文よりも劣るようです。私はたった今犯してしまった罪を償うために、色彩について述べたことの中からかなり無味乾燥な考えを提案しようと思います。光が一時的なきらめきを与えない限り、マツの色は反射するものではないので、その価値は比較したり批評したりされるときはいつでも、簡単に誤った評価を受けます。

　トウヒの間の単木の若いマツはシンデレラのように見えますが、私がマツとブナについてしばしば引用する機会のあった老ギルピンは、色のないことは実際に美しいのか見苦しいのかどちらなのだろう、というように指摘していました。それは、その場所に適しているかどうか、また、その外観との組み合わせたときによく見えるかどうかに依存します。マツの針葉は、控えめな後退色です。その色は、どのような広大な景色においても、それ自体が繊細な陰となり、とてもすばらしい背景を表現します。特に、マツは貧栄養の土地において最も信頼できる仲間であるシラカンバやヤマナラシaspenの明るい春と秋の装いを彼らの最高の長所であるように見せます。他の針葉樹（トウヒ、モミ、カラマツ）も、マツの中に分布するとすばらしく見え、マツとともにとても美しい集団を形作ります。これは私が先に述べたことと全く矛盾しませんが、ある人が簡素なパーティーでお祭りの時のように着飾り歓談して回るかどうか、または、同じ人がラフな部屋着を着て白い襟の服で正装した人々と同じテーブルに座ることになっているかどうかでは、大きな違いがあります。後者はまったく落ち着きません。同じ理由で、少なくともとても若いときには、**マツは庭にふさわしくありません**。幹が杭の太さに達したとき、これは既にまた別の問題なのですが、幹はよく刈り込まれた庭の芝生とは対照的に驚くほど赤みを帯びます。そのため、ベルリンの郊外にある別荘の庭のマツは、非常によく見えます。特に、彼らの丸みを持った樹幹は、流行の別荘に見られる鋭角の屋根と小さな煙突に対して効果的な対比を見せます。

　その広い分布と豊富な個体数という点において、マツはわずか**数種類**のみが発達してきました。

第4章 樹種の美的価値　　93

図19　カソリック・ハンマー王立森林局の区画167にある枝が垂れ下がったマツ
（ヴァスドルフ Wassdorff 氏撮影）

　バイスナー Beissner はマツ類を 24 種に分類しましたが、それらは、庭師にとってはまったく関心のないことですが、森林官にとってはとても興味深いものです。2 本の成熟したマツは、密生した林分がそれらの形を決定しない限り、同じようには見えません。図 19 は"しだれマツ"が成熟した林分の明るい林冠の下で自生している様子を示しています。最近、そのマツの一方の側面がすべ

て切られたので、今後はとてもよい感じに枝を伸ばすことができるようになるでしょう。**針葉**は明らかな違いを見せませんが、その**花は違います**。シレジアでは珍しい**赤い雄花**のついた形は、林縁においても十分考慮する価値があります。私は一度、一束のマツの枝をイチゴstrawberry、モンキチョウsulferyellow、そしてオレンジ色の花とともに構成したことがあります。どんなに装飾的な潅木でも、この集団以上に美しくはなれません。

　私はその赤い花が種子で伝播するのかどうかをまだ知らなかったので、その赤い種を接ぎ木によって育てようとしました。コッホKoch[56]は、赤みがかった花糸は、プロシアPrussia地方とそれよりも東でより多く現れると考えます。

　温室での針葉樹の接ぎ木はよく知られており簡単です。マツは野外においても接ぎ木ができると言われています。首席森林官Head ForesterであるシュミッツパーンSchmittspahnはマツの接ぎ木の方法を説明していますが、これはしばしば大公爵森林長the Grand Ducal Forest Master、ハイヤーHeyerによって次のように応用されます。"6月頃、同じ年の5月に形成された一般的なマツの主軸で接木されるものが、切り口が斜めになるように切り取られます。そして、マツに再生されることになる同じ樹齢と直径を持つ他の木の主軸が、接木する幹の形に合うように整形されます。元の幹と接ぎ木の部分が接木のやり方に従った方法で1本の幹に繋げられた後、ハイヤーの指示に従った未加工の羊毛で作られた巻き布を付けます。その布は、接いだ箇所の周囲を包み、羊毛のひもで結びつけられます。このひもは、接いだ主軸がすぐに成長を始められるように少しゆるめにしておきます。元の枝をはがしたり、間に5月の若芽の両側の木口を同じ直径にして挟み込んだりすることもできます。"

ヨーロッパトウヒ Common Spruce
[*Picea abies* (*P. excelsa*)]

　ヨーロッパトウヒ〔トウヒ〕は重々しさを備えた木です。幼い頃の楽しい思い出といえば、**クリスマスツリー**を想像するでしょう。村や街がクリスマスを迎える準備を始めると、葉で作られたガーランドの付いたトウヒの木が街路を飾ります。また弔事には、ネズコやヤシの葉と共に陰鬱な趣を持つトウヒの緑で部屋を飾ります。このような行事の中でトウヒをよく用いるのは、トウヒの

第4章　樹種の美的価値　　95

まとう針葉の特徴である長持ちするという理由だけではありません。最大の理由は、やはりトウヒの針葉の美しさです。

　対称的で上品な枝分かれと、枝をびっしりと覆う針葉の鮮やかな深緑色はトウヒ属の共通する特徴です。トウヒは老齢に達すると美しい枝が見られるようになります。大枝から小枝がぶら下がり、まるでカーテンのようになります。また、見事な赤い花はたいていの場合は樹冠の高い所に着くのでよく見えませんが、大きな球果は、はっきりと確認することができます。

　特徴的な育ち方をするトウヒは、シカや牛の食害、先折れ、落雷など様々な害を受けてしまいますが、その後、素晴らしく、絵になるほど美しい樹形が形成されます。カラム Calame やドーレ Dore は "風雨に耐えたモミ weather firs" として賞賛し、しばしば絵の題材にしました。

　バイスナーは61種もの**種**をリストにしました。トウヒはある本で多くの形態があるとされた最初の植物です。その本の著者、カール・シュレーター博士 Dr. C. Schroeter は、変種、変異 lusus ［枝変わり sports］、樹形を区別した人です。[57]

　変種はいくつかの遺伝的特徴が関係するため大変数が多く、広く分布しているそれらすべてのトウヒを含みます。**変異**〔枝変わり〕は遺伝的な性質によってよく特徴づけられますが、一個体だけに発生し、近くの同種の個体と交雑してもその遺伝変異が引き継がれることは稀です。**樹形**は遺伝的ではない特徴によって識別されるものです。トウヒの品種は球果の形状で区別されます。変種が違っても、美学的には同じです。変異は、さらに分枝、針葉、樹皮、樹形、球果の色の違いで分けられます。私は、特別美しく**ハンギング・トウヒ Hanging Spruces** と呼んでいます（もしくは**ヘーゼルトウヒ Hazel Spruce**——*Picea excelsa Lk.* lusus *viminalis* とも呼ばれます）。[58] ハンギングトウヒの一次枝はほぼ水平に発生します。そこから非常に多くの二次枝が長さ3mにも達し、まれな場合には6mというものもが垂れ下がります。この変異は、楽器の響板に最良の材とされています。

　ハンギングトウヒと最も対照的なものが、**ヘビトウヒ Snake Spruces**（*Picea abies* 'Virgata'）です。ヘビトウヒは一次枝が殆どなく、側枝もほとんどないか全くありません。この変異は美しいとは言えませんが、目立たない標本群の

中でも面白い変化を示すと言えるでしょう。**ツツトウヒ Column Spruces**(*Picea excelsa* 'Columnaris')は短く複雑な側枝を持っていて、シュレーターやコンヴェンツ Conwentz[59]が描いたほどの美しさです。**垂直トウヒ Vertical Spruces**(*Picea excelsa* 'Erecta')は地表面から発生させた枝をまっすぐに伸ばします。**シダレトウヒ Weeping Spruces**(*Picea excelsa* 'pendula')は若い公園樹木のように一次枝が幹に沿って垂下します。すばらしい姿だとは言い難いものがあります。より美しく見えるためには相応の年月が必要なのかも知れません。**コビトトウヒ the dwarf lusus**(lusus *nana*)は美しさではネズに及ばないのですが、さまざまな樹形になる点でネズによく似ています。**アカミトウヒまたはアオミトウヒ the red cone or green cone lusus**(*Picea excelsa* f. *erythrocarpa* and *Picea excelsa* f. *chlorocarpa*)のうち、どちらが美しいかは、その風合いが決め手になるでしょう。どちらかの色がはっきりと現れることが重要ですので、どちらともいえない混色のものは魅力に欠けます。

　針葉の色は成長期間がはじまって最初の週が最も美しいといえます。どこの庭園に行っても青みがかって展開する針葉を楽しむことが出来ます。さらに珍しいものには、黄金色や白色の変異があり、中には栽培されているものもあります。でも、もし造林用の苗畑でこういった変異が見られても、森林官は見向きもしないでしょう。

　森林官にとってもっと重要なことは、変異よりも立地その他の要素によって決められる樹形です。シュレーターはグラウビュンデン Graubunden 地域［スイスの州 a Canton of Switzerland］以外の高山地帯の**ハンテントウヒ pointed spruces** を紹介しました。リーゼンゲビルゲ Riesengebirge［ズデンテン山地 Sudenten Mountains］を登る途中、クルムヒューベル Krummhuebel より高いところではよく似た林分の中を散策することができます。たびかさなる雪害、落雷、地滑り、放牧 cattle pasture、シカの食害 deer bloeing によって、すばらしく、そしてとても絵になる樹形が形作られます。

　私は、所有している森林の外に生えているとても風変わりな2本のトウヒを覚えています。というのも、その2本のトウヒはいつも人目を引くからです。ポステル Postel では、まだトウヒが珍しかった頃、シカが好んでトウヒの細い幹に角をこすりつけていました。すると伸長成長 vertical growth は妨げられ、

低いところに多くの枝を出すので、さも重々しく地表を這うかのような樹形になったのです。そして、主幹と同じ運命を辿ることになる根をつくって、新たな樹冠形成のために頂端をもたげる格好になります。このようにしてトウヒは、生き残りをかけて、苦闘してきた結果として広い分布域を獲得してきましたが、この全集団の広がりがただ一種しかないことは、鋭い観察眼を持つ自然愛好家しか理解していないのが現状です。

　しかし、トウヒは様々な形態をとることができることを考えると、整然と配置された植林地や同齢の林thicketほどつまらないものはありません。なぜなら、単一樹種で森林が構成されることさえ私は我慢ならないのに、閉鎖した林分closed standなどなおさらです。なぜなら、閉鎖した林分では一本の木が他の大勢の木と違った形になろうとしても無理があるからです。それで、私は混交林分mixed standを仕立てるべきだと主張しているのです。トウヒ自体は混交林分で生きていくのに適した樹種です。明るいマツの樹冠下では、美しく下層・中層を飾るようにトウヒが育ちます。そこでは、トウヒの緑と上層のマツの赤みがかった幹との対比がとても鮮やかです。

ヨーロッパモミ European Silver Fir
［*Abies alba*（*A. pectinata*）］

　ブナがオークと比較されるように、モミは多くの場合トウヒと比較されます。**ヨーロッパモミ**はトウヒより優れたいくつかの長所があります。枝の下面に上品に並んだ幅広く光沢のある針葉、力強い上向きの球果、そしてマシウスMasius[60]が"枝が空をつかもうとしている"と正確に表現したような古い時代に下方に曲がった梢で装飾します。

　モミの天然更新が容易なことやモミの生育する山地が遠く離れていることによって、モミの林分を見る人々は、それが多くの人間の手入れを必要としていることを忘れてしまいます。"鋼鉄の暗青色をした木陰"の下で、ハイカーは"森の中心の震え。孤独な森は、植物がそれ自体で、清新な状態にある、緑の木陰の樹脂の香りのする大広間の中で、苦しい人間生活の苦労については何も知らない"ことを感じます。

　バイスナーBeissnerは、特殊な成長や色などによってモミを13種に分類し

ます。しかし、私はまだそれらを知らないので、ここには記載することができません。

ヨーロッパカラマツ Common Larch
[*Larix decidua* (*L. europea*)]

カラマツの樹形はトウヒと似ていますが、その繊細な色によって他の針葉樹と見分けがつきます。その色のために、カラマツは美しいけれども強すぎない適度な対比によって景観を明るくするのに最適です。ドイツの大半の地域では、(トウヒやモミと同様に)カラマツは在来樹種native tree speciesではありません。育成に必要な手入れをしてこなかったため、カラマツ林は経済的にも美学的にも問題を抱えています。バイスナーにより11種の変種と変異種に分類されていますが、特に注目されるようなものはないでしょう。

セイヨウイチイ Common Yew
[*Taxus baccata*]

モミ類と同じように、濃緑色で強い光によって輝くこともないイチイの針葉は、針葉の間に付いている赤い実の壮麗な美しさや、ピクチャレスクな分枝構造、明るい色の樹皮が、この伝説的な木を私たちの森の中でもっとも価値のある樹種の一つにしています。イチイがまだ芽を出したばかりの場所では、それらを保護し、慎重に生育させなければなりません。また、その材は価値が高く、経済的に有用です。プロイセン州の森林では、法律によってイチイの保護が定められています。

庭師は挿し木から非常に多くの変種を育てていますが、森林官たちは挿し木の成長は貧弱であるという偏見を持っています。しかし、イチイの稚樹はその適地では立派に育ちます。しかし、私は、すでにイチイが消滅した地域へのイチイの再導入を推薦しようとは思いません。なぜなら、イチイの枝には毒が含まれていて、人々や野生生物にはなじまないし、栽培は危険だと思うからです。

センブラマツ Arve

[*Pinus cembra*]

　私はこれまで一度もセンブラマツarve(シベリア・ストーンパインSiberian Stone Pine)が本来の生育地で成長しているのを見たことがないのです。でも、ピーコック島Peacock Island［ベルリンBerlin］には老齢木が生えているのを知っています。その老齢木はどのような美しさをこのセンブラマツは見せることができるのかを示しています。豊かな束になった針葉によって囲まれた美しい球果は、私がエーデルワイスEdelweissとともに初めて手にしたものなのですが、私にとって忘れられないものです。高山性のセンブラマツの特徴について、マシウスMasiusの言葉を引用しましょう。"もともとは輪生である枝は、たくましい線を描いて垂れ、そして再び上を向きます。時折、嵐や氷を伴った冬の気候が割れ目を引き裂き、長い灰色の地衣類が枝から垂れていることがあります。一方、樹冠は藪状の曲線を描き、雪や水を通しません。これに対して根は岩を抱き大きな輪によって塊を作ります。センブラマツは暴風雨に耐え、たとえ樹冠や幹が損傷を受けても最も強固な側枝が、あたかも新しい幹のように上方に成長し、失われた主軸の周りを保護するようになります。"

4. 軟材の広葉樹 The Soft Hardwoods

ボダイジュ、シナノキ Linden

［フユボダイジュ*Tilia cordata*(Limetree, Littleleaf Linden)］

［*T. platyphylla*(Summer Linden)］

　　菩提樹を褒めようとしない人など、いるでしょうか？
　　けれど、全ての人が菩提樹を植えようとするでしょうか？ いいえ。
　　必要以上にその評価を高めるべきではないけれど、
　　菩提樹をもっと植えましょう！

　私はレッシングLessingにちなんで、自由に創作しました。オークではなく、ボダイジュlimetreeがまさにドイツを代表する樹木です[61]。ボダイジュはオーク

訳注15　亜高山気候に生育する鳥散布マツ。

以上に理想的です。なぜなら、その花の豊かな香りが魂に働きかけてくるからです。そして有用な樹木ではないからです。ボダイジュは、私たちに、満足したいという日々の欲求を気付かせないのです。

開葉が早く、私たちにとって好ましい日陰と芳香fragranceを提供し、ミツバチたちが棲み、すべての傷を癒す樹木で、昔から村の中心に好んで植えられてきました。

よく手入れされたボダイジュを密植した林では、まっすぐに直立した幹になるため、これまでとはまったく異なるタイプの美しさがみられます。そのため、それらをボダイジュと認識することはほとんどできません。

この本の初版の批評とは別に、私はボダイジュについて語った面白い対話をとりあげましょう。批評家は、"色の教えTeaching of Colors"の章について、画家と話をしています[62]。そこで、画家はボダイジュの葉を取り上げ、感嘆して言います。"この葉をみてください！ なんと素晴らしい仕事なのでしょう。なんと正確に色が塗られているのでしょう。繊細な輪郭なのに、どこもその輪郭からはみ出ていません。まさに、自然が塗った繊細な色です。それに比べると、私たちはただ画板の上の素材に粗雑に色を塗りたくっているだけですね。ところで話は変わりますが、自然も、春にはとても不愉快な緑一色になります。このような視点で、一度、5月下旬のティアガルテンTiergartenの凱旋大通りSieges alleeを見てごらんなさい。緑青の塊にびっくりして、いたたまれない気持ちになります。"批評と同様に、賞賛もまたここでは真実です。ボダイジュを純林pure standとしては決して植栽しない森林官は、賞賛、批評の原因を与えません。この地域の並木道にはボダイジュとオークが交互に植えられていて、とてもいいものです。

私の近所のクライン・コンマロウKlein Commeroweには、修道院時代に由来するボダイジュの並木道があり、その交差点と終着点には、目印としてトウヒが植えられています。ボダイジュとトウヒを組み合わせることで、批評家は"緑青の塊"を恐れる必要はなくなります。養蜂家と同様に林業家にとって重要なのは、園芸カタログで指定された**変種**や**品種races**以上に、特に早く花が咲くか、遅く咲くかということです。なぜなら、花期の違うボダイジュを植えることによって、ボダイジュの香るすばらしい初夏を長く楽しむことができ

第4章　樹種の美的価値　　　101

るからです。最も早く花が咲く品種の花が咲き始めてから、最も遅く花が咲く品種の花が終わるまで、5週間に及ぶでしょう。

ポプラ Poplar
[*Populus nigra*（セイヨウハコヤナギ Black Poplar）]
[*P. × canescens*（Gray Poplar）]
[*P. alba*（ギンドロ Silver Poplar）]
[*P. × canadiensis*（Canadian Poplar）]

　ポプラは通常、繊細な構造をした樹冠を持つことが特徴です。このような樹冠は光や風を通します。"きらめく光 jumping lights" は、まさに繊細な樹冠によるものです。揺れて輝く葉はそこここに太陽の光を反射させ、地上では、至る所で光と影が忙しく入れ替わります。同時に、この樹木はおしゃべりです。彼らのささやきは、私たちに風の方向を教え、しばしば雲の動きを観察するのと同じぐらい信頼性があります。開花時期には、長い尾状花序が美しく風に揺られます。全てのポプラはそれぞれ長所を持っています。

　セイヨウハコヤナギ Black Poplar は、樹齢を重ねると**カナダポプラ Canadian Poplar** よりも、より美しい形になります。その色白い樹皮は針葉樹の手前に植栽すると冬に非常に美しくみえます。古い雌木は種子の成熟期に奇妙な景観をみせます。大きくて白い綿毛の塊が先端を覆いますが、住宅街では好まれません。なぜなら、種子の綿毛はいたるところに侵入し、住人を悩ませるからでしょう。風が**ギンドロ Silver Poplar** の先端で吹くと、美しい絵に驚くべき変化が起こります。この樹種は、秋の黄葉もまた見事ですが、多くは植栽されていません。ギンドロと同様に、**Gray Poplar** も特に絵になるような成長を示します。

　下垂した尾状花序をもつ**アメリカヤマナラシ Quaking Aspen** [*Populus tremuloides*] は、最も愛らしい春の使者の一つで、晩秋には黄金色の、そして時々深紅色 carmaine の葉色で彩られます。

ヨーロッパハンノキ Alder [European Alder]
[*Alnus glutinosa*]

ハンノキ Alders の黒っぽい樹皮と葉は、他の針葉樹とすばらしいコントラ

ストをみせます。特に晩秋、ハンノキの葉は緑色のままですが、他の落葉樹は
すでに紅葉しています。私は今まで、クラフトKraftが指摘したように、ここ
でハンノキの葉が黄葉するところを観察したことがありません。**冬は**、古いハ
ンノキの樹冠は種子と尾状花序catkinsで覆われていて、非常に美しい茶赤色
となり、マツの緑色ととてもよく合います。

　ハンノキは、色鮮やかな渡り鳥マヒワsiskinsをひきつけ、それによって森
林を輝かせます。シュプレーヴァルトSpreewaldの王様ハンノキKing's Alder
は、フリードリッヒ・ウイルヘルム4世Friedrich Wilhelm Ⅳによって保護を
命じられたものですが、ハンノキが巨大な幹に成長できることを証明していま
す。

イングリッシュバーチBirch
Betula pendula [*B. verrucosa*]

　5月には明るい緑で、秋には黄金色で、そして冬には白い霜で、カンバ
類birchは、季節によって様々な繊細で愛らしい装いをします。**香りカンバ**
Ruchbirke [Hairy Birch, *Betula pubescence*] は、他のカンバ類に比べて3つの
良い点があります。その幹は欠点のない白い外套をまとい、春には、葉はかぐ
わしい香りをもたらします。そして樹冠は長いあいだ瑞々しい緑を保つのです。

　ボダイジュの春の緑について言われてきたことは、若いカンバの葉がさらに
確かなものにします。カンバ林ではいつもヤマナラシあるいはオークの茶色の
枝が見られます。そして、条件が整えば針葉樹も混交しています。

　ファラットFallatによるベレジーナBeresina〔現ポーランド〕のパノラマが、
遠くにあるカンバの**枝**が夕日の中で輝いている非常に美しい色によって賞賛さ
れていることを誰が知っているでしょうか。芸術家が指摘するように、私たち
は自然の中に、このような美しさがもっとあることに気づき、そしてその美し
さを楽しむようになるでしょう。

　しだれカンバWeeping Birches [*Betula verrucosa* "Youngii"] は、しだれる枝
をもっており、ベルコーザカンバ*Betula verrucosa*で特によく見られます。穏
やかな気候のなかで、規則正しく並んだ葉が太陽の光の中できらめくとき、人
工の噴水から流れ落ちる水滴を思い出します。風や突風がその小枝を揺らし、

第4章　樹種の美的価値

図20　カバノキ属のヨーロッパシラカバ*Betula pendula*(*verrucosa*)と
ヨーロッパダケカンバ*B. pubescens*(*odorata*)
（ヨハンナ・フォン・ザーリッシュ画）

図21　カバノキ属のヨーロッパシラカバ*Betula pendula*(*verrucosa*)と
ヨーロッパダケカンバ*B. pubescens*(*odorata*)
（ヨハンナ・フォン・ザーリッシュ画）

その幹の周りで旋回する時、その光景は私たちの目と想像力を奪います。樹木学者dendrologistsがドイツの森の中で大きく育ったわずか2つのカンバを正しく見分けることができるかどうか、私は疑います。つまり、香りカンバを多毛カンバpubescent birchの変種と見なすかどうか。しかし、私にはそれらを見分けるために、"気まま"な勉強をする時間はないのです。

　美的に重要な特徴を見るために、ここに私はベルコーザカンバの若い枝を示しましょう（図20）。さらに、強い香りのする香りカンバの枝の先端は、しだれる枝を持つ特徴が示すように、すでに自然に下方へ向かう形を表現しています（図21）。

　不適切な植栽をしないために、私は、香りカンバが良く成長するためにはベルコーザカンバに比べるとより湿った土壌が必要であることを指摘したいと思います。

ヤナギ Willows

　ヤナギに関しては、私がポプラの紹介で述べたのと一部、同じことが言えます。いくつかの種はポプラのように大気や光と密接に関係して生育しています。したがって、リュッケルトRueckertがヤナギ類のデリケートな枝の発達を表現したときの詩的な表現は非常に的確なものと言えます。

　ヤナギ類の非常に多くの種から、私がよく知っている種をいくつか紹介したいと思います。

五人衆のヤナギ Five-men willow

　輝く黄金色の大きな雄花序を伴った、つややかで堂々とした葉は月桂樹に似ています。銀に輝く種子の"綿毛"は厳冬期まで雌株にくっついています。枝は素敵な茶褐色です。

セイヨウシロヤナギ Silver willow [*Salix alba*]

　絵に描かれた木の様に堂々と育ちます。多くの変種があるため、様々な利用法のある種です。表面が深緑で裏面が白色の葉は、風に吹かれるととても美しい姿を見せてくれます。冬の黄金ヤナギGolden willowは特に装飾的であり、濃い黄色、薄い黄色あるいは赤みがかった枝の色や、垂れ下がったり、まっすぐな枝の成長の仕方によって、各変種を見分けることができます。

ボッキリヤナギ Crack willow [*Salix fragilis*]

鮮やかな明るい緑の葉を持ち、立派に育ちます。

セイヨウタチヤナギ Almond-leaved Willow [*Salix triandra*].

シカモアカエデのように、樹皮が細かくはがれるという特色のある幹を持っています。葉の色が頂端は輝く深緑、そして下部は淡緑色（海緑色）の木が好まれます。

セイヨウテリハヤナギ Bay willow [*Salix petandra*]

枝は青白く、尾状花序は早い時期に発達します。

ヤマヤギヤナギ Goat willow [*Salix caprea*]

"3月には、まだ葉の出ていない枝がたくさんの黄金色の尾状花序で包まれており、他の木の中で一際輝きます。"

造船所ヤナギ Shipyard willow

ボレ博士はこの種を"水で曲がった木 water crooked wood"と呼びました。[64]

ユスラバヤナギ Eared willow [*Salix aurita*]

たくさんの花はとても気持ちのいい香りがします。

セイヨウキヌヤナギ Hemp willow [*Salix viminalis*]

多くの変種の中で、黄色い樹皮で、葉の表面が深緑、裏面が白色のものが好まれます。

セイヨウノヤナギ Creeping willow [*Salix repens*]

デリケートな葉を伴った、様々な樹形があります。

セイヨウコリヤナギ Purple willow [*Salix purpurea*]

雄株に美しい紫の尾状花序が付きます。

バラ科ナナカマド属 *Sorbus* species

ヨーロッパナナカマド Common Moutain Ash [*Sorbus aucuparia*]、ホワイトビーム Whitebeam [*Sorbus aria*] そしてエルスビーレ Elsbeere [*Sorbus terminalis*] の3種に、さらに北東部ではスウェーデンホワイトビーム Swedish Whitebeam も加えて、代表される様々な形のナナカマド属は、その樹形、葉の色、早い開葉、花のすばらしく豊かな香り、そして特筆すべき果実のために、装飾にとても適しています。

エルスビーレの葉はプラタナスに似た鋸歯状で、秋に美しい色の紅葉を見せるのが特徴的です。すべての種はその樹冠に鳥たち（ツグミやウソなど）そして林床に野生動物を招き入れるため、森林を華やかにします。ナナカマド属をわずかにでも道端に植えた人には、鳥によってその種が分散され、居心地の良い下生えとして林分に広がっていくという楽しみが訪れるでしょう。

エゾノウワミズザクラ Bird Cherry
[*Prunus padus*]

ヤナギと同様に、エゾノウワミズザクラ *Prunus padus* は樹林帯から潅木帯が生育地域です。真っ直ぐに成長することもありますが、多くは枝垂れた不規則な枝になります。この樹種の樹形は、堅苦しいハンノキ林の景観に、すばらしさをもたらしています。

みずみずしい緑の葉と香しい白い花を持つ幼木は鮮やかで、林内では照明が当てられているかのように光り輝いています。

5. 潅木類 The Shrubs

ネジゴード動物園 Nesigode Zoo を訪れた時、エゾノウワミズザクラとともに花を咲かせた**ニワトコ European Red Elder** [*Sambucus racemosa*] に出会いました。黄色い花自体は目につきにくいにも関わらず、明るく白い花房との対比によって、妙に目立っていました。見事な花に代わって森林を装飾する夏の赤い果実は、花を美しく見せた白い房のような助けがなくとも美しく見えます。

彩り豊かではないけれど、より堂々とした形の**セイヨウニワトコ Black Elder** [*Sambucus nigra*] は、美しく配置された葉の前面に、大きな散形花序 umbels of blossms の花と黒い果実をつけています。これらとともに、とても美しく花を咲かせる潅木の一群について述べましょう。

植物学的な面だけでなく、美的観点から、**ヘーゼルナッツ Hazelnut** [*Corylus avellana*] と**オウシュウクラウンベリー European Cranberrybush** [*Viburnum opulus*]、**リンボク Blackthorn** [*Prunus spinosa*] と**セイヨウマユミ** [*Euonymus europaeus*]、**セイヨウクロウメモドキ Common Buckthorn** [*Rhamnus cathartica*] と**ワイルドローズ Wild Rose** [*Rosa* sp.]、**セイヨウサン**

第4章　樹種の美的価値 *107*

ザシ Hawthorne［*Crataegus monogyna*］と **フラングラハンノキ** Schiessbeere を
まとめて考えます。これらの潅木類が、例えば混交林の林縁や主要な水路沿い
において、こちらでは自然に混交し、あちらでは分離されているような、無尽
蔵の多様性を称賛できる人はいません。いかに多くの組み合わせが可能である
のか、代数を使って数学的に表そうとすれば、信じがたい高度な計算に行き着
き、そして自然は決して繰り返す必要がないことも理解できるでしょう。また、
個々の潅木はなんと美しいものでしょうか。ヘーゼルナッツは、最初に春を告
げるメッセンジャーとして、流れるような尾状花序をつけ、豪華にふくらんだ
葉群で、自身を装飾するでしょう。散形花序の花をもつオウシュウクラウンベ
リーは、果実をつけない園芸品種よりもずっと華麗です。秋の紅葉した葉の間
に、輝く鮮やかな赤い果実を見せます。リンボク［Sloes］は、白い花嫁のベー
ルで春を歓迎します。ニシキギ *Euonymus* 属は秋を彩ります。セイヨウサン
ザシとハナミズキ Dogwood は、夏の間ずっと青々と茂っているため、色づい
た潅木類に最も美しい背景を提供します。特に、多種のワイルドローズ類、花
の豊富なセイヨウサンザシ、控えめなフラングラハンノキの花や果実について、
熱心な自然愛好家はそれに気づいて喜んでいますが、花と果実がお互いに近く
にあるのと同時に、蜜の豊富な花、初めは緑で次第に赤くなる未成熟の果実、
すでに熟した黒い果実がお互いに傍にあるので、それらは昆虫や鳥、葉を食べ
るシカに同じようにエサを提供することができるのです。そして、それらの潅
木は、どれ程多くの香りを届けてくれることでしょう！ 美しいスイートブラ
イアー **Sweet Briar**［*Rosa rubiginosa*］の特に優れたところは、葉群でさえ素敵
な香りをもつことです。

　しかしながら、セイヨウサンザシ、オウシュウクラウンベリーやニシキギに
は、野生生物との好ましくない関係があります。これらの樹種は、不幸にも
巣 webs や繭 cocoons を形成するガの幼虫 moth-caterpiller に頻繁に食べられて、
重大な損害を受けることがよくあるのです。

　貧栄養土壌クラスに下ってくると、**セイヨウネズ Juniper**（*Juniperus
communis*）や**エニシダ Broom**（*Cytisus scoparius*）と群落を構成することを好む
スイートブライアーやフラングラハンノキについて、もう一度言及しなければ
なりません。

シェークスピアShakespeareは"真夏の夜の夢"の中でテセウスTheseusにこう語らせています。

"あるいは夜中に、恐れを感じる時、
'やぶ'がクマを想像させることはいかに容易なことか"

彼は間違いなくネズのことを考えていました。なぜなら、ネズと同じように様々な形をした潅木は他にないからです。そして、これがネズの主たる利点なのです。緑の針葉の間からたくさんの青い実〔ジュニパーベリー〕があふれているときの雌株の藪female bushesは特に美しいものです。

エニシダは、硬いネズに隣接して生育し、5月には黄金の輝きの花で自身を飾ります。しかし冬には、"常緑の枝が、氷と雪の間で生き残る植生の光景を生き生きとしたものに保ち続けます。"

目につきにくいエニシダ類も同様の役割を果たします。林縁で、その黄色い花が、**ハリシュモクRestharrow**［*Ononis fruticosa*］の深紅色の小枝と混生している所には、非常に美しい色の対比があります。

野生の**スグリ類*Ribes*-species**（アカスグリ、クロスグリRed and Black Currants、グーズベリー－Goooseberry）［*Ribes silvestre*、*Ribes nigram*、*Ribes uvacrispa*］は、深い森の木陰で特別に成長できるので、私はそのような場所でそれらを混生させます。全ての耐陰性植物と同様、それらはとても早くに展葉し、頭上の林冠の葉群が密集する前に、林床へ届く早春の光を利用します。

この長所によって、スグリ類は人々に喜ばれるのです。さらに、それらは蜂の花粉採取場としても利用されます。

ヘザー－Heather［*Calluna*］とヒースHeath［*Erica*］を含む**ヒース科植物 heath family**、クロマメノキWhortleberry［*Vaccinium uliginosum*］、ビルベリー－Bilberry［*Vaccinium myrtillus*］、ツルコケモモEuropean Cranberry［*Vaccinium oxycoccus*］コケモモCowberry［*Vaccinium vitis-idaea*］、クマコケモモBearberry［*Arctostaphylos uva-ursi*］や、［*Andromeda glaucophylla*］とヒメシャクナゲBog Rosemary［*Andromeda polifolia*］の2種のヒメシャクナゲ属 *Andromeda*、そして最後にイソツツジWild Rosemarry［*Ledum palustre*］は明

確に区分された科です。私はこれら上品な植物が備えているなんとも言われぬ
魅力を説明することができません。この説明不可能な空間は、他の植物と同様
に、まだ空けておく必要があります。

　ヘザー植物〔カルーナ属〕は、もっとも雰囲気のある植物です。他のものよ
りも魂に訴えかけてきます。そこでピュックラー侯Prince Pueckerは、魅力
的な手紙の一つに次のように述べています。[66]"もし、あなたが森の木陰と孤独、
そして数えきれない鳥たちのたくさんの歌声を好むならば、また、沈み行く太
陽とともに命ある自然が眠りに落ちるとき、互いの樹冠を曲げたりそっと撫で
たりする木々が奏でる、不思議なサラサラという葉音やささやきが、あなたの
頭上高く、次第にあなたのいる場所で聞こえるようになるとき、あなたは祈り
の瞬間を経験するでしょう。ワイルドローズマリーやシダに巻きつくブルーベ
リーハーブやコケの豊かな緑のビロードのように柔らかい絨毯に横たわると、
臆病なシカたちが側を通り過ぎて家に帰ることを思い出すまでの間、私は人生
の甘い時間を夢見てきたのでした。"

　現在は非常に多くの潅木種が存在し、それらは一般的に広く分布しているわ
けではないけれど、その土地にとっては重要なものです。私の住む地域では、
香り高い**セイヨウオニバシリDaphne**[*Daphne mezereum*]がバラ色の花で4月
を飾り、独特の**メギ属Barberryの潅木類**(この種は、生育地から離れていても、
菌害に耐えられることが知られています)が黄色い花や真っ赤な実をたわわに
つけた時の絵になるほどの枝ぶりには、とりわけ目を奪われます。

　これらよりもさらに重要なのは**セイヨウヒイラギEnglish Holly**[*Ilex
aquifolium*]ですが、残念なことに、シレジアの森林で欠けています。ヒイラ
ギの立派な潅木は、最も暗い林内でさえ繁茂し、"もっとも美しい樹形の一つ
である南の月桂樹laurelの形を私たちに表現してくれます。"ヒイラギは、きら
りと光る緋色の実がきらめく力強いよろいをつけた葉の間で輝く時が、特に美
しいのです。

　生育地域が限定されていると言われているけれども、実は計り知れないほ
どの天然の分布域に生育している潅木種が非常にたくさんあります。その最
も重要な種の一つが、**ハイマツDwarf-pine**[*Pinus pumilio*]です。その絵の
ような茂みは、**スイカズラHoneysuckle**の変種、**サービスベリー**Serviceberry

[*Amelanchier ovalis*]、そしてラインシダレヤナギReinweide、**フランスモミジ Acer Monspessulanum** [Montpellier Maple]、**コトネアスターCotoneaster**、**ヤチカンバShrub Birch** [*Betula fruticosa*]、**グリーン・アルダーGreen Alder** [*Alunus viridis*]、**セイヨウイソノキ Seekreuzdora** [*Rhamnus frangula*]、**セイヨウガマズミ Wayfaring Tree** [*Viburnum lantana*]、**キングサリ Goldenchain Tree** [*Laburnum anagyroides*] と同じようにわれわれのリーゼン山地Riesengebirge の尾根や斜面を装飾します。残念なことに、それらは毒性が強く、天然分布域 natural distribution外でこの素敵な花を咲かせる潅木を植えることは許されないようです。

　ラスプベリーRaspberry [*Rubus idaeus*] やブラックベリーBlackberry [*Rubus fruticosus*] は、半潅木semi-shuraubsと言うべきでしょう。これらの種の中で、ブラックベリーは特に注目に値します。数種のブラックベリーが秋に壮麗な葉色を帯びることは、森林官よりも画家によく知られています。一方で、私たち森林官は外来樹種に感嘆して、在来植生native floraを過小評価します。半常緑種semi-evergreenである数種のブラックベリーは、野生動物 wild lifeに若葉を提供する一方で、冬の森林を装飾し、生活に彩りをもたらします。

　ドイツの森林は**ツル植物vines**が豊かではありません。より多くの人が現存のツル植物を評価すべきです。

　C. ボレ博士は、**セイヨウキヅタ Hedera helix** [English Ivy] が豊富に生えている場所を、温かい言葉で称賛します。"ほとんど人目に触れることのない自然の聖堂のように、木のようになったツタが他の幹を自由に登っていくことでこの森林の風景が現れます。"

　セイヨウキヅタの最も素晴らしいのは、その2つの特徴ある枝を持つことです。上部の若枝は、古い構造化した枝とともに空中に自由に伸びて、そのすべての端に輝く葉を着けています。さらに不思議なことに、9月から10月の間はこれらの枝は目立たない花で覆われるのですが、この花はミツバチにとっては魅力的なので、自然愛好家は遠くからでも、勤勉な昆虫の大きな羽音によって、すぐにキヅタの花の存在に気づきます。

　キヅタよりも壮麗ではありませんが、もっと素敵なのが、香り高い蔓性の**ス**

イカズラ Climbing Honeysuckle［*Lonicera periclymenum*］、やクレマチス・ブタルバ Waldrebe［*Clematis vitalba*］です。それらは、立派な羽状の葉群に白い花や種子の銀の房を携えて、生い茂って生育していきます。

6. 外来樹種 Foreign Tree Species

　簡潔に書こうと思っていましたが、前段の文章が長くなってしまいました。まさに私も感じているのですが、ボレ博士の言葉を借りて意訳をすれば、

　"植物学者は植物を愛しているため、植物のことにかかりっきりでいる。しかし彼の愛情は、植物の葉や花が出てきた時などにはさらに高まります。なぜならそれは彼のふるさとの土だからだ"ということです。

　編集作業を進めるうちに、貴重な資源である自国の森林に生育する在来種を、今まで私はいかに軽視してきたかを以前よりも感じ、不安になってきました。私たちは在来植生の確保に十分な土地を見つけるのが困難になっていくでしょう。そして将来的には、森林の機能を高めるために外来樹種を使う必要はなくなっていくと感じています。しかし、これらの樹種について少し触れておきたいと思います。

　オーク類は紅葉の色のすばらしさから、実験林に多く用いられており、アメリカやアジアを代表する樹種です。

　しかし、これらの樹種は、在来のオーク類を絵画的な姿にするびっしりした樹形をつくらないという特徴があります。

　この事実に注目するようになってから、似たような例がポツダム Potsdam 近くやカッセル Kassel 近くのアウガルテン Augarten にも見られることに気づきました。葉の付き方や枝振りなどの全てにおいて、冬も夏も、外来のオーク類レッドオーク *Quercus rubra*、スカーレットオーク *Q. coccinea*、アメリカガシワ *Q. palustris* の美しさは、在来のオーク類ヨーロッパナラ *Q. robur*、フユナラ *Q. petraea* に比べて見劣りがします。秋の数週間のみ、それらの樹種は紅葉し、鮮やかに色づきますが、やはりそれほど美しくはありません。

　ホワイトオーク *Q. alba* が他の3樹種に比べ、装飾樹木としてあまり利用されていないことは、とても不思議に感じます。なぜならこの樹種は、夏期でも在来のヨーロッパナラとは外見が異なるのですが、秋の紅葉時には特にきれい

な深紅に色づくからです。

クルミ類 American Walnut Trees［*Juglans*］に関しては、私は在来のトネリコ類よりも美しいものをまだ見たことがありません。しかし、**外来のアメリカトネリコ** American White Ash［*Fraxinus Americana*］はきれいな黄色の紅葉をするという点が優れています。もっとも、トネリコ（*Fraxinus excelsior*）がまだきれいな緑色をしている時に紅葉した葉はすでに散ってしまい、樹冠が透けて寂しい時期が早く訪れてしまいます。

ニセアカシア Black Locust［*Robinia pseudoacacia*］と**セイヨウトチノキ** Horse Chestnut［*Aesculus hippocastanum*］は、枝振りのすばらしさや花の鮮やかさにも優れた樹種ですが、これらの樹種は在来樹種とは大きく異なる特徴を持っています。ニセアカシアを植える場合には、ぜひ園芸種 garden varieties である *Robinia pseudoacacia decaisneane* も植えることをお勧めします。この園芸種は、普通のニセアカシア common Locust なみに成長し、大量につける花は明るい赤色でミツバチに好まれます。

すでにギルピン Gilpin が記しているように、ニセアカシアの樹冠は損傷しやすいものです。彼はニセアカシアの樹冠は信用ならないと述べています。というのも今日まで枝が健全だったものが翌日には腐敗していることがあるからだそうです。

私が知る限りでは、**アメリカシナノキ** American Linden［*Tilia americana* と *T. heterophylla*］は例えばギンヨウボダイジュ Hungarian Silver Linden［*Tilia tomentosa*］のような在来のシナノキ〔ボダイジュ〕に比べ、美しい葉をそろえるわけではありませんが、紅葉時には黄金色のとても美しい葉をつけて、開花期が遅いシナノキの開花時期を延ばすことに役立つという利点があります。しかし、それらの花は、在来の小さな葉を持つシナノキに比べ、ミツバチがそれほど多く訪れません。

数十年にわたり我が国で広く分布してきた**ハンノキ属** Alder species **の2樹種**について述べたいと思います。**アメリカハンノキ** White Alder［*Alnus rhombifolia*］は北方の地域では美しくはありません。価値があるとすれば、開花期の早さと明るい色の樹皮くらいでしょう。より美しい樹種として**ヘーゼルハンノキ** Hazel Alder［*Alnus serrulata* Willd.］があります。この樹種は暗い色の

美しい葉が特徴的です。また、樹高がそれほど高くならないこと、タネを多くつけること、根萌芽 root sprouts で密生して茂ることから、生垣用の樹木として人気があります。

外来の針葉樹 foreign conifers は、まだ森林内でそれほど試されていません。私は、それらの中で数行を割くことができるほどに良く知る樹種は、2種くらいしかありません。

ストローブマツ Wiemouth Pine［*Pinus strobus*］は、若いときには輝く針葉の束にとても見事に彩られるため、ヴァイゼ Weise 氏によってシルクパイン **Silk Pine** と表現されています。老齢になると、暗い立木のまとまりが、荘厳な印象を与えます。このような表現が許されるなら、この樹種は、あらゆる樹種の中でも、もっとも "繊細な声" の持ち主です。というのも、風のわずかなさざめきとともに、この樹種はとてもやわらかい音を出すのです。この樹種が在来のマツの後塵を拝す理由として、幹が赤らんだ樹皮によって彩られていないということがあるでしょう。そのうえ、本樹種の欠点として、梢がマツゾウムシ white pine weevil の食害によって醜くなってしまうことをあげておかねばなりません。したがって、本樹種は林木の集材・貯木の場の近くには決して植えるべきではありません。

私は、切り株からの萌芽があることから、**リギダマツ Pitch Pine**［*Pinus rigida*］を生垣用の樹木として、この開けた土地に植栽しました。すなわち、低木としての密な樹林帯を維持することができるだろうと望んでのことだったのです。しかし、植栽してから本樹種は見事に美しく発達したため、伐採 cut する決心ができませんでした。豊かな針葉は、在来のマツが色あせてしまう冬の期間でさえ美しい緑色を保ちます。また、大きな紫の花穂や数多くつける大きな球果も、本樹種の外見を特徴づけています。

ベイマツ Douglas-fir［*Pseudotsuga menziesii*］に関しては、私は今までテーゲル湖 Lake Tegel のボレ博士のシャルフェンベルク島 Island Scharfenberg で2個体を見たことがあるのみで、判断するのには不十分です。若齢のベイマツはトウヒに比べ、より繊細です。

第5章　森の芳香Fragrancesと声Voices

　ここまでは主に目で受け取る印象に対して述べてきました。さて、ここから
は少しではありますが、**森林が嗅覚smellと聴覚hearingに提供しているもの**に
ついて取り上げてみたいと思います。

　私は、美学者が嗅覚によって伝えられる快感pleasuresを低く評価せざるを
えないと考えてきたことをよく知っています。彼らの結論はこうです。匂いは
言葉で定義できないので、それについて詳細な書物を書くことはできません。
それが匂いに価値のない理由です。しかしながら、教育を受けた人と受けてい
ない人を支配する好みは異なる判断があります。私は、非常に冷静な人々がバ
ラ（ヴィクトール・ヴェルディエの誇り The proud Victor Verdier と呼ばれ、針
葉樹の前で大きく明るい花を咲かせたものはとても美しく見える）の芳香がし
ないことに気づいた時、激しく憤慨しているのを見たことがあります。彼らに
とって、これは裏切り、時代が徐々に悪くなって行く予兆のように見えたので
す。

　美学者であるブラトラネックBratranekは芳香を広範囲にわたって扱ってい
ます。そして、私がこれまでにいくらか述べている彼の著作において、彼は植
物の芳香について述べるために全章を捧げ、そこで彼は大胆にも次のように主
張しています。"芳香というものは、言わば、植物の心の奥深くから現れたもの
で、植物の形や植物を芸術的に述べようと試みるすべての言葉よりも、より
素朴に、早く、鋭くその本質を認識させるのです。"この記述は、私にはかな
り大げさに感じられますが、その根底には多くの真実があります。

　前述の意見は、匂いが場所と時間によって相違し、最も特徴的である限り、
森林の香りという観点では正しく、何故かといえば、樹種、場所、気温、太陽、
季節が森林の芳香に顕著な影響を及ぼすからです。この面でも、冬は私たちを
飢えた状態にします。そのため、伐採したばかりのオークのタンニン酸の匂い
は疑いもなく快感です。その匂いは私たちに遠くの伐採区域を知らせてくれま
す。私たちは春の息吹をずっと幸せに迎え入れます。それは、初めて温かい風
が吹いた後、鋤で耕された土や足で踏まれたコケから吐き出された息吹です。

第5章　森の芳香と声　　　　115

季節がさらに巡ってゆくと、芳香はだんだんと豊かになります。最初に、バッコヤナギGoat Willow、次に小さなヤナギ〔*Salix aurita*〕がたくさんの花をつけ、最善の貢献をします。プベッセンスカンバHairy BirchとマツイソツツジKienporstは6月に開花し、シナノキlimetreeは6月の終わりまで花が咲いています。夏の盛りには、香りに彩を添える永久花Immortellenの花が咲きます。それらは芳香に、好んで口に出すような、色を添わせるでしょう。どの時期にも芳香の源は隠されて、目立ちません。異なる香りが互いに溶け合います。このことは私たちが香りを個々の花や葉や樹脂に由来すると考えることができない理由です。私たちに対して生命の空気に趣を感じさせるのは、まさに、単一の存在としての森林自体なのです。

　全く同じことが、森林の声に対してもいえます。春の太陽の最初の暖かな光線とともに始まり、その幸せの叫びは小鳥を鼓舞します。[67]

　　　　"打ち破れ、あなたの石の心を。
　　　　春がやってくるでしょうから、"

　さかりのついた雄ジカrutting stagの力強い低音が鳴り響く時期まで、ほとんど毎日新しい物音が聞こえます。そして、静かな冬の時期でさえ忙しいキツツキによって活気づけられます。

　しかし、野生生物の声が——少なくとも昼間は——森林自体の音よりも森林内で多くの声がします。樹冠が上下することによって空気が海の波のように見えるように、森林はそれ自体を風と空気によって楽器を作り出します。

　樹木の梢の風のざわめきは、聖書にあるように、最初の王19、12（エリアスElias）とジョン3、8の心の象徴であり続けています。クロプシュトックKlopstockの"春の祝賀会*Spring Celebration*"のいくつかの韻文、救い主の敬虔な詩の頌歌odeをここに上げようと思います。

13.　私の周りで吹く風は、やわらかくそよ吹き、
　　　ほてった顔を冷やす
　　　あなたは、すばらしいそよ風

主から送られて来たもの、無限なるものよ！

14. しかし今、それらは静まり、息をひそめている、
   朝日は蒸し暑さをもたらし、
   雲が上昇し、
   やって来る者が見える、永遠なるものが！

15. 今、風は漂い、ざわめき、渦巻く、
   どんなにか森がたわみ、流れがさかのぼることか！
   明らかだ、あなたが私たちの前に現れたのだ、
   そうだ、明らかにあなたこそ、果てしない者！

27. 見よ、今、エホバが荒天を遠ざける、
   静かで、穏やかなそよぎの中
   エホバが来たり、
   そして彼の下に平和の虹が弧を描く！

　私は、自分の代わりに、音の知識を持つ専門的な同僚が森林の音声を描写しようとすることを望んでいるのかもしれません。そして、私が書くことに全く実りのあるはずがないと考えます。新聞紙上では、毎日行われる演奏会についての議論の場として確かにそれは、読者や聴衆をより良い理解と快感の増加に向って教育することに成功する上でどれだけ多くの長いコラム欄が使われているでしょうか？ 自然の行う演奏会に対する同じ努力は無駄にしておいてよいのでしょうか？ 外から教えられることが全くなしに、ただ実行するだけで、私のように音楽の才のない者が、森林の音声に快感をもって聞くようになるには十分でした。しかし、私は全く何も訓練せずここまで到達したのではなく、本や先生からたどり着いたのでもなく、ポツダム Potsdam のカール・ジョーダン Carl Jordan によって作られたたくさんの弦と魅力的な旋律の音色をもつエオリアのハープ aeolian harps の一つを手に入れることによって到達することができました。私がハープで音を優しくふくらませそして抑えて聴くことを練

習して以来、私には届かなかったいくらかの快感、種々の多くの音の動静が、森の中で私にも届くようになりました。若いブナの植林地に散在する私のアメリカヤマナラシが、最初に近づいてきた風によって遠くから間もなく声を上げるとき、また、彼らがそれに同調し、風が行過ぎるとすぐに静寂を広げて行くとき、さらに、林の中で、強い風の波によってしなる若いブナの轟きやカサカサという葉音が辺りに満ちてくるまでの間、普通に吹く風の中で全林分内に目立って、ささやきがなされるとき、私はもう関心を持たずにはおれません。

　このような観察を基礎として、私は、梢を吹く風が原因で、強さの違いだけでなく、著しく異なった性質の3つの声が生じるのだと考えたいと思います。

　穏かに吹く風windの中で、高木の葉は、互いに軽く打ち合って（**ささやき声whispering**）をたて、それから柔らかな枝が軽くこすれあって（**さらさらという音rustling**）が聞こえ、それより強い風は、どの葉もどの枝も直接、震動の音響（**うなり声roaring**）の中へ向けます。私は自分がこの区分の足跡が正しかったと思っていましたが、後にシュライデンSchleiden[68]も全く同様に分けていたことを知りました。ただ、彼は無意識のうちに言葉を当てはめようとして、"不思議なつぶやき声"の前に、"静かな説明できないつぶやき声murmuringによる、静寂"を置いています。しかし、私は"ささやき声"の場合よりも小さなそよ風で生じる"つぶやき声"を聞くことはできないと考えますが、つぶやき声にはいくらか強い風が必要です。これは、針葉樹でのみ聞くことができます。

　私は、モルトケMoltkeの"ロシアからの手紙*Letters From Russia*"に書かれていた音楽隊のことを思い出しました。その音楽隊に所属する演奏家の各々は、たった一つの曲を演奏することしか知らないのですが、その一曲は本当に完璧に演奏できるのです。同様に、自然はそのオーケストラを鍛えてきています。その中で最も繊細な声はベイマウス・パインWeymouth Pine〔ストローブマツ（*Pinus strobus*）〕に与えられます。松林の中で、私たちが最も荘厳に聞こえる実際のうなり声です。そして、ささやき声の音響は特にポプラ類poplarsに特徴的です。

　混交林の長所は、3つのすべての声の音響を同時に聞くことができることや、互いに追いかけあっているのを短い推移の中で聞くことができることです。

第1部のまとめ

森林美学の応用が美的な施業であることを教えるこの本の第1部は、読者をがっかりさせそうです。美的な施業は個人の特別な能力が求められます。そして、このことを証明する必要はありません。すなわち、天才は必要ですが、それは神からの贈り物なのです。そして、それはごくわずかな恵まれた人間に与えられるだけです。

特別な輝く才能なしに他の分野で働こうとする人は誰でも、単に規則に従うだけで、その仕事が自由ではないために、規則に縛られ、凡庸な物しか生み出せません。しかし、それでも森林官は、平凡であるが故に、魂を失う必要は無いのです。その人に欠けたものは私たちの友人や自然によって置き換えられます。これらは規則のくびきのもとで完全に強制されることは許されません。そして、そのことは愛情に応えることで、それに報います。

たとえ、天才のように振る舞うことがなくても、そして熟考された規則に単純に、合理的に、そして理解を持って従うなら、自然の自由は私たちが犯す過ちを癒やしてくれます。自然は私たちの側にあって、教師として、助手として、支えとして、改良するものとして存在します。

そうです。臆病さなしに、森林の物資的な利益を求めて美を育むべきではありません。

この本の第2部では、それをどう行うかを教えることが示されています。

第2部　森林美学の応用

セクションA：森林造成と森林経済

第1章　最適な土地利用Soil Useの決定

　森林局Forest Organization［旧森林造成局］や森林作業を請け負う民間企業が頭に入れておかなければならない最も重要な問題は、土地の最適な利用法は何かということです。すなわち、**現在の森林地域**を、現状の面積のまま維持すべきか、**拡大すべきか、縮小すべきか、あるいは分割すべきか**、ということです。この問題は、はるか昔から議論されており、全く異なる方法で様々な答えや提案が出されてきましたが、現在、再び関心の的となっています。社会派の政治家たちはこの問題を頻繁に取り上げてきました。この問題に対して、E. M. アルントE. M. Arndtがいかにはっきりと自己の主張を示していたかは、ご存知の方もおられるのではないでしょうか。彼は以下のように記しています。[69]

　"森林官や他の立派な人々が、森林に棲む野生動物や家畜小屋の動物たち、シカdeerやノロジカroe、イノシシhogs、ウマやロバdonkeys、そして雄ウシoxenたちの代弁者となってきました。また彼らは、森林や牧場、フェンスで囲まれた土地をどのように配置・管理すれば、そこに棲む野生動物や家畜が健康に成長し、かつ彼らの優れた血統や特徴を損なわずに済むかについても論じてきました。では、こうした議論の焦点から取り残された哀れな人間のためには、どのように大地を囲い、木を植え管理すればよいのかと私はかつて考えたものです。私は考えるのではなくそれを感じて、どこに足を踏み入れてもそれは——私は野暮な表現を使っているのではありません——鼻につき、目に飛び込んできたのです……ですから古いドイツの木立は常にそこになくてはならないものであり、再生されるべきものなのです。それでこそ、**どこにおいてもド**

イツの人間は、そのたくさんの枝々と腕を組み、共に楽しく星を仰いでブラン
コを漕ぐことのできる**木々に不足しなくてすむ**のです。"

　また彼は、"まるで神々の古い木立のような神聖さを持つように"**山々のすべ
てに木を植える**ことを提案しています（渓谷は農地や牧草地に充てられるかも
しれませんが）。一方で、ドイツの**平原には森林帯を巡らすべき**であると提案
しています。その森林帯は互いに最大1.5マイル（約2.4km）の間隔をあけ、最
低1500フィート（約457m）の幅を有し、決して皆伐してはならないのです。こ
れによって気候を緩和するのみならず、"見事な緑や木々の装飾が不足した"地
域——それは彼にとって"貧しいアダムの子孫が、心に映る明るく自由な自然
の魅力に顔を上げることもなく、額に汗をかき、アザミの棘の合間を這い、う
つむいて雄牛と一緒に畝を見下しながら生活するためだけに作られた場所"と
しか思えないものでした——に理想的な恩恵をもたらすとアルントは考えてい
たのです。

　後にリール Riehl が、同じ問題について実に巧い表現をしています。[70]"たとえ
私たちが、もはや木材を必要としなくなったとしても、それでもなお私たちに
は森が必要なのです。人間にワインが必要なように、ドイツ人には森が必要な
のです。純粋に生きるために必要という意味では、薬屋の店主が貯蔵庫のワイ
ンの1/4杯を注ぐだけで十分なのでしょうが。たとえ、私たちが体を温めるた
めの乾いた林をもはや必要としなくなったとしても、それでもなお、私たちに
は心を暖めるための青々と茂った緑の林が必要なのです。"

　リールの言う林の要求を十分にかなえるには、森林は繋がりのある広大な範
囲に広がらなくてはならず、その森林を寛大な方法で管理する必要があります。
なぜならそのような森林のみが、（再びリールの言葉を借りますと）**"私たちを、
警察の監視下に置かれていない、個人的自由という理想を謳歌できる文明人**た
らしめるからです。少なくともそこでは、踏み固められた道に囚われることな
く、人は思いのままに山野を歩き回ることができるのです。そこでは、他人か
ら馬鹿だと思われるのではなどと気にすることなしに、大人も心の赴くままに
走り回り、飛び跳ね、木に登ることができるのです。幸運なことに、これら森
林における自由の片鱗は、ドイツのほぼ全土に残されています。いくらかの政
治的にはより自由な隣国の中で、致命的な囲いのせいで、人々はハイキングに

対する解き放たれた欲求をほとんど失っており、もはやそうした気持ちを忘れてしまいます。……囲われた公園parkしかなく、自由な森林がほとんどないような状況の中で、自由の法律がどれだけイギリス国民のためになっていると言えるのでしょうか。イギリスや北アメリカに住むドイツ人にとって、習慣の力というのは抗えないものです……詩は実に豊かな言葉で、自由な森と自由な海、神聖なる森と神聖なる海を讃えてきました。それゆえに、ありのままの自然の神聖さが人々を惹きつけるという点では、海と森が隣接している場所に勝るものはないといえます。打ち寄せる波の砕ける音が、木々の梢のサラサラ揺れる音と共に一つのリズムを奏でる場所、あるいはドイツの山地の森林における昼下がりの静寂、ハイカーの鼓動の音だけが響く荒野、人里から遠く離れた場所、そういった所にこそ真に神聖な森林が存在するのです。"

　シュライデンSchleidenもまた、**繋がりのある広大な森林**の必要性を立証しています。[71]"自然には2つのタイプ、高い山々mountainsと広大な天然林、があります。これらは、表面上は互いに全く異なるもののように見えますが、相互の状態に影響しあっています。高山においては限りなく遠くまで見通せますし、天然林において視界は近接した事物によって制限はされますが、たとえば石壁などの境界によって妨げられることはありません。ゆえに双方における全体的な雰囲気を生み出している共通の状況は、人間の孤独感、無限の力と永遠の静かな営みをもつ完全なる自然とたった一人で向き合うのだという予感、偉大なものから独立したちっぽけな存在だと感じると共に、全体の中の生きもの一部だという大きな気持ち、あらゆる撹乱や困惑から逃れ、いつも変化なく同じように営まれる崇高な自然の法則に、安心して自らを委ねることができるのだという感覚、自己の存在を維持するために人間との接触に用いなくてはならない知性が無意味なくらいに不要な場所と言えます……つまり森林は人間の実際の社会生活が始まるところで終わるのです。"

　ではこれらの目的を達成するには、繋がりのある範囲はどの程度の広さが必要なのでしょうか？　私は次のように答えたいと思います。つまり、シカdeerにとって十分な広さであれば、森林に**孤独**を求める人にとっても十分な広さであると言えるでしょう。

　人間の密度が高いほど木々は少ししか必要とされなくなりますが、リールは

各村に一つの森林があることを理想とします。彼にとって "森のない村は、歴史的建造物や記念碑、芸術作品、劇場やコンサートホールのない、とりわけ心地よく美的な霊感が存在しない都市のようなものです。森林は若者の運動場であり、老人のフェスティバル・ホールでもあるのです。これは、少なくとも木材の経済的問題ほどには正当でないと言えるでしょうか？"

　現在のこうした傾向は、昔のアルントやリールが数年前にそうだったように、広大な新たな森林の創造を要求する特に精力的な一部の人々の主張というものにとどまりません。すなわち、**最近では、大々的な造林に対する要求が人々の意識に深く根づいています**。新聞や議会で出された多くの布告が、行政もこの仕事を受け入れていることを示しています。[72]森林官についても、造林に対する彼らの熱意は、木材生産の向上や水環境の改善といった目的に限らない、より理想的な態度に基づいているのです。（ケスラーKessler[73]の言葉を借りると）"国民の心理的観点から見れば、荒廃地の造林は、いわば過去の過ちに対する罪滅ぼしなのです。とはいってもこうした取り組みに対する強い熱意は潜在意識と言えるものであり、自然によって創造された条件を情け容赦もなく侵害したことへの後悔がなかったわけではなく、これらの破壊がもたらした結果に対するある種の憂慮といった具体的な感情がないわけではありません。目先の経済、すなわち偏ったエゴイズムがもたらしてきた結果に焦点を当てるべきでしょう。造林に対する熱意や実際の取り組みに、他の何にもまして大きな心理的影響を与えたのは、秩序の経済的感覚よりもある種の審美的な感覚だったのです。秩序は、規則正しく秩序立った状態が身に染み付いているドイツ人に関して、とりわけ特徴的なものです。秩序を好む人が開墾されていない土地やネズミサシJuniperの薮とカンバ類birches〔カバノキの仲間〕しかないような土地を見れば、こんな無駄なヒースの原野の代わりに規則的な植林地や林分が必要だと感じ、成林を見たいと主張することは理解できます。このことは、結局のところ、ここにおいて人の手による秩序化が介在し、効果的であることを他の何者よりも多く示しているのです。"

　上述の引用は間違いなく、**造林の問題は審美的な観点を特に考慮したうえで決定されなければならず**、したがって、（ダンツィッヒDanzigの行政区における）自らの造林作業を引き合いにしたケスラーの最後の文章が言い表すように

実際に**決定**されています。シュプレンゲル Sprengel は、オランダのローゼン
タール Rosenthal 地方に関して、そこの人々が、高い収入を上げるためという
よりも、"この地方から惨めな風景を消し去るために、熱心にヒース荒野の造
林に取り組んでいる"ことを報告しています。

　私は持論をかなり控えめにしているつもりなのですが、森林美学の専門家の
主張は公平性に欠けると疑う傾向にあるので、別の人たちの言葉を引用しま
す。私が最低限必要とみなしている森林面積率は低いものです。なぜなら私に
とって問題なのは、**量よりも適切な配置distribution**だからです。**たとえ、は
るか水平線上でもいいので、どこからでも最低一つは森が視界に含まれるよう
に、そしてどこからでもハイカーが森に日帰りのハイキングに出かけられるよ
うに、森林が配置されることが私の理想です。このためには、5平方マイル〔1
マイル＝約1.61km〕につき一つの森林が必要で、仮に森林面積を4分の1平方
マイルとすると、その森林率はたった5％に過ぎません。**加えて、ドイツは
現状の森林地域も維持しなくてはなりません。したがって現存している大森林
地帯、特に歴史的な古い魅惑の森bannwaelder〔保護林〕を、（リール Riehl の
言葉を使えば）**神聖な森林として、**維持すべきです。何故なら、人々が森林の
中でただ自然と神とのみ共にいることを感じられるようにするには、先に私が
要求した1区画につき6000エーカーの森林はほとんど十分ではないからです。
この控えめな要求は、平原地帯でのみ有効なのです。

　全ての**山岳林**が境界林barrier forestsとしての非常に重要な目的を果たして
いようとなかろうと、私は**山岳地**を完全に考慮から除外しています。たとえ私
自身が森林管理の基本姿勢に署名するとしても、私はただ**純粋に審美的観点か**
らのみ考えるつもりです。この観点から、鮮やかな花々に覆われた**あらゆる**高
山の放牧地をトウヒの密度の高い植林地の下に埋めてしまうことを、提案する
つもりなどはありません。しかし、**遠くからも森林の存在を十分に感じられ
るために、それぞれの山々に木を植えることを要求しなくてはならないと考
え**ます。素直な気持で申しますと、丘や山はその地域の**自然の遮蔽物natural
shielders**として存在します。それらがむき出しになり、気候がもたらすあら
ゆる負の影響から保護されなくなれば、ただちにその魅力charmを失います。
山は私たちを**引きつける存在attraction**であり、憧れの的なのです。遠くから

眺める人に、時折ちらちらと輝く草原か、断崖が現れるかわりに、見せられる
はずのものが、すべて提示されている時、山々はその魅力を失います。ここで
も**色彩の理論theory of color**の追求が重要です。透視図法perspectiveによって
陰影がつけられ、森林に覆われた山々は天空へと溶け込み、同時に、前景の
木々の先端がいくらか枠を形作っているときにだけ、山から渓谷へと至る眺め
は、言うならば絵画を構成するのです。

　私はこれまで真の**ヒース原野の景観heathland landscape**を見たことがありま
せんので、そうした場所に木々を植える審美的必要性を議論することはでき
ません。しかしながら、少なくともリューネブルグ・ヒース原野Lueneburg
Heathlandに関しては、それを見たことがなくても荒野を好きになることがで
きます。それには、ブルクハルトBurckhardtの第5森林管理区外にあるこの
地域に関して森林主任のA. マイヤーA. Meierが書いた、魅力的な記述を読み
さえすればよいのです。それ故、リューネブルグ・ヒース原野がすべて消滅し
てしまったとしたら、確かに悔やまれることでしょう。

　（アルントが要求する）"ドイツ人にとって木々を欠いた場所はどこにもな
い"ように、私たちは大・中規模の森林とそれらをつなぐ構成要素に加えて、
より小規模な森林をあらゆる場所に配置する必要があります。

　奇妙なことに、現代の人々（彼らは、連続性のある広大な森林を創ることで
森林の乏しい地域を甦らせようという**偉大で困難な**課題に多大な熱意を示し
ている同一の人々）は、小さな雑木林や潅木類の貴重さには無関心であり、こ
れらは抵抗の試みさえ運動もなしに、まるで当然そうなるべきかのごとく日
に日に消え去っています。この無関心さは大変奇妙です。なぜなら先に述べ
た社会派政治家達に加えて、詩人（ゲーテ）、医師（ツヴィーアライン博士Dr.
Zwierlein[75]）、森林官（フォン・デル・ボルヒvon der Borch）、造園家（ピュック
ラー侯Prince Pueckler[76]）らが、それぞれのやり方で、適切に配置され相応しい
形でつながった小さな雑木林が、住環境に価値ある保護となるのに加えて、ど
んなにか審美的価値をも与えてくれるか指摘してきたからです。

　コッタCotta[77]は、当時既に、それまで木のなかった土地に樹木の栽培地を
広げ、その地域を活気づけるという、**林地耕作tree field cultivation**［森林と農
作物の複合システムcombination system forest and farm crops］〔アグロフォ

レストリー〕の素晴らしい利点を認識していました。彼は1811年の経済新聞 *Economic News* から以下のような言葉で結ぶ "賞賛すべきエッセイ appreciable essay" を引用してはばかりません。すなわち、"わずか数年のうちに全ての君主国がこの世の楽園に変わるならば、なんと素晴らしい考えか！ なんと素晴らしいことか！ どこにでも喜びと理想がある！ どこにでも緑陰と避難場所、そして収穫がある！ 暖を取る薪、食用の果物、気分転換、味わい深い砂糖（筆者が思うに、彼はきっとメープルシュガーのことを言っているのだろう）、力を与えてくれるワインの酔い——この果てしない庭園を歩くことは、穏やかな季節の航海にも匹敵する！"

実に素晴らしい光景が目に浮かぶでしょう！ コッタは自身の林地でこの "光景が現実のものになる" という希望に自信満々でした。

もし今日、広大な森林帯に関するアルントの提案の実現が、必要な犠牲に見合うと考えられていた大きな利点をそれほどもたらさなかったことが明らかであるなら、私はコッタの直線的な木の列植は、特に景観の装飾に関して全く貢献しえなかっただろうと考えます。

アルントとコッタの提案の良いことは、既に、多くの場所で**土手knicks**〔生垣hedgerows〕によって、これはシュレースウィヒホルシュタインSchleswig-Holsteinにおいて嵐の脅威を中断し、また別の場所では "**保護植林shelter plantings**"〔防風林帯shelterbelts〕[78]によって、達成されています。これらは、特に高地ヴァステルヴァルトWesterwaldにおいて大規模に造成されてきており、人間や畜牛、農地を風から保護するのに役立っています。ドイツ森林協会German Forest Societyの第1回主要会議において、この問題に関して次の声明が出されました。"1840年ごろ、ヴァステルヴァルト開墾の偉大なスポンサー、枢密上席行政官Privy Senior Civil ServantアルブレヒトAlbrecht（当時のエメリッヘンハインEmmerichenhainにおける）によって、まだ森林が造成されていなかった全ての尾根や鞍部、道路や各村落放牧地の境界沿いに、風の流れを遮断するために集約的に防風林帯が計画されました。トウヒやハンノキ、セイヨウトネリコやブナを含むこれらの森林帯は、それぞれが10〜20mの狭い幅であり、住民の激しい抵抗にもかかわらず当時かなりの範囲にまで実行されました。1869年に、州が財源を負担し、ヴァステルヴァルトの64行政

区の "基本開墾計画General Cultivation Plan" が策定されました。その中で基本的な判断材料として、各行政区に対し、標準化した基準に沿って最も適切な開墾タイプ(規則として谷間には牧草地、傾斜地には畑地や放牧地、尾根地には森林)、防風林帯、排水路、そして主要な道路システムが共通基盤として提案されました。開墾計画完成を載せた1872年の森林報告には、次のように述べられています。"これまでの経験からすると、トウヒ(*Picea excelsa*)だけが造林に相応しいと考えられます……。その防風林帯が起伏の多い山脈において効果的な防風機能を果たすという点に加え、直接的な木材収益の価値があります。これはトウヒを持続的に推奨する根拠となっています。しかしながら、ヴァステルヴァルトに存在する密生したトウヒの純林においては、林縁に立つ多くのトウヒの大枝limbiness〔力枝の異常伸長〕のせいで、あまり高い利益を得ることはできません。しかし、トウヒは、他のいかなる利用にもできない収入を痩せた土壌から引き出します。"

　幅の狭い樹林帯は成長するにつれその防風機能が低下していくので、その主目的によって、これら防風林帯の伐期rotationは60年と設定されています。ただし、樹林帯が10m以上の幅ならその半分のみ、30m以上の場合はその3分の1のみの範囲で伐採を行う必要が常にあります。と同時に、深く根を張り、低く枝を伸ばした林縁部の木々は常に残しておく必要があります。同齢林で幅10m以上の防風樹林帯は、徐々に、少なくとも6～10m幅の区画strips、最大で30年程度のばらつきのある正常な齢級構成normal sequence of age classesにしていくために伐期齢を迎える前に部分的に伐採すべきです。

　防風林帯の特別記録によると(ここでは防風林として造成され、森林から森林へとリボンのように伸びた高地ヴァステルヴァルトの**幅の狭い**樹木帯のみを指しています)、これらの防風樹林帯は現在以下のような構成になっています。

幅10m未満	11 ha
幅10～30m未満	81 ha
幅30m以上	360 ha
計	452 ha

　生垣は、変化に乏しく地域の全体性を分断するという美的な面での欠点があります。今までのところ、私はまだ**防風林帯**を見る機会に恵まれませんでした。何はともあれ、等高線に沿って防風林帯が伸びている時は山の傾斜にとても良

い印象を与えることでしょうが、そうでなければ、それらは山の斜面に不自然
な縞模様を作り出し、景観の性格をかき乱すことになるでしょう。

　美的な観点から、**ピュックラー生垣Pueckler hedge**は理想的です。ピュック
ラー侯は、当時（1820年ごろ）、**樹木と潅木の不規則な沿道植栽**を例として奨
励しました。これは、侯がイギリスで目にしたもので、このヒントはしばしば
利用されました。そのような生垣は**広々した区域open areas**の重要な構成要素
となりますが、これについての詳細は第2章Bの3節で述べます。

　初めからそこに存在するものを保存する方が、存在しないものを創出するよ
りもずっと簡単です。したがって**森林を畑地fieldや草地meadowに転換する際**
には、最初から、木材の生育のために適切な地域を維持することを念頭におく
べきです（これは特に費用のかかる改良後、他の目的に適うことができる場所
だけでしょうが、そのような場所は常にいくらか存在するものです）。

　その悪い例として、私は債務解除Servitutabloesung目的の土地補償が思い
出されます。そこにおいて森林管理部は、農民の土地を横切って森林に至る**緑
陰の道**を確保することを無視してきました（刈り込まれたヤナギはほとんど日
陰を作りません）。

　景観に森林を組み込むことの大部分は評価できるものですが、反対の場合は
大抵まずいことになります。森林内での**畑地の囲い込みfield enclosures**はいつ
見ても奇妙なものです！　数日間森林を散策して疲れた時、大規模な森林所有
者の私有の農地だけでも快く迎えられるように変えたいという衝動に駆られる
はずです。もし可能であれば、全領地とは言わないまでも木々の立っている区
域には木を植えようとすべきでしょう。しかし、**草地**については少し事情が違
います。鋤で耕す必要もなく、収穫期に大変な作業を行うこともないというよ
うに、人間のいかなる手助けもなしに、毎年新しく芽吹く草地は、自然の力を
用いて最善を尽くすという森林の性質と合致しています。一方で、そうした光
溢れる草地は、薄暗い森の中心部と美しいコントラストを成すと同時に、その
開放性や歩きやすさの点でも森と対照的です。森が大きいほど、そして閉鎖的
であるほど、そうしたコントラストが歓迎されるものであることが明白になり
ます。小森林、長年にわたり大規模皆伐が行われ、私たちが好む以上の草地が
いつも繁茂しているいわゆる開墾地の小森林では草原がむしろ不足しているか
もしれません。例えばマツの地域において、砂丘の間にハンノキalderの湿地

swampsが存在している場合、どんなハンノキの林分もあまり早急に伐ってしまおうとしてはいけません。

水面water surfaceについて草原と同様のことが当てはまります。水面が森林と作り出すコントラストもまた実に**調和のとれた**ものです（双方の強力なコントラストと統一した強い結びつきを持つことによって、この関係が、より豊かな美の源泉として学んだものです）。水面の光と開放性は、牧草地よりさらに勝るといえます。水面の水平線と植生の統一的な垂直線が織り成す対照性は、新たなコントラストを生み出しますが、その統一性も一層強まります。森林とともに水面は静寂の中に休息し、嵐の中では森林とともに風にどよめくのです。水面は森林と同様に豊かな野生動物を育んでいます。森の中の茂みのように、水面はその深みに不思議な魅力を備えているのです。**したがって森林内の水面も——大きいものも小さいものも——美的感覚のまさに宝物なのです。したがって、その維持と創出は慎重な注意をしなければなりません。**

ミリチュ・タラッチェンベルク Militsch-Trachenberg 地域の素晴らしい湖沼の水系の真ん中で生活しているので、私はほとんど毎日、人工池の建造がいかにこの地区を良くしているかを見る機会に恵まれています。私は、太陽の光が池にまぶしく反射するのを目にし、水面に沈みゆく夕日の光線が、湿気を帯びた空気を通して差し込んでくるときの、素晴らしい色のインクに心震わせます。ある時には、カモメ達seagullsがちらほらと、あるいは群れを成して池から野原、さらには植林地にまで飛んで来ます。春と秋には、水鳥達waterfowlが繁殖地へ向けて私の森林の上空を飛んでいき、そして帰っていきます。Ｖ字型を形作って飛ぶ姿は遠くからの彼らの到来を告げて、野生のガン geese は特に目立って飛びます。彼らは古い繁殖地、ネジゴード動物園Nesigoder Thiergartenの人工ダム "ルーゲLuge" に生息しています。

写真Ⅲは、ガンが繁殖地として好んで使う小島の一つを示したものです。私は池から10〜25km離れた丘の上に住んでいるのですが、池のおかげで、これまで述べたような多くの楽しみを享受します。池を所有する人は誰でも、これらすべてをもっと良く楽しむことができ、実質的な経済的利益に加えて、釣り、水辺での水鳥やノロジカ狩り、さらにはオークで縁取られたダムでのボート乗りやその他多くの楽しみがあります。

第 1 章　最適な土地利用の決定　　　　　　129

Ⅲ　ネジゴード動物園 Nesigode Zoo 内の島にあるハンノキ

ヴァスドルフ Wassdorff 氏撮影。いわゆるルーゲ Luge と呼ばれるものには、おびただしい数のこのような島があり、それらは浮島とも呼ばれるでしょう。このような島はハンノキの根が地面とつながっているだけなので、強風によってゆらゆらと揺れます。

このような印象は、私に、可能な場所ではどこででも、湿地の排水に対して池の建造が好ましいかどうかを真剣に考慮することを望ませます。

湖面は池よりもさらに美しいといえます。それらは大抵池より深く、したがってアシreedsに覆われていないので、年間を通じて開けた水面を見せてくれます。美的観点から、湖lakesを排水したりその水位を下げることが常に誤った考えであるというのはこのためです。

第2章　林道設計、管理単位の設定および名称

林道roadの設計と管理単位adminitrative unitsの設定は、既存あるいは提案されている林分を適切な管理クラスappropriate management classesに割り当てるための枠組みを提供するものですので、**今までに議論したことと関連させ**ながら進めるべき作業です。古いテキストの手順に従えば、まず始めに**規格化した区画と自然な区画**natural divisionのどちらを選ぶかを決めるべきでしょう。いずれの手法でもただでさえ私たちに審美的な制約をもたらすはずですが、自然でない方法を望ましいとすべきでしょうか？

この数十年間、数々の素晴らしい文献によって自然な区画が非常に効果的に推奨されてきましたので[79]、私はもうこれ以上、規格化した区画への反対論は不要だと考え、森林美学の第2版から省くことにしました。しかしながら一方で、ナイマイスターNeumeisterの著書 "将来の森林構造*Forest Structures of the Future*[80]" には、次のような記述が見られます。"平地に限って言えば、短辺に対し長辺が2倍の長方形が理想的な形です。ここでは300m×600mを特にお勧めします。" 私はこのような有名な長方形区画擁護論について言及せずにはいられません。

私は平地森林においては長方形区画が測量士にとって有益であることは認めますが、美的観点以外の点から見ても、不利益の方が大きいと考えます。管理の容易さについて言えば、全ての区画を同じ形に設定することに実質的な利点はありません。また全ての区画を同じ面積に設定することは、低地森林で時々見られ、それぞれの管理単位における年間伐採量をそろえることを重視する育林システムにおいてのみ有益といえます。とはいえ、高地の森林において同一

面積がどのように効果的かは確認されていません。もし区画の森林土壌タイプが１種類で、かつ同時期にたった１種類の、同齢、同体積の樹木しか存在していないと想定されるのであれば、この理想的森林の未来の主席森林官は、自身の管理単位や区画などの面積について、わずか一つの数字を覚えておくだけでよく、再度調査票を調べる必要はないのだというちっぽけな安心にはつながるかもしれません。しかしながら、現在のところ、このおぼつかない利点は、遠い未来の不確実性を無視しており、非常に些細な現在価値を提供するに過ぎません。しかもこのちっぽけな利点は、より大きな不利益によって相殺されてしまいます。それにも関わらず多くの場合、森林区域をできるかぎり均一な区画に区分したいという熱望によって、面積と形のバランスが非実用的な林縁部の区画を造りだしています（こうした傾向は多くの森林地図上で確認できます）。

　直角の交差点intersectionに傾倒することは少しも好ましくありません。これらは伐採量の計測を容易にすると言われており、実際にその通りではありますが、境界線が全て直線ならば、他の形でも計測に余計にかかる時間はほんの数分なので、この利点は非常に些細なものといえます。さらに、長方形区画が森林面積を最大限無駄なく使えるという主張について、私は正しいというより、むしろ誤っているように思います。正しいとすれば、それは木材を防火帯firebreaksまで運搬することを考える場合に限られます。すなわち、さらに遠方への林産物輸送路や、管理および保護職員の通行路に関して言えば、話は逆です。正方形や平行四辺形の場合、対角線状の近道が許されないのであれば、不便な迂回路を設置することを余儀なくされます。非常に多くの場合、これらの迂回路は**２つの異なる**方向に伸ばす必要があり、直交することで省くことができるよりもずっと大きな面積を無駄にすることになります。

　すなわち、区画の**均一サイズ**と**直角**に特筆すべき利点はなく、したがって、**どんな目的に供する場合でも**防火帯が扇形や星型の設置で間に合う場合にはそれで十分であり、あえて平行に走らせる意味はないのです。

　上述の太線部は古いフランスの**交差路**Carrefourシステムを指しています。このシステムでは一つの交差点から道路が過度なくらいに別方向に分岐していますが、たとえそのようなやり方に実質的利益がないとしても、多くの道路を一点で星状に交差させ、平行に走らせることを原則として避けるよう推奨して

いFF。しかし、私は率直に言って、**何らかの理由でそれらがある特別な条件に相応しいと考えられる場所で、同質な直角の果てしない単調さを好み、星形や扇形の設計を軽蔑したがる人はいないだろう**、という考えです。そのような原則について慎重に調査すれば、防火帯の交差点に必要程度に変化をつけることは、面積を無駄にするものではなくむしろ正しいということが自明になるでしょう。

　この方法で、森林地域の明快さを減少する必要はありません。というのは、地図上の区画はそれが規則的であればあるほど明瞭にはなりますが、森林においては同質な交差点の果てしない単調さがもたらす不利益もまた大きいのです。ただし、区画の隅石に近寄る以上に便利なことなどありません。そうすることで聡明な人は、自分の現在地や隣の区画の隅石がどこにあるか、その他にもありとあらゆることを一目で知ることができるのです。

　しかし、次のような場合はどうしますか？

"不幸にも番号が雨風によって洗い流されてしまっている"

場合や、夜、ある交差点が他の交差点に非常に酷似していたり、皆が道を忘れてしまったり、地図から現在地を知る手がかりが得られないなどの、かなり致命的な場合です。

　"よし、風はどうだろうか"と私は自問してみます。もし防火帯が平行に走っていないのであれば、そのうちの一本だけが、私たちが以前に最善と見なした風向きに位置していることは明らかです。

　このため私は次のように答えます。主要な防火帯を風向きに対し平行に設置することが非常に良いと、半世紀に及ぶ経験から証明されてきました。しかし、風に対して斜めに防火帯を設定する方がよりよいと証明したデンツイン Denzin[81] に対しても、反論の余地はありません。要は、防火帯をどの方向に設計するにしろ、"非常に良い"か"よりよい"かのどちらかになるということです。

　前段から明らかなように、私は規格化した区画に反対ではあるけれども、ある条件下においては直線状の森林防火帯の意義を認めています。平地においては、それが最も自然な形なので、長い距離にわたって直線に延びる**防火帯が**

もっとも美しいということは間違いありません。小さな丘を回避するためや、橋を省くために何マイルにも伸びる防火帯を歪めようなどというのは視野の狭い考えです。私は直線防火帯に関して特に賞賛しておきたいことが一つあります。そのような防火帯が起伏の絶え間ない穏やかな波を断ち切るとすれば、それは曲線道路によっては成し得ない恩恵をもたらしていると言えます。というのは、平行に走る道路の縁が見た目以上に収束しているのを目にしたときの安堵感が、私たちを視覚的な幻想に引き込むからです。同様に、朝もやfogが物体をより大きく見せる時や、丘の上に立った時、実際よりも渓谷はより深く、そして他の丘はより高く見えます。そしてこれによって景観は、私たちにとって、本来そこに備わっている以上の"運動movement"（これは庭園設計の専門用語）を備えたものになるのです。渓谷に立つと、面前にそびえる隣の丘の上空が、木々の枝を通して小さな破片となってきらきら輝き、それは常に魅力的な視界の終着点となるのです。これは造園家が、散歩道の突き当たりにオベリスクやその他の高級な装飾物を用いて実現しようとして、しばしば無駄に終わる効果そのものです。そのような、空の輝きが差し込む森林防火帯の終着点を写真Ⅳに示しています。

　この写真を良く見れば、ダンケルマンの道Danckelmann Lineが手前ほど幅広くなっていることに誰もが気がつくでしょう。写真ではこのことが明らかですが、実際には鋭い観察眼を持ってしてもだまされるのです。写真に写っている道路はたった280mに過ぎないのですが、人は森林が無限に続くかのような感覚に陥るのです。しかし実際には、防火帯は手前が3.6m、奥が3mに設計されているのです。この意図された錯覚は、標高が高くなるほど背景の樹幹が小さく、そして細く見えるという事実によってその効果が高められています。

　いくつかのケースでは、お城や塔などの**特別なポイントに向けた眺望**を開くことによって、あるいは巧妙に敷設した道路によって、より素晴らしい効果をもたらす場合があります。既にグレーベGrebeが、自身の管理規則の中で、そのような条件を利用するよう推奨しています。しかし小規模な森林においては、森林の果てをあまり早々に曝け出さないような管理工夫が必要でしょう。また外部からどのように見えるかにも配慮すべきです。森林の主な魅力はその神秘性に起因しているので、まっすぐな防火帯によって林縁から森林の中心が見通

Ⅳ　ポステルのダンケルマン通り
ヴァスドルフ Wassdorff 氏撮影。背景の防火帯が徐々に狭くなることによって、遠近感が増している。

せてしまうのはよくありません。このため、森林防火帯が直線道路に直接続くように設計するのではなく、むしろ林縁部で経路を少し歪ませるべきです。しかしながら、もし道路が林縁に沿って走っており、森林防火帯が支流のように脇から合流しているのであれば、通り過ぎる際にチラッと目にすることで効果が特に高まるので、この手法による不都合は解消されるでしょう。

　このような議論からお分かりいただけるように、私は直線道路の反対論者ではないのですが、それでもなお、平地においてさえ直線道路を設けようという流れがやや行き過ぎていると考えています。緩やかにカーブした小道が、目立った迂回路も必要とせず、好ましい変化を提供してきたにも関わらず、多くの古い道路が、かなり高いリスクを伴う直線に整備されてきました。こうした過ちは、価値を高めるenhancementことに対する人々の焦りにも似た熱意の噴出によるものです。これは特に、最大限実務的な立場というものに固執している人々にとって、避け難い衝動です。すなわち、ごく稀な気持のために、道路の長さを短くし、調査を容易にしたいという願望が、これらの過ちに対する事実上の理由となっていくでしょう。非常に合理的で実務的な人は、直線の経路が総じて実用的であるとみなしたがってそれこそが美しいと考えており、同じ思考の延長として、全ての曲線道路はどこにおいても醜く、したがって、例えある特別な場合においては、その利点と釣り合わないほどの不都合が生じるとしても、それらを直線化すべきであると考えているのです。

　ところで、地域区画において、主に曲線道路によって迂回する傾向があることへの小さな不安感は、規格化された区画において直線経路を残しておく根拠にもなるかもしれませんが、常に特別な条件によってのみ決定されうるでしょう。この問題に関して、ミュルハウゼンMuelhausenが自身の著書"ガーレンベルグ森林地域の路網設計 Road System of the Gahrenberg Forest District"で示した原則に、私は完全には同意することができないので、なるべくそれ以外の方法でこの問題を解決するための幾つかの手がかりを提案しようと思います。その本の中では、境界線があまりに急勾配の場合には、"もちろんそれはできる限りカーブを小さくしてただちに直線方向を回復するような方法で設置されなければなりません"が、それを6％上昇させ曲線に置き換えることができる、と明記してあります。私はこの原則を条件付きで正しいものとして尊重します。

というのは、なおも支配的な直線からのこのような"逸脱"が、あまりに小さすぎ、不注意から生じたものだと思われるようには、決してすべきではないからです。防火帯それ自体は、管理単位の境界として一貫して直線を保つ一方で、切り取ったり覆ったり、あるいは必要に応じて障害物の周囲に補助道路を通したりすることによって問題の場所を回避しようとうまく試みる人もいるかもしれません。最初の解決策にあまりに費用がかかる場合や、2つ目の策では面積の消失が大きすぎる場合には、直線から**大きく**逸脱した部分を最初から設けた方がいいかもしれません。私は何回かちょっとした仕掛けを利用してきました。それは一番高い地点で経路を切り開くというものです。図 [22] はこの手法を図示したものです。

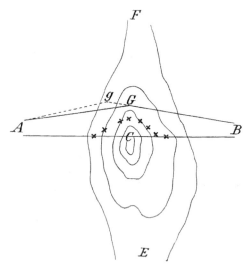

図22　道路網(著者画)

　図に示したケースを考える場合、地点AからBにかけてまっすぐに境界線を通したいと思うでしょうが、小丘EF間で最も標高が高い地点Cにおける急勾配が非常に厄介な障害になるでしょう。この場合、×印で示した方向に補助道路を設置することが考えられます。しかしながら、もしそうした小さな障害物のせいで防火帯が歪められてしまうとすれば、それは見苦しいだけでなく短絡的な策となってしまうでしょう。この場合、×印の補助道路を設置するより

第2章　林道設計、管理単位の設定および名称　　　　　137

はAG-GB経路を選択するほうが良いでしょう。なぜなら、地点Aと地点Bのどちらからも、地点Gより向こうを見通すことはできないので、短絡的な策をとったという過ちも知られずに済みます。これはgを越える方向には当てはまらず、したがってそのルートは許容できません。

　EF方向に関して状況は全く異なります。地形の凸凹に沿って伸びるこのラインは、うまくカーブを伸ばすのに相応しい条件を提供するでしょうし、またこの条件下では、直線経路は完全に排除されることになるでしょう。

　私はこれまで述べてきたことを**実際とは無関係**の例を使って説明したいのですが、範例 *exempla*（すなわち、そうすべきでないことを示す例：それは最もためになります）*sunt odiosa*［例はやっかいです］ので、私は仮想的に、いわゆる人工的な区画が非常に好ましいとみなせる条件を設定したいと思います。そうすることで、特定の例を用いたときに想定される、部分性に関する非難を回避できるでしょう。図23にその仮想的な条件を示します。AからBに至る田舎道が、道路CDの両端200 haにわたって伸びているとします。その地域には

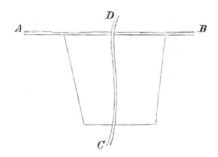

図23　道路網（著者画）

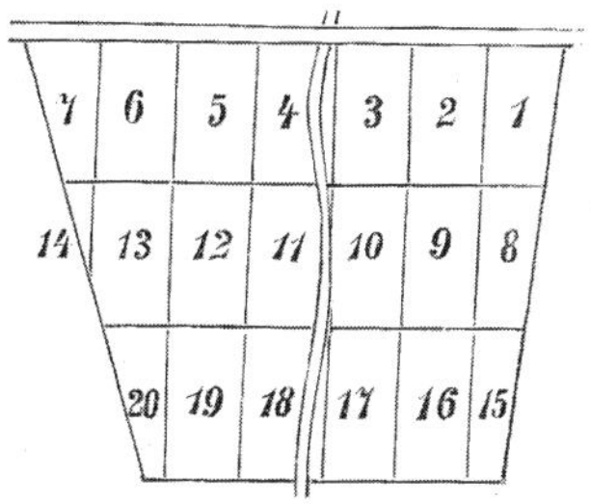

図24　道路網（著者画）

マツが植林されており、70～80年伐期で管理されているとします。この場合、18から20の区画を設定するのが適当と考えられます。土地は平らで、A、B、C、D以外の移動方向は考慮していません。

　伝統的なやり方に従えば、区画は図24に示すように区分されるでしょう。すると最初の段階で、微妙にカーブした道路CDを直線化するのにいくらかの費用を無駄にするでしょう。(地盤が安定するまでは)新しく開設したその防火帯を車で走行するのに苦心することになります。さらに、森林官は絶望的な気分に陥るでしょう。というのも、以前に道路だった場所には何も育たないからです。しかし、区画を設けることによる素晴らしい恩恵もあります！――20のうち13の区画は正確に同じサイズなのです。区画14と15が、望ましいサイズをかなり下回っているのは非常に残念ですが。角度の点からも地図上での作業がしやすく、斜めの最短方向の代わりに辺に沿って木材を輸送することに何の問題があるでしょうか――全てが秩序正しく明確です。例え、それがいくらか退屈なものであろうと構わないではないですか。

　現在受け入れられている手法に対するやや否定的な主張を述べましたが、私は持論を述べるのに慎重にならざるをえません。しかしながら、自分ならそうするというやり方を図25に示そうと思います。

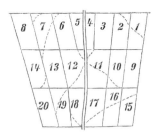

図25　道路網(著者画)

　ただこのやり方では、図24に示したよりも数メーター余分に防火帯が必要になり、また斜め方向の道も要ります。しかし、そのおかげで、直角の道路網の場合よりもはるかにうまく森林を整備することが出来ます。

　ここに示した例ほどには条件が良くない場合、柔軟性に欠けた直角路網は、異なる立地や林分に適応できないので、しばしば経済的損益をもたらします。

それは区画の設定から半世紀が経過してもなお、いくつかの森林地域で目にします。私が提案する、より柔軟な直線区画手法を用いることで、これらの損益を大幅に緩和することができます。

ザクソン流Saxonianの設定手法に沿う幅の広い道は遠くからも目立ちますが、このことは特に丘陵地においては望ましくありません。既にギルピンGilpinは次のように的確に警告してきました。"全ての区画は、絵になるほど美しい〔ピクチャレスクな〕景観を愛でたい人にとって非常に目障りです。そのような人は自由に歩き回りたいのです。さらに、森林がその本質的な美を遺憾なく発揮するのは、自然の壮大な線や多様な土地の隆起がこのような侵害的な区画整備によって壊されることなく、完全な形でその隆起が波打っているような場合なのです。"同様の配慮から、小さな幾何学的区分small geometric cuttingsを採用できるのは緊急の場合のみです。

自然な区画natural division(ここではこの用語を、一応定義されているより狭い意味で用います)に関して、私が強調しておく必要があるのは、もし本当に自然なものであるなら、それは確かに美しいはずだということだけです。図式的な配置のみに傾倒するのは避けるべきですし、カーブが必要である条件が全くないような場所においてさえも直線道路をむやみに拒絶すべきではありません。また各道路は管理単位の境界線に沿わなければならないという規則に対して、あまり盲目的に従うべきではありません。特に、納得できる理由もなしに、**管理単位を貫く既存の道路**を撤去しようとすべきではありません。というのは、これらは最も重要な審美的目的に非常によく適っているからです。そのような、左右に広がる同じような林分の間を通る道を歩くことで、私たちは林縁に沿って走る道路を歩くときよりもずっと、林分の中心にいるのだという気分になることができます。したがって、区画の古い境界を認めなかったり、防火帯の好ましくない設定法や車両走行の不便性を受け入れたりするのは完全に間違っています。そのようなことをした結果は常に、あらゆる転換がそうであるように、犠牲を伴います。内部へと至る道路を活用してアクセスの良い区画を設定する方が、審美的、実用的観点から考えてずっと良いといえます。ところで、このような道路に関する異論として、林縁に沿う道路は最初に右側の区画の皆伐、次に左側、と利用できるのに対し、区画の内部を通る道路は、それ

が通るたった1ブロックの伐採にしか利用できない、と言われていますが、これは正しくありません。というのは、後者は同時に両側から利用できます、つまり1×2＝2×1なのです。にもかかわらず、多くの場所で、このような（私たちシレジアの住民が述べている）"傘伐道schriem-ways"が躍起になって排除されています。私は王室林や私有林に多く見られるケースを思い出します。そこにおいて、区画を貫いて境界線に直接つながる嘆かわしい道路が、区画の周囲に無慈悲に延びているのです。そして森林官は、高価な根回しの施された苗木balled plantsやあらゆる有刺植物thorn treesを無駄にし、木材輸送に関わる追加的な支障や、被害を被った大衆からのあからさまな憎悪を除いて、間伐から得られるわずかな材木の他には、これらの努力から何も得るものがないことを呪うしかないのです（なぜなら更新の初期段階においては、固まった土壌のせいでほとんど何も育たないのですから）。

　森林団体は**ハイカー向けの特別な近道**short-cut paths（アクセス路、狩猟路、あるいはそれらをどう呼ぼうとも、あるいは大きな問題がないのであれば、それらの道は4次的な運搬道路としても使用できるでしょう）の設定を指示することで、市民だけでなく公職者にとっても大きな助けになります。あるいは（むしろ）、その設定を筆頭森林官の裁量に任せることもあります。なぜならこれらの踏み跡trailや小道pathは、時と場所に伴うニーズの変化に正確に対応できるものですし、そうであるべきだからです。

　より長い道路区間を均一な勾配となるよう設計すべきかどうかについて多くの意見があります。——*variatio delectate*［多様であることの喜びvariety delights］——という座右の銘mottoに基づいて、私は**勾配を均一に設定することを好みません**。そうすれば、私たちは自由な発想で道を魅力的なもの（岩や美しい木々など）に近づけることができるのです。

　私が抱いているルールは山岳地域において注目すべきものですが、フォン・グーテンベルクvon Guttenbergに負うところが大きいです。"険しい頂上に至る山道を開設する際に、ジグザグ道路switchbacksか、個々の渓谷や鞍部、あるいはそのような区域を越える目だつ幅の広い通路の開設かのどちらかを選択するとすれば、審美的観点から見て後者の案が常に好ましいと言えます。なぜならこの手法を採用することによって、多くの異なる森林景観や眺望を展開で

きるからです。これに対しジグザグ道路は、たった一つの林分を通過するだけであることに加え、大抵は幅の狭い中間帯において、その森林蓄積を完全に維持できるか、疑わしいのです。"

　教本に載っている手法は、山の斜面において支道が主幹道路と交差する際の適切な角度を決定する助けになるはずです。これについて私がコメントすべきことは、**あまりに鋭角なのは美しくない**ということだけです。特に交差路において、それは避けるべきです。好ましい例を図27に、あまり好ましくない例を図26に示しますので、対比させてみてください。

　道が2つに分岐しており、一方は上りでもう一方が下りになっている場合には、合流地点(図27のpgとxy)を水平に設計し、道路区間の傾斜率より急な角度で分岐点から道が上るあるいは下るようにするのが総じて好ましいやり方です。このちょっとした技巧は、非常に安全に適用でき、道路勾配の小さいほぼ水平な地形において特によい効果をもたらします。

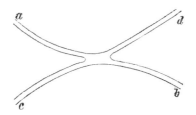

図26　道路網(著者画)

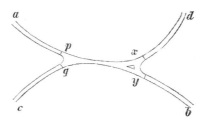

図27　道路網(著者画)

　美的観点から見てより望ましい管理単位の大きさについては議論が続いています。この点に関して、私は通常は実用性もまた最も美しいものであると考え

図28 カソリック・ハンマー王立森林局の区画63、89、90における
皆伐によって開けた眺望(ペルツPeltz氏撮影)

ます。主に単一樹種の同齢林分を造成する作業種は**小さな区画**を必要とします。美的観点から望ましいとされる多様性は、異なる管理単位において同時に伐採cuttingを進めない(北に位置する区画では少し早めに伐採します)ことで達成でき、これにより区画に老齢木と若齢木が混在して異なる空間的配置を形成します。小さな区画においては特に、(北東から南西の方角を向く)成木の素晴らしい階段構造が見受けられます。そのような眺めを図28に示します。

　規則正しい順序で伐採することによって、このような景観を形成する手法を図解したのが図29です。区画89は100年生の樹木を含んでおり、東側で既に伐採が始まっています。区画116は老齢の木立に覆われています。区画88と117は若い林分を残して皆伐されており、したがってまだその向こうを見渡すことが出来ます。矢印の方向が示すように、道路からの眺めは場所によってかなり異なり、道路を通過する際には景色が素早く移り変わることになります。

　区画が大きければ大きいほど、見ることが出来る景色は少なくなります。ただし大きな区画は、境界線を形成する防火帯の他に、内部へのアクセスを良くするための多くの道を必要とする点において美的効果をもたらします。内部に通じるそのような道路が持つ多くの利点は既にこれまで述べてきました。ここで私はもう一つ付け加えたいと思います。(風向きや伐採システム上の制限か

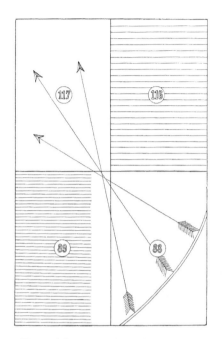

図29　高林における眺望の変化の模式図

ら完全に独立した)これらの道路は、**森林所有者の好みや気分に応じて設置することが出来ます**。ミュルハウゼン Muehlhausen は、ある条件下では、木材運搬業者を直ちに立ち去らせるために、4次的な道路を意図的に不便な方向に設計するようにとさえ提案しています。しかし、これらの道路は交通量が多い場合には建設・設計ができません。

　もし図24や25に示した例で、地域を**4区画だけにに分けなければならない**とすれば、私は自分の好み(あるいは私の"気分"とも言えるかもしれません)によって対処します。大まかには図30のようなものです。

　さらに、大きな区画の利点を付け加えると、**広大で連続性のある成熟木の林分は、同じ数の成熟木が分散している場合よりもずっと強い感動を引き起こす**ということです。したがって、林分自体に多様性をもたせ、大規模に皆伐された地域の味気なさを管理法によって解消しようとする場所では、区画は大きくなるのでしょう。このような大区画が許されるのは、樹種のみならず齢級も異

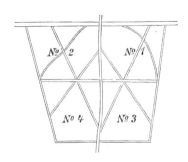

図30　道路網(図22〜27参照。著者画)

なる地域どうしを結合させて、水平および垂直方向に統合された一つの大区画にすることによって、区画を分割することで防がれるべき問題の多くが解決してしまうからです。**道路にはすぐに到達するものの他の管理区との境界には滅多に届かない場合**、データ入力と管理が円滑になるので、森林管理者はそれを素晴らしい利点だと理解するでしょう。

　形成された区画の**命名**について、私たちは、全体として**細分した地域**を単位とみなし、その中に含まれる管理区に連続した番号をつけるべきだと考えています。そうすることで、もし森林区域を単にそれぞれ等しい小部分に分割していたら成し得なかったであろう組織的な構造ができあがります。

　番号に加えて名前をつけることで、多くの実用的な利点が生まれ、美的な面でもより高い効果が認められます。このことを証明するために、私は一般的な考察をここに述べます。

　もし、さほど重要ではないけれども印象を良くするような少しの違いがいくつか組み合わさって全体の印象を形成しているのであれば、そのいくつかの少しの違いは、個々にあるいは順番に効果を発揮できようになるよりも、それらを合わせた方が全体としてより大きな効果を発揮します。しかし、それらは等比級数的にその価値を高めるという主張が認められる場合もあるでしょう。例えば、この歌について考えてみましょう。"やあ旦那、どちらさん？……緑の木か。"この中で表現されている観念に私たちは共感しますが、毎夜、毎夜誰かが私たちに向かって5節まであるこのフレーズを繰り返し歌ったら、抗議しないでいることはできないでしょう。詩の構成は並ですが、内容の印象と最初

の４行の構成の良さで、残りの欠点に目を閉じなければなりません。

　それにもかかわらず、**全体**としては歌唱に対して非常に有効な基礎力を提供するのに相応しいものになっています。なぜならこれを実話だとか、この部分のメロディーが歌詞に支えられているのだと誤った判断をする人はいないでしょうから。もし歌詞がイタリア語だったとしたら、それがどんなに素敵な響きを持っていようとも、この歌は私たちの社会に根付かなかったでしょう。フェヒナーFechnerの著書 "美学のための予備教育 *Pre-education of Aesthetics*" の中で述べられている **"美的な支持あるいは高揚の原則"** はこのような観察に基づいています。また、このことから、時には**森林における素敵な名称**が非常に重要であることが理解できます。素敵な名称は、その場に相応しいというだけなく**他の観念を示唆する**ので、その場所が私たちの心に残す印象に大きく影響します。こうした名称は、それによって私たちがその特別な場所から受けた何らかの印象に関連している必要があります。ですから例えば、ターラントTharand近くの神堂がもしブーヘンタールBuchenthalと呼ばれていたら、それが全く相応しくない名前であることは言うまでもありませんが、それほど有名にならなかったでしょう。森林地域のネッセルグルントNesselgrundにある防火帯は、山地の防火帯としては異常に長いもので、永遠Ewigkeit [Eternity] と呼ばれています。これは長い道 the long line よりもはるかに良い呼び方です。

　山頂の森林地域、カソリック・ハンマーとアルテンプラットウAltenplathowにおけるパラディス〔楽園〕Paradiseや神の階段God's Stairwayといった名称に関しても同じことが言えます。

　残念ながら、素敵な名称に値する森林景観は最近めったに見つかりません。しかしこの原則は望ましくない条件でも適用できます。クラス５の痩せた土壌を持つ最悪な地域も、"乾いた山Dry Mountain" ではなく "苦悩の山Grief Mountain" と名付けることで印象を改善することができます。

　名称を決める時、その林分の前歴、狩猟やその他の特別な行事からヒントを求めることが多いのには理由があります。また、しばしば奉納名も用いられます。このようなケースでも、名称が良いほど、それらは私たちに豊かな発想を誘発し心に残るという規則は変わりません。例えば、前にブルクハルト

Burckhardtが指摘したような森林地域において、ある小区画を"播種と植林 *Sowing and Planting*"の著者に捧げたいと思う人は誰でも、その小区画を"ブルクハルトの山"よりも"ブルクハルトの喜び"と命名することをお勧めします。後者の名称によって人は直ちに次のことを理解するのです。その男性はずっとここに居て、ここで彼は嬉々として創作に打ち込んでいるのだということを。

　州の主任森林官フォン・ロイスvon Reussは、トゥーヘルTucheler荒野の古い焼け野原にある賞賛すべき植林地を、そこで働く森林官に敬意を表して"シュルチェSchulzeの勤勉"[83]と読んでおり、これはこの種の名づけ方の良い例といえます。

　山頂の森林地域カソリック・ハンマーに、それは私の近所にあるのですが、"ピッケルの温ビールPickel's Sowing"と呼ばれる林分があります。この名称のおかげで、偉大な森林官ピッケルが、思いやりのある妻が彼の健康を心配していたにもかかわらず、彼が4月の恐ろしい気候に辛抱強く耐え植林地に留まったことを思い浮かべることができない人でも、温かい飲み物は記憶に残るでしょう。もしこの場所が"ピッケルの播種"と呼ばれていたら、その名前も森林官ピッケルもずっと前に忘れ去られていたことでしょう。

　100個の名称を即座に考え出すのは容易ではありませんし、適当な名称が全くないことがほとんどです。しかしながら、もし私が次に要約するような、利用可能な豊かな関係性を思い浮かべるならば作業は容易になります。名称は以下のようなものと関連付けることができます。

　　1. 区域の形と境界
　　2. 土壌と植物相の構造
　　3. 林分とその歴史
　　4. 近辺にある知名度の高いもの(岩、木、村、城など)
　　5. 狩猟行事、注目すべき実話や昔話

そして最後の解決策は、

　　6. 奉納名です。しかしそれらの名前は、任意に関連付けられるのであれば、頻繁に言及されたり呼ばれたりする場合にのみ、定着することができます。したがって、そのような名称は管理単位にではなく、小区画や長い道路、防火帯に用いるのが適当です。

最後の節 [Section B] は、細分地域、区画、道路などの番号や銘、道路標識、道路植栽などを用いた外部におけるマーキングについて議論します。なぜなら、これは所有者の経済状況と希望にしたがって森林を装飾する絶好の機会だからです。

第3章　作業種

　森林の管理単位が路網に合わせて決められなければならないのと同じように、**作業種silvicultural system**、**樹種trees species**、**伐期齢rotation period** も、お互いの密接な関係を良く考えて選択しなければなりません。しかし、この章の中で**理論的に議論すること**に注意をすれば、これら3つを個別に扱うことも可能でしょう。

　狭義の**原生林primeval forest**は林業の議題として扱うことはできません。管理を始めた場所は、既に原生林ではないからです。

　それでもなお、手短な計画は原生林に捧げられるべきです。なぜなら、美の観点から原生林の一部を維持したり新たな開発を許可することが勧められたりすることもあり、そのときには、森林官forester がその原生林の保護者guardianになることが当然のこととして考えられているからです。

　本当にそうでしょうか？　森林官よりも造園家や"森を知り尽くした狩猟家woods wise hunter"の方が、おそらく、より上手く効果的に原生林を保護できるでしょう。私たち森林官は、経済的管理を考えないわけにはいかないのです！

　森を知り尽くした狩猟家は、最も早くから林業を営んでいた人々の部類に属すと考えられますが、彼らは、土地純収益説の支持者the forestry people から森林純収益説the woods-peopleへと転身した人々とは逆方向の転身をしたことになります。

　アメリカでは、美的観点から原生林を保存することがかなり早い時期に決められていました。有名なイエローストーン公園Yellowstone Parkは、バーデンの大公園Grand Duchy of Badenよりも広大です[84]。ドイツでは、植林地plantationが原生林状態に戻るまでに長い時間を要するでしょう。チルシュ

キー・レナルト Tschirsky-Renard 伯爵が 1897 年に上院に持ち込んだ要請[85]は、グリューネヴァルト Grunewald［ベルリン Berlin 近郊］を原生林 primeval forest に指定したい、というものでした。彼の考えを実現することは非常に興味深いのですが、それでもやはり、上院が是認しなかったのは正しかったと私は思います。

　危険 risk（倒木や落枝！）によっては、原生林を一般の人々のためのレクリエーション区域としては不適切なものとしています。しかし、これだけが唯一の制限の理由という訳ではありません。

　植生だけをそのままにしておく原生林は、ある種の実際的な不完全さを持ち続けるものと言えるかもしれません。野生生物は、木々が自由に成長するのと同じ様に、自由を楽しむ必要があります。しかし、そのためには、グリューネヴァルトの 10 倍の大きさの森林でさえ、小さすぎるのです。私たちドイツ人は、原生林の興味深い贅沢さを享受するほど金銭的に豊かではありません。そして結局、木の成長のために境界線に沿って取り残されている境界林 barrier forest を誰かが明らかにしなければ、私はドイツのいずれの場所にも維持されている原生林を知りません。ごく最近、私はボヘミア王国 Kingdam of Bohemia 内の面積 200 エーカーの"ルッケン原生林"のことを調べました[86]。ルッケン原生林は、未だに本物の原生林として維持されていますが、私はそれについての詳しい情報を得ることができませんでした。雑誌「園亭」*Gartenlaube*［summer house］で公表されている写真は、この森の中で、朽ちた倒木の周りを登っている旅行者を紹介しています。これを見る者は、原生林と旅行者はうまく付き合えない、という印象を受けずにはいれません。

　オルデンブルク Oldenburg の大公爵領のいわゆる**ノイエンブルガー原生林 Neuenburger Urwald**[87]：オルデンブルクからヴィルヘルムスハーフェン Wilhelmshaven への鉄道路線近くに位置していますが、本来の意味の原生林ではなく、放牧に利用している森林です。

　放牧林 grazing forest を維持するために、この古いドイツの育成形態は、少なくともこの適切な例によると、オルデンブルクの厚く神の恵みを受けた大公爵ペーター Peter によって与えられた特典を現在まで残しています。

　先史時代、私たちの祖先は、もっぱら家畜の放牧地 pasture と薪 fire-wood を

得るために近くの森林を用いることが一般的で、人里離れた地域では18世紀の終わりまで、そのような状態が続いていました。斧はあえて森の巨木には近寄りませんでした。それは、伐るのが難しかったのはもちろん、加工するのはもっと難しかったからです。広い樹冠をもった古い木は、それがブナやオークであれば、種子を得るために保護されました。そのため、その森林の景色は進化し、プリニィPlinyは、その生き生きとした描写を残しています。マルチァンMaltzanの古いアウグスト伯爵家が未だにバルカウWalkawの森林に牧野林pasture forestの一部を持ち続け、伯爵は"地所の贅沢estate luxury"だとよく冗談を言ったものです。私はポステル付近の壮麗な淡い色で反射するその様子に感嘆させられました。

先に述べた約50haの"ノイエンブルガー原生林"は、ノイエンブルガーホルツ Neuenburgerholz森林地域の一部です。周囲の村々は、その中に放牧をする権利をもっています。そこに生育するのは広い樹冠を持つオークoaksと美しいブナです。下層植生にはシデhornbeam、軟材類soft woods、サンザシhawthornes、モチノキholly（*Ilex* sp.）が生えています。非常に美しいモチノキは、シデによって何年か被圧されているので、これらは部分的に刈らなければなりませんでした。

古い木々は切られず、倒れた幹は道を塞いでいなければ放置されます。

択伐林[88]plenter forest [selection forest]は[訳注16]、現代に至るまで、森林管理のもっとも美しい型として文献で称賛されてきました。例えば、クワェト・ファスレムQuaet-faslemは、北西ドイツ森林協会に対して次のように言いました。"区画の広さ、またはその広さの択伐は、単木の選定と同様、林分の選定を可能とすることができ、さらに、林木の十分成長していない部分を除去し、個々の樹種の耐陰性に応じて再び更新させることができるものです。この伐採方法は、景観の美しさや、落葉樹と針葉樹の多様性、木陰のでき具合、導入する樹種、好ましい管理方法や特に美しい樹木を個別に手入れすることに対するすべての要求を満たすことができるだけでなく、特定の林分を常に木々でいっぱいにし

訳注16　多様な樹種を高密度で植林し自然林の様相を見せる。この森林は環境に配慮した植林と再生が行われているので、費用負担が少なく、スイス等では高品質の木材が育ち高い値段で売れる。

ておいたり、小さな区域において若い林分の眺めを老齢の林分のそれに美しく織り交ぜたりすることを可能にします。"

"この方法は、ビスタ〔眺望〕vistasの切り開き、維持や、風景の眺めを自由に構成する時にも適用可能で、自然と芸術を意識せずに結合させる最大の可能性を与えてくれます。"

こう述べたとき、彼は、ハーメリン Harmelin の近くのクリュート Kluet 山脈の上か、ハノーファー Hannover の近くのアイレンリーデ Eilenriede の中で見られるような場所を思い浮べていました。それらの場所で択伐施業 selection management は、とても適しています。**大規模**な範囲に対して、択伐施業は美学的にも経済的にも適していません。近年、フォン・グーテンベルク von Guttenberg[89] は、**高林 high forest** が一般的に好まれることを証明しました。

均整のとれた高い林冠を持つ森林の壮麗さは、シュライデン Schleiden[90] によってとても的確に描写されており、私はここに引用せずにはいられません。

"私たちがハルツ地方 Harz のヴェルニゲローデ Wernigerode からイルフェルト Ilfeld まで歩いて行き、そして引き返すとしましょう。私たちはその道中、ヴェルニゲローデとソフィーエンホッフ村 Sophienhof の伯爵の林務署にたどり着く前に、人格者であり有能な森林官であるカルマイヤー Kallmeier 主任森林官のお気に入りの場所である、すばらしいブナ beech の高林に連れて行ってくれるでしょう（私たちが彼にその場所に連れて行ってもらったのは、もう随分以前のことなので、もし、彼がまだ生きているならばですけれども）。なめらかで、薄い灰色をした樹齢 120〜125 年、平均直径 1.5〜2 フィートの幹が、上方へ向かって、枝もつけずに 50〜60 フィートまで伸び上がり、一筋の太陽の光の侵入も許さない濃い暗緑色をした樹冠を支えています。地面は、一様に古びた濃い茶色の葉のカーペットで覆われ、どんな植物もそれを突き破ることが出来ません。そのため、この荘厳な丸天井は**静かな威厳**を醸し出し、**円柱の森の間では、小さな人間は取るに足らないもの**として消えてしまいます。

また、グルーベンハーゲン Grubenhagen 山を通ってフレデルスロー Fredelsloh からハノーファーのゾリンク Hannoverian Solling のレリーハウゼン Reliehhausen まで行くときは、小高い場所にある森林を通ります。小さなかわいらしい花 flowers で飾られた芝地に沿って歩くと、私たちは何百年も生き抜

いてきた驚くべきヨーロッパオークstone oak［*Quercus robur*］に何時間も囲まれ続けることになります。そのヨーロッパオークは力強い幹と豊富な樹冠を持ち、隣接する木とはすこし離れているので、全体は厳粛な静けさの印象を創り出していても**太陽の気持ち良さ**を感じることのできる森林を形づくっています。

　さて、場所と時間の異なる森林に行ってみましょう。晩秋の新鮮な朝、私たちはテューリンゲンThuringianにある十分に成長したトウヒspruce林を歩きます。やわらかく弾力のあるコケは、その場所を他の小さな草木に譲ることはありません。すらりとした平行な幹は高さ、80フィートにも達し、重々しく編まれた頂上は濃い天蓋を形成し、半世紀もの間、少しの太陽光線も地上に届かないようにしています。

　これらの択伐林を賞賛する人は、択伐林施業を完全にそして無条件に好む人ですが、私は、そのような人が完全に均整の取れた視点を持ったとき、あまり好ましくない考え方に到達するのではないかと心配しています。私は、択伐林施業を賞賛する人々が、この施業に対して科学的、実際的なとても注意深いすべての規則を守るという夢物語を心の中に思い描き、皆伐による型にはまった情け容赦ない、また思慮にも欠けた管理に立ち向かっているという印象を受けました。この皆伐方法は、かみそりシステム、または破壊方式というまさに的確な呼び方をされています。

　人は一つの側面だけで高林のすべての多様性の多寡を比較するかもしれません。下層植生と樹冠、更新の仕方の様々なタイプがもたらす適度な多様性が生まれ、様々な樹種がうまく混在しているのは、保護者の愛情に満ちた注意深い手入れによるものです。ある時には広い面積で、またある時には狭い面積で、あるいは、しばしば最小の面積で更新が促進させられています。さらには開けた場所で、ある時は、樹冠の下でも異なる種類の更新が行われています。いつも、そこには優美な草本類やハーブが生育しており、夜明けやたそがれ時にはとても用心深いノロジカが周囲を活気づけます。——これは一つの絵となっています——そして、もう一方では、背が低く、枝が多く、価値の低い成木、損なわれた若木からなる森林と牧草地のように皆伐され、思慮を欠いた伐採の痕跡がいたるところに見られ、不用意な木材の搬出痕が見受けられます。この森林では視線が遠方まで自由に眺めることができないような延々と続く単調さを

見せています。

　幸い、この区域の**高林**は、不公平な武器で戦う被告人を必要としません。特に、伐期齢rotation periodをあまりに短く設定してこなかったならば、この場合にも、群か単木の中の被蔭木によって達成されます。

　私がこの本の初版を制作していたとき、よく馬の背に乗り、私の家の近辺にある手入れされていない2つの択伐林の林分に出かけました。つまり、王有林のカソリック・ハンマーKatholisch-Hammer内とゴンツコビッツGontkowitzの森林の大部分を占める"パラディス〔楽園〕Paradise"では、ミリチェ地方の習慣に従って管理されています。パラディスは、オークとマツが多く混ざったブナの優占した森林の構成であり、ゴンツコビッツの森林はマツとトウヒで構成されていました。どちらの森林も比類のない美しさであり、私は自分が高林を支持すると書いたことを取り下げざるをえないだろうと思いました。しかし、そう考えた後、私は自分自身に問いかけなければなりませんでした。これらの林分には老木という宝があり、そのおかげで森林が私たちに与える印象に強さを与えています。このような環境はおそらくこの辺りでここだけでしょう。もし私たちが広大な若い択伐林型の用材林（plenter forest）[訳注17]の中心で、周辺の森林より平均樹齢が100年以上の高林を見る機会に恵まれるなら、そこは他のどこよりも、私たちを魅了するでしょう。

　ところで、**択伐林や同じような育林型は多様さに富み、豊かに変化する細部によって特徴づけられます。それ故、堂々と発達した高木林の壮大な樹冠に代る景観を択伐林が与えてくれること、適当な場所では一斉高木林より勝ることを、私は否定するつもりはありません。この景観が一斉林型を求める場合でなければ、どこでも当てはまることだと考えられます。**例えば、急激な変化を示す凹凸が林分のまとまりを損なうくらい個体間の優劣がついて、森林がまるで装飾であるかのように見える区域ではよく見られます。**小区域**では、択伐林における細部の豊富な変化や開放部分が少ないという利点を利用せねばならないと感じる人もいるでしょう。また、都市や保養地に近い場所では、択伐のよう

──────────
訳注17　プレンター森林は用材林のことで、多様な樹種を高密度で植林し自然林の様相を見せる。この森林は環境に配慮した植林と再生が行われているので、費用負担が少なく、スイス等では高品質の木材が育ち高い値段で売れる。

な方法でより**大きな森林の林縁**を管理しようとするかもしれません。そのような地域の住民は、普通は、時間と体力がない、また、そもそも彼らの必要とするものが森林にはないことによって、近くの森林にはあまり訪れる機会を持たないためです。

　しかし、丘の多い起伏に富む地方では、高林作業の方を特別に推奨する利点があるので、前述のような状況にあったとしても、高林以外を採用することが許されるのは、本当に例外的なのです。これは、丘からの眺めを考慮しながら、その土地での基準に則って皆伐clearcuttingsを実施したならば、毎年、最も優美な風景と最良の場を得ることができるためです。1つの眺望vistaで植物が大きくなっても、森林を管理する人は既に2つ目の眺望をつくり始めています。そして、常に新しいデザインを楽しむことができるのです。ここで、"色彩の理論 *Theory of Color*" の中でペツオルトPetzoldが公表したピュックラー候Prince Pueckler の手紙の一部を引用することをお許し下さい。"色彩の理論に関して、私はこの冬にある経験をしました。あなたは私が住んでいた家の前を覚えているでしょうか。地平線は**同じ高さ、同じ色**のまるでカーテンのようなマツpine林によって厳密に区切られていました。今、私はマツ林に絵のようなジグザグの地平線を造り、またマツ林から約500コード（1800 m³）を伐採して全く異なる色の土地を作り出しました。手前の林は暗緑色、より離れたところは明るい緑色に見え、そして最も遠くにある林はちょうど今見えるようになってきていますが、様々な青色の影をつくりだしています。まさに芸術のような色合いで、さらに、これは同一の低いマツ林であり、最大の高さが40～50フィート以上の木はなく、全て同じ色なのです。"

　何十年にもわたっていくつかの老齢の木をほぼ均等に蓄えた状態でその土地全体を保存するような管理形態では、このような変化やこのような驚きをもたらすことはありません。これは、眺望を開くために一番手前の木の枝を切り、その次の低い木を切り倒すこと以外に何もする必要がない山地では事情が異なります。その列の3番目の木はそこに残されます。なぜなら、私たちの目は既に遠くを見ているでしょうから。つまり、その木は、残ることを許されただけでなく、そこにいなければならないのです。そうしなければ、その場面は前景がなくなってしまうからです。幸運なことに、このような急斜面はいずれにせ

よ**択伐林**にとって通常の場所なのです。

　高林の特に評価できる美的タイプは、**保残木作業clearcutting with standards**［母樹保残伐採seedtree cutting］によって得られます。輪伐期rotationが短ければ短いほど、次の輪伐期への前途有望な樹木を維持することがより重要になります。数年間、短伐期を伸ばすことで保持された区域は、最初はほとんど目立ちませんが、母樹が残っている間、たとえ前回許容された伐採のほんの数％だとしても、まもなく地域の全ての特徴を変えてしまいます。しかし、この変化は、長期の周到な準備がなされていれば、より多くの美が生まれる事になるのでしょう。

　母樹の維持方法を頻繁に変えすぎて経済的にも不利になる時、美的にも保残木の目的を損なう可能性があります。曲がったマツ、日焼けに苦しむブナ、頂部が枯れ上がったオークは時として絵のようであるかもしれませんが、それらは正常な森林管理において私たちを満足させることはありません。林分伐採の15〜20年前の間伐を意味しますが、なるべく速やかに、樹木が維持されるように空間を確保せねばなりません。同時に間伐後に残る木の幹の下方は、下層植生によって覆われている必要があります。

　人は壮大な母樹の高い美的価値をもっと目に見える形にしたいと思うかもしれません。しかし、孤立木として残される母樹の選定と準備に必要とされる配慮は考えません。選定と配慮には大変な努力が必要です。これによって、どれだけ豊富な経済的利点を得たことでしょう！ ここで、詳細に渡って母樹林の経済的な利点を一覧表として紹介することをお許しいただきたいと思います。

　　1. 良い母樹の木材は相対的に低い資本投下で最高の価値を生み出します。
　　2. 生育している場所の能力を明らかにします。
　　3. 運ばれたタネによって最も適した場所に混交林の成立を助けます。

　これに関して、ダンケルマンDankelmannはこう記しています。"既に述べたように、択伐林の中に施業とは無関係に成長し混交したマツ林の更新の場合、部分的に**ブナやシデが林立poles**し、**下位の樹種は個別に母樹の樹群によって守られていました。**これらはタネの生産が可能となってきて後、薄い樹冠のマツの下に、その樹冠の範囲を超えて、地表を覆う厚い下層植生を作り出します。これと無関係に成長した林分は、ここで成立したマツ−下層植生の管理の好例

第3章 作業種　　　　　155

V　ポステルの保残木作業のマツ林の下生え
ブレスロウBreslau在住の美術教員ペルツPeltz氏撮影。この写真は、規則的に（均等に）枝打ちされた標準的なマツを示しており、これらのマツは区画52という1グループとして管理されている。

となります。"

　私の立場から、このポステルでもいくつものマツの林分において、豊富な実生に囲まれた老齢ブナの単木は、森林をとてもうまく飾り付けており、更新樹がないと、この森林は退屈で空虚なものになっていただろうということを付け加えておきます。

4. 母樹は森林を更新させる方向付けをより容易なものにします。このことは高所から観察(山火事、調査)するときに特に役立つでしょう。

5. タネを散布する老齢の母樹は、しばしば森林官にとって播種するためのタネを供給し、野生生物にとっては冬期の餌として、ドングリやブナの堅果を提供します。

6. 他の利点として、被蔭木は狩猟の獲物の鳥の隠れ家を提供し、猟師にとっては寄りかかる隠れ場として役立ちます。

　老齢の森の巨木を伐採することが犯罪的だということは、一般に十分受け入れられています。そのような巨木を維持するのと全く同様に、また、それらを交代させることに注意すべきです。これは被蔭木によってのみ行われうることです。

　これは、"樹齢1000年"のオークについてだけ考えればいいというものではありません。より個体数の少ない樹種についても同等の対策を考える必要があります。"なぜ、あそこのマツは切らずに置いてあるのですか?"とR博士はX内の王有林の主任森林官に尋ねました。"一万マルクの価値があるからですよ"というのが答えでした。"どうして一万マルクなのですか?""全く簡単なことです。ある芸術家が昨年この木を描き、その絵で一万マルクを稼いだからです。"

　母樹が最も美しい形になるのは若いころから開放された場所にあるときだけであるということは主張すべきではありません。この広まった判断は正しくありません。この分野で最も権威のある専門家のピュックラー候Prince Puecklerは、明るい木立light groveが成立するはずの場所で茂みthicketを密に植栽したところ、**できあがった良い樹形は若い頃の成長が閉鎖した林分で行われたときに見られる**と確信したからです。しかし、高林のオークの母樹は頂部からの枯れ下がりを生じ、また、国境地方Markの多くの伐採地で単木状に

残されている、かろうじて生き残ったようなマツが、風によって偏向した樹形に変わるということは、ピュックラー候の考えとは反対のことを証明しているように思われます。しかし、下層植生が繁茂したままの過密な状態で次第に間引かれるのではなく、このように放置される20年前だけでも間伐などの処理が取られていたとしたら、これらの木々は、どれほど見違えるような姿に育っていたことでしょう。このために、"役立たない"立木以外をピクチャレスク〔絵画的な美しさ〕にすることを望まないならば、林分の更新初期に、わずかな樹群だけを対象に、択伐施業による森林全体への手入れを行う必要があります。

　ここで、丘陵地域の状態を振り返ってみると、私たちは**複合林 composite forest の管理〔中林 coppice with standards〕についても思い出さなければなりません。** このような地域で、この森林をたびたび目にする人々なら恐らく誰もが、高い林冠 canopy の樹冠 crown 下方あるいは切り株から伸びた若芽の新緑の2つの葉群の覆い leaf roofs の間で、山腹に沿って下方にどんなにか目を楽しませるかを思い起こすでしょう。そこでまた、その人は、景観を遮る高い林冠の部分を除く、この小さな犠牲によって価値ある眺望〔ビスタ〕vistas を得る機会を持ちます。見出される結末は、しばしば、考えられうる最も惨めな方法である樹木の先端を取り除くことによってその目的を達成したものです。

　もし複合林の提唱者シュレンバー Schrember [92] が、複合林について"審美的に最も美しい林型""玄人向き"であるために賛美するとしたら、それは、彼が目の前にある山麓の景観を見てのことでしょう。しかし、複合林も平野においては利点があります。

　魚がたくさんいるこの地域の貯水池の堤に上がれば、山から眺めるように若枝を見て、樹冠を見上げて目を楽しませることができます。

　同時に、樹種の混交による多様な姿を楽しみます。他方、しばしば使い道が限られる軟材の幹をもつ落葉広葉樹 soft deciduous trees であっても、ここでは備わるべき位置に林冠木として存在し、親しみ深い眺めを景観に与えています。このような感覚は、私がかつて"ホルシュタインのスイス Holsteinian Switzerland"（オイティン Eutin 近傍の地区）のブナの純林からヴァイストリス Weistriss の下流域の複合林へ旅をした時に同じ印象を受けました。さまざま

な樹種が生育していることによって、ブナ林分の密に閉鎖した葉の壁とは対照的に、このように落葉広葉樹の隙間の多い林冠は、より親しみやすい表情を見せるのです。

ブルクハルトBurckhardt[93]の主張を学んでいる間、複合林が非常に豊富で多様な地被ground coverに覆われていることに注意が引き付けられました。複合林の林床で、私はユキノハナsnowdropsやキバナノクリンザクラcowslipsなどが優占していることに感銘を受けましたが、その様な植生ができる理由を土壌の質に求めました。後で詳細に観察したところ、同じように肥沃な土壌のところであっても林冠が同一種で構成されて管理されている高林では、下草の花が満開になることはほとんどないことがわかりました。

択伐林があまりにも過大評価されているため、**低林 low forest**は通常十分な評価を得られません。切り株stumpの部分にある芽に備わった新しいシュートの発芽力fresh germinating powerはいつも見る者に多くの喜びを与えてくれます（以前見た、青々としたクリchestnutの低林は、そばを急いで通り過ぎただけなのに、私にはとても印象深いものでした）。しかしながら、低林の主な魅力は**冬の色の美しさ** beauty of the winter colorsにあります。若芽の樹皮の温かな色合いによって、切り株からの萌芽は寒い冬の景観winter landscapeに魅力的な光景sightを与えてくれます。それは、冬にはあまりにも薄暗い色である針葉樹よりもはるかに魅力的です。いくらか離れて見ると、森林が氷や雪で飾り付けられていなければ、ほとんど陰鬱な感じになるように思います。若い切り株の萌芽は、ふつう、冬の終わりまでその枝にいくらか茶色がかった群葉foliageをつけたままでいます。これは、オーク類にはとりわけ利点となります。つまり、枯れ葉が落葉せずに残っていることで[訳注18]、若い幹や枝の樹皮の冷たい灰褐色に代わる上等の代用品を提供しているわけです。このような枯葉と芽のそばでは、これらの影によって針葉樹はあまり陰気に見える危険にはさらされていないようです。なぜなら針葉樹の緑色は枯葉の茶色がかった黄色との対比によって生き生きとした活発さを見せているからです。それゆえ、この観点から、審美の手がかりは施業という実際的な必要性と一体となっています。後者の実際的な必要性の観点から、トウヒ属は低林の浅い土壌の場所にまとめて植林さ

[訳注18] マレッセントという。

れます。浅い土壌は主に突きでた山頂や尾根にあるために、そこにトウヒを植えることで、その地形の特徴的な点や線がはっきりと強調され、起伏の形が明確に現れるようになります。たしかに低林は親しみやすい感じがするでしょうし、地域によっては低林が装飾的な役割を果たしているかもしれませんが、壮大な印象を与えることは決してないでしょう。特にライン川岸で**オークの樹皮剥ぎ取り用の林oak peeling forest**[タンニン生産のために萌芽させたcoppiced to produce tanbark]が、全体に全くふさわしくない森林型として、広い範囲に優占的に現れていることが悲しまれる理由がそれなのです。低林はすぐ近くのブドウ畑よりももっと好ましくないものです。ブドウ畑は、いろいろと思いが連想idea-connectionsできる時にだけ美的に私たちを満足させることができます。このような観念の連想がオークの剥ぎ取り用の林を思い出させます。少なくとも林分全体で樹皮剥ぎが行われているならば、不愉快なものとなるでしょう。かなり不本意ながら、そしてほとんど無意識に、しかし、よりはっきりと、私たちは樹木の成長を人間の生活関係の尺度に置き換えます。だから私たちは、最も盛んな成長の時期にやっと達したばかりで斧の犠牲となる若く生き生きとした新芽に同情します。それはまるでその樹木の運命の時が若い時期にやってくるのか、老齢になってからやってくるのかの差別を樹木に与えているように見えます。樹木でなければ、この年齢で少なくとも樹皮が成熟していることを知ることができないと私たちの言い訳になります。しかし、もし皮を剥ぎ取られ、何週間も裸で立っている若いオークを見たならば、私たちはこの行為に生きて苦痛が与えられる感覚を連想します。私は、このような光景に慣れていない東部諸州の住民が"タンニンを採取するために皮が剥ぎ取られた垣根が何年も放置されているのを見て心が乱される"と何度も聞いてきました。しかしながら、この方法以外でタンニンの採取をやっていくことはできません。しかし、人々がたくさん訪れる保養地の近くや国道沿いでは、戸外の狭い通りから郊外へと逃げ出してきた都市民がそのような事例を見て神経過敏になって、その光景に考慮を払うかも知れません。

　同じことは**管理の枝切り作業lopping system of management**^{訳注19}にも当てはまります。もし私たちが夏の盛りに、焼け跡の林分で、最近、葉のない枝を乱雑に伸

訳注19　ポラードPollardingという。東北地方で言うアガリコ施業。

Ⅵ　ポステルにある、枝を短く刈り込まれたヤナギの老木
（ヴァスドルフ Wassdorff 氏撮影）

第3章 作業種　　　　　　　　　　　　　　　　　161

図31　ミリチェ地方のZwornogoschuetzにおける剪定された樹木
(ベルリン在住の風景画家A. Bethge画)

ばした大きな立木が一本だけ生えているのを見たとします。その時私たちは、その行状をもたらしたことへの卑劣さに罵られているかのようなそれを悲しむべきことと考えます。だから、**道路沿いで、枝切りを施された森の管理をこれ以上見ることを好まないでしょう。枝切り作業の場合、小さな茂みや、林冠木としてのいわゆる落葉樹は本当に効果的な場合がよくあります**。それらは"ピラミッドポプラPyramid Poplars"のようにとても立派に見えるかも知れません。見方によっては、これらよりもさらにきれいなのはシナノキです。その賞賛はもちろん、前年の刈り取りだけに関係します。したがって**同時にすべての枝を切るのではなく、毎年樹冠の4分の1程度だけを刈り取**るべきです。この分割によって、それらの**新しい伸びた枝は、他の枝にまぎれて見えなくなります**。いずれにしても、遠くから見ればそれらに気づくことはほとんどなく、したがって景観に深刻な損害を与える可能性はありません。この方法を使えば、森林管理としての枝切り作業は小さな面積の地所にはとてもふさわしく、シレジアSilesiaでよくあるように、木材利用のこの形態が、少なくとも地域の森林として名残を維持する時、とても喜ばれるかもしれません。

　小さな絵［図31］はそのような管理の仕方を示しています。

　経験によると、枝切りをした木は孤立木的に一本だけで残されると、やがてまるで絵のように美しい［ピクチャレスクな］木へと育ちます。

　　ポラード［萌芽枝の利用のために頭を切られた木］pollarded treesもまた年とともに絵のようになります。萌芽枝の利用のために頭を切られたヤナギの老木

には、どんなに多くの詩がそこに見出されるでしょう。そのごつごつした、大きくなりすぎた、繰り返し冒涜された、その度に生き返った、幹は非常に変わった形になり、カンバ類やナナカマド、ナス、シダその他多くの植物が生息する環境において、豊かな植生とともにそれらの古い"衣服"を飾ります。

萌芽枝の利用pollardingのために樹冠の上部を切るためのヤナギを植えようといまだに願う人は誰でも、植林のために伐採を選択する際に、葉の落ちた冬の小枝の美しく温かい色に目を向けるべきです。

枝を切られたヤナギwillowの美しい赤茶色をしているものが3本もあれば、もしかするとオークの大きな群落よりも美しく景観を飾るかもしれません。

正しい装飾は常にある物を見せることが想定されている、既に述べた第1部セクションA第2章の第2段落の教義によれば、ギルピンGilpinは萌芽枝利用pollardingのための樹木を植林することを、限られた場所に対してのみ推奨しています。その場所は、"沼の多い地区、もしくは、中位の高さで深い川底に緩慢に沿って緩やかに曲がっている川の曲がりくねった土手ですが、これは他の方法で記載できません。"これらの景観はまさしく"サインの言語"とでも言うべきと一般的に理解されていて、狐狩りをする地方では特に重要です。

第4章　樹種の選択

活力に満ちて成長する林分はあまり繁茂していない林分より美しく感じられます。このことが、施業実行の合理的計算をする人と同じように美学者が、実際の場所でよく育つ樹種を好む理由なのです。森林美学者forest aestheticianは将来を見通す視野によって単に熱心なだけの素人から区別されます。初期には成長が良いにも関わらず、彼は、クラスⅢと位置づけられるマツの土壌でカンバbirch類の純林を喜ぶことができません。なぜなら、その後、短期間にカンバ類の旺盛な成長は衰えてしまい、土壌は痩せてしまうことを見通しているからです。同様に、防雪林あるいはオークに最も適した土壌で知られる場所に生育するマツについて洞察しましょう。そのような立地では、マツは成長が促進されすぎ、軽く粗悪な木材だけを生産し続けます。同様にトウヒにも生育に適さない場所ですので、奨励されません。

森林管理を芸術として実行する者は、立地の潜在力に基づいて管理するでしょうが、立地の限界を考慮して多少の単調さは避けて、専門家としての腕前を発揮してくれるでしょう。

かつては、ブナbeechの純林が理想的な到達目標として支持されていて、そして残念なことに、あまりにもしばしばブナの純林が造成されてきました。今日では、かつてブナ純林に熱狂したのと同様に針葉樹林に対する愛好者がいます。そのような一人の森林所有者を私は知っています。その人は、トウヒ林分の所々にモミジバスズカケが侵入して生育することですら目障りに思うのです。私は、広葉樹林は針葉樹林よりも美しく、さらに混交林は一斉単純林よりも美しいと考えていますが、もしこの様な考えを主張してみても、先ほどのような針葉樹林愛好者の賛同を得ることは期待できないでしょう。ただ、私のこの意見はあくまで一般論にしかすぎません。当然のことながら、私も、整然としたモミ林分より荒れたカンバ類の木立を好むわけではありません。それぞれの状況に合わせた樹種の適性を検討し、**それでも判断に迷った場合には、その地域に稀少な樹種を選択すればよい**と考えています。もし広大なマツ林の中にわずか数haでもブナにふさわしい肥沃な土壌がある場合には、それを無駄にせずにブナのような落葉樹の林分を造るべきでしょう。いつか、子孫が想いや安らぎを求めて訪れる場所になるかもしれません。反対に、うっそうとしたブナ林ばかりで森林官が忙しく仕事に追われるところでは、今の段階で賢明な選択をし、痩せた土壌にマツを植えておけば、忙しい森林官もいつかは明るいマツ林の丘を歩きながら快適な休息をとることのできる、そんなすばらしい森になるでしょう。役に立たない地味な樹種であっても、その土地から追い出すことなく、適地に残したらよいのです。

それぞれの樹種がもつ美的性質は、第1部セクションB第4章で既に詳しく論述しました。

一つの林分のなかに耐陰性のある樹種shade tolerant species（モミ、トウヒ、ブナ）**と耐陰性に劣る樹種**shade intolerant species（マツ、カラマツ、オーク、軟材の広葉樹）を組み合わせて生育させることでコントラストが生まれます。

耐陰性の樹種は、長期に渡って下草understoryの侵入を許しません。それは状況によっては利点でもあり、また失敗を生み出す点でもあります。地形を

隠すべきではない（例えば、岩や峡谷、斜面から丸く盛り上がった丘の頂上への絵のような独創的な変化）美しさを持っている場所では、林床に植生がないことは利点になります。その反対に、魅力のない地区では誤りです。ヴィルブラント Wilbrand の記述[94]はこのような条件と一致しています。

"多くの森林愛好者の理想でありブナ林で良く行われる傘伐・択伐林施業 shelter-selection management は、美学者によって批判されるにちがいありません。その理由は、この施業法が種子の豊作を利用して更新を図るので、自然に同齢林が次々とできて規則的な繰り返しが延々と続く森林ができてしまうという特徴があり、これが美の面で弱点となるのです。ブナ林の閉鎖した林冠の下では、他の樹種は生育できず、樹木以外の植物でさえ生育が困難です。そのため、ブナ林の林床は植生が乏しくなります。林床は前年に落ちた色あせた落ち葉で覆われています。これが森林管理に関して役立つにも関わらず、森林土壌に貴重な材料の実際の厚い被覆を与え、持続しつづける方法で管理する必要が大きいにも関わらず、その被覆自身は特に美しいとは言えません。高齢のブナの立木は緑の林冠を空に向かって高々と伸ばしますが、下の地面には冴えない色の葉しかありません。目には緑が届かないのです。そんな緑を見るためには、首が痛くなるほど頭を後ろに曲げて林冠を見上げなければなりません。こんなことは伐採木の選木をした経験のある人であれば誰でも知っているように、決して気持ちの良い事ではありません。"

　このブナ林の傘伐・択伐施業の望ましくない結果をどうやって解決できるのかについて、ヴィルブラント自身が既に報告しています。成熟したブナのような林分を明るくするためには、数箇所の更新群を必要とします。適正な広さの林内孔状地（林冠ギャップの下）にオークの若木（苗木）を植えることが、最も早く、望ましい結果を生み出すでしょう。

　樹木を遠くや上から眺める場合、樹種をこれまでと違った方法でまとめることができます。つまり、〔多くの若い針葉樹やカンバ類のように〕樹冠の頂が**尖ったもの pointed** と〔多くの広葉樹のように〕**丸い樹冠 rounded** です。トウヒやカラマツは尖った群、ブナやオークは丸い群に区分できます。モミとマツは樹齢が若いときは、尖った群であり老齢になると丸い群になります。

　造園家は、尖った頂をもつ木は建物の近くに見事にふさわしく、図32（山の

第4章 樹種の選択　　　　　　165

図32　Langengrundのズデーテン山脈
ブレスロウのA. Fabian & Co.が撮影した写真を同じくブレスロウのC. Schroeder の会社より入手。この写真は長く続く山脈とその前にある尖った樹冠の対比が美しい。

尾根の前にみえるトウヒ）のように、ほとんど水平な地平線にも調和すると見なします。

　実際、イトスギはギリシャ神殿の近辺にふさわしい木です。私たちには、長く延びた建物の屋根の光景を前面のピラミッド・ポプラ Pyramid Poplar の一群によって中断することが好きです。**他方、尖った形の建物は頂の丸い樹形の木と良く調和します**。それは、はるか以前、トッゲンブルク騎士 Knight Toggenburg の婦人が"陽の射さない暗い**ボダイジュ linden** に囲まれた"修道院を選んだ理由です。陽の光が良く当たるところで育ったマツの老木を除けば、針葉樹 conifers は中世の建物の切妻屋根の尖った形にはその樹形は全くふさわしくありません。

　私たちの森林には数えきれないほどの素晴らしい古い建物の廃墟が、森林官の厚意に委ねられています。このことを私が避けられなかったことを考える時、廃墟の扱い方の意見を造園芸術の方から取り入れました。グレーディッツ城 Castle Groeditz には、ここで論じた原理がとても適切に例示されています。主要な建物の直接に近接した場所にたくさんのボダイジュとカエデがある一方で、長く水平に続く西側の包囲壁は、いくらかのモミの老木の頂が高くそびえてい

ることがわかります。低林を避けながらその壁に登る時、一方で下からそれを見るならば、老木の樹冠が形作る良さと同様に、これらは壁の単調な線を複雑にしてくれます。他方で、城から見る周囲は、この方向からは、むしろ平らに走る水平線に非常に適した前景です。

純林と混交林pure and mixed stands でどちらがより美しいのか、どの程度の有効さでも決めるのはそうたやすいことではありません。

純林は高齢となって均質であっても荘厳に包み込むことによって崇高sublime な印象を私たちに与えます。混交林は多様さによって優しく鼓舞するものです。実は、これら2つの利点を統一することができるのです。そのための方法は、純林のなかに混交した樹種を厳選して控えめに挿入させることによって実現します。純林の見た目を改良するためには、**他の樹種を、それぞれ最大で5％まで、控えめに組み込んで行けばよいのです**。これは、一斉林としての望ましい効果を妨げないで、装飾のためにいつも、うまくいくでしょう。特に、加える樹木の種類が相違した性格を持っていても、林分を構成する樹種が主要な性格を保つでしょう。例えば、マツ林に5％のブナを混ぜても、5月や秋にその林がもとの純林よりも魅力が増すことはありません。その5％がブナだけでなくてヤマナラシ、カンバ類、オークを加えた5％でも、同様でしょう。ちなみに、この見解は成熟林分にのみ当てはまることです。もし、もっと後の時期に期待するような成林を望むなら、植林地には小径木の林分を豊富に用意するべきです。

従来の意味での**混交林**に関しては、異なる樹種を単純に同じ割合で混交させるべきではありません。例えば、トウヒとマツが均等に入れられた100haの森林は、森林の半分をトウヒの純林、残りの半分をマツの純林としている同じ100haの森林と比較しても良いところがありません。むしろ、コントラストがある分だけ異なる樹種の純林が2つ並んでいる後者の方が魅力的です。しかし、マツとトウヒを、最初に一方が、次いでもう一つの樹種がより多く現れ、それぞれ一方が、局地的に大きな群でほとんど優占することによって、その場所の特徴を視覚的に表すような方法で、互いに結合させるならば、すなわち、マツ群の純林の拠点をトウヒが下層植生として時折、覆っている場所があったり、さほど遠くない所に嵐に耐えてきたマツ林の老練な塔が密生したトウヒの弱齢

林分の上層を構成していたりすると、多様で変化に富み、ほどよく興味深く美しい混交林を見ることができるでしょう。そこに1.5〜2％の広葉樹かカラマツを加えると装飾が増します。同じことが、オークとブナ、ハンノキとカンバ類などの混交、さらにはマツとセサイルオークsessile oakの混交にも同じ目的で適用できます。ただし、私は、最後に挙げたマツとセサイルオークの組み合わせを除いて、広葉樹と針葉樹の混交をあまり多く取り上げません。なぜなら、強い対比によって、得られる利益が失われてしまうからです。私が推奨する方法は、**前述したように5％ほどの広葉樹もしくは針葉樹を植えることによって飾られた落葉樹の林分それぞれに針葉樹の林分を配置することです。**

群状の混交は皆伐状の施業における混交林造成への規則として優先させられるべきです。皆伐林は自然らしさも少なく、幾分の魅力もありません。群状の混交が正確に行われていれば、秩序、均整、整然とした美しさがどんな状況でも増し、施業への満足感を呼び起こすでしょう。しかし、植栽木が育たず、例えば、弱齢木の列が育たず、それらの下の土壌がやせて硬くなってきているなら、その満足感は元に戻されるべきでしょう。

私は本章で、厳密に従うべき規則を提示するつもりのなかった責任を明確に弁明しなくてはなりません。私は場所、管理方法、その他の条件が大変多くの方法による施業法の決定に影響を及ぼすことに気づいています。**ある単一の場合に限定されない助言は、単に、すべておおよその方向を提示することしかできません。**この章を終えるにあたって、特に妥当であるこの方向を提示することに留めることによって、森林美学の第2部全般にも、わずかであっても関係してよいでしょう。

第5章　伐期齢の決定

美的観点のもとで、伐期齢rotation periodの上限と下限を決定するのは難しいことではありません。下限は、よく知られた流行歌“だれがあなたを築きあげたのでしょう？ 美しい森林よ。Who has **built** you up, you beautiful forest？”等で歌われています。その歌によれば、私たちは高林の樹木が少なくとも、あたかも列柱のような幹によって、森林が“築き上げられた”と正確

に言えるほど高くなり、林縁には"木の壁"を築き、各々の樹冠の天蓋をそれらの幹が支えます。

一方、**伐期齢の上限**は、経済的価値の減退が顕著になる時期にはすでに過ぎてしまった時とされています。**したがって、もっと遅い時期になってしまって林分が減退している場合には、上限をさらに移行させることはその森林では正当化されません。**そのような林分はいつも絵のように美しいのですが、その現実の美しさを考慮するあまり、遅い時期まで置いておくことは、ただ、私たちの実用性の概念とあまりにも矛盾しています。私たちは伐期を終了し、新しい林分を成立させ、さらに伐期齢をとても注意深く設定したとしても、同じ景観が再び得られることはありません。

この主題は、フォン・ヴィルドゥンゲン von Wildungen によって非常にすばらしい形で扱われてきています（Waidmanns Feierabend［猟師の夕べ Hunter'evening］1815）。ある勇敢な森林官が森林の中で2人の人間と出会い、そしてはっきりと申し入れをしています。そこからの会話は以下の通りです。

"**画家**：ああ、静まってください、親愛なる森の神よ！ 私たちはラファエロ Raphael、ティツィアーノ Titian、ミケランジェロ Michelangelo の神聖なる御陰により、危険な放浪者ではなく、純粋に旅行しているだけであることを誓うものです。疲れたので、私たちはここで休ませていただき、この森林の言いようもない美しさ、その配置の真に絵のような美しさ、驚くほどの見所を楽しませていただきたいのです。

森林官：あなたはお連れの方よりもさらにおかしくなってしまったのでしょうか？ まるで私を馬鹿にしているようです。この地区は間引かれ過ぎていると思わないのですか？ 無知な私の前任者が、彼の地区の全てをあまりに間引き過ぎ、ここでは恥ずかしいほどの誤った施業が施されており、そしてすべての時期ですべての葉が掻き去られているのは、私の過失なのでしょうか？ そして、貴重な老齢の母樹は次の世代を残す前に枯死してしまったのです！ しかしながら、今、この呪われた地区には——不運なことに——皆伐し、マツの種を播く以外に救いの道はないのです！ あなたは、この20年間野うさぎの隠れる場所もなかったような私の森林の最も醜い場所をあえて褒めそやすのは、私を馬鹿にするためですか？ いいかげんにしてください！ 私はもうこれ

以上、何も聞きたくありません！ もしあなたがたが直ちにここを去らないのなら、警笛を鳴らして、近くにいる森林補佐官を呼び、あなたがたを放浪罪で逮捕します！

詩人（ぱっと飛び上り、画家に小声で）：親愛なる兄弟、ここから立ち去りましょう。このように荘厳な森林に魅了されない人は誰でも、平気でこの素晴らしい木々を斧で脅かすことができる人は誰でも、——アポロApolloの言ったような——美的感情は全くありません。そのような野蛮人を恐れないでいられましょうか？

画家（杖を拾い上げて深くため息をついて）：悲しいことに、やはり私たちの優れた絵画的、詩的な意見は常に粗野な人間と衝突してしまいます！ しかし、幸運にも、この不機嫌な森林の悪魔は、私がこの忘れ難い森林をあるがままの美しい姿に絵描くことを邪魔することはできないのです。私たちの楽園からの追放は、そのために一組の素晴らしい形を与えることになることでしょう。

詩人：私もこの森について、情熱的な頌歌を歌いたいのです。森の創生以来、実に、誰にも書かれなかったような情熱的な頌歌を。それは収益のみを求める林業の考え方の誤りを発見することに満足させられるかどうでしょう。——**私たちはそれを好み、そこに居ることをうれしく思いました。**幸福の幻想は結局、詩人や画家の要素であり、金言です。

　　　私たちを幸福にする妄想は
　　　私たちを地面に押し付ける真実と同じものです。

これが最高の、最も高貴な哲学です。

　大多数の一般の人々は詩人に賛同するかもしれませんが、私たち森林官は年老いた森林官とともに、何世代にもわたってつなぎ護ってきた成熟した樹木や肥えた土壌というかなりの財産が失われることは、"私たちを地面に押し付ける真実"であるということを実感します。私たちはこのような景色を偏見なしに見ることはできないし、そのために、私たちがたとえそう望んでもそれらを美しいと考えることはできません。林業芸術art of forestryは、現実を扱う一つの芸術であって、美しい表現だけで生きる芸術家から美の基準を借

りることは許されません。同様の判断で、政治家はさもなければ、詩人に材料を与えようとする方法としても公的生活と私的な生活との関係を整理したいと思うのかもしれません。しかし、シラーが"鍛冶場への道 *Gang nach dem Eisenhammer*"を書いていた時に考えていただろうように、彼が社会的・家庭的条件に影響を与えようとしても、ほとんど賛同を得られないでしょう。

私たちに隣接する芸術、造園芸術は私たちと同様の立場におかれていて、"楽しくない光景が不利益であるよりも視覚だけの楽しみは魅力に欠ける"ということを思い出さなければならないほどです。

結局、私たちはこの限界を受け入れなくてはならず、さらに、**見た目を重視する分野と比べて私たちの分野には有利な点があることに自分自身を満足させなければなりません。例えば、"時に、現実の出来事においては、美しさがなくても実用性があればよいということはあり得ますが、絵画においては、それはあり得ないことです。"**

簡単に証明された上限と下限の間はまだまだ幅が広く、よく管理されたマツ林で80年と200年、オーク林で80年と300年です。さて、正しい年数をどのように見出すのでしょうか？

ここでは、**土地純収益説 theory of the highest net revenue**[95, 96]を扱うことが適しています。それは、例えば樹種の選択といった林業に関するすべてのことに対して適用されるものですが、主として伐期齢の決定を取り上げています。

この学説の熱心な信奉者は、この話題に美学者が加わってほしくないと思っています。しかし、その師たちは違います。プレスラー Pressler、ユーダイヒ Judeich、ナイマイスター Neumeister など多くの人々は、土地純収益説が、伐期齢の決定に関してさえ、林業の美的取り扱いと必ずしも矛盾しないことを証明しています。プレスラー自身は、彼の林業が"美学的にも充分推薦できる"ものになっていこうとしていると言っています。[97] 同時に、彼は彼の"森林秩序"の最初のページで純収益を拡大解釈すれば"個人的な喜びの容認"は森林の利益として計上できると指摘しています。

ユーダイヒはこの限定的な容認を第1刷目（第2刷目を私は利用しています）でしか述べていないのと対照的に、ナイマイスターはより好意的に彼自身の考えを次のように述べています。[98] "最も細心に財務管理を行ったとしても、森林

第5章　伐期齢の決定　　171

が人々や地域に与える影響を計算に入れることを認めており、そして財政政策として考えても、この測ることができない価値は未開拓分野ではないのです。"しかしながら、ナイマイスターは、早くも1893年に、既に以下のことを述べているヴィルブラント Wilbrand にはるかに遅れをとっています。

"とりわけ興味深いのは、森林美学と森林価 forest value の計算の関係です。多くの開拓された集落 settlements の成功は、近隣の森林が美しい景観として保ち続けられるかどうかに本質的に依存しています。夏に旅行者が訪れる町のすぐ近くに存在する森林に関して、この条件が必要なのは言うまでもないことです。このような町は多数存在し、また、急激に増加しつつあります。例えば、ヴォーゲーゼン Vogesen・ハルト Hardt・シュバルツヴァルト Schwarzwald・ラウヘンアルプ Rauhen Alp・タウヌス Taunus・オーデンヴァルト Odenwald・ハルツ Harz・ライゼン山脈 Reisengebirge などです。このような観光客の訪れる温泉地や高原保養地の近くにある美しく維持された私有林が売却されようとしていることを想像してみてください。このような地域のホテルの所有者は、この森林から木材を切り倒し、"砂漠"を生み出そうとする木材商に森林が売却されようとすることを許さないでしょう。なぜなら、森林の伐採はそのホテルの価値の低下を意味するからです。したがって、ホテルの所有者は、木材商あるいは主要な魅力の場所を奪うことに関心を示す土地所有者の競争相手よりも高値で入札するでしょう。そのため、森林の経済的価値はその美学の重要性によって著しく増大する可能性があります。"

"ところで、近くの森林を維持することは、個々のホテルと小さな町の繁栄だけでなく、もっと大きな都市のためにも非常に重要です。富裕な家族の多くは居住地を変えます。帝国の各所の駐屯地で仕事をしてきた人は、退役後、彼の望みを最も満足させてくれる都市を選びます。同様に、年金生活者になろうとする公務員や会社員は自分の望むいずれの場所でも利息の資金を費やすでしょう。このような歓迎すべき多くの移住者に対して特に強力な効果を持つ魅力は、素晴しい散策道のある手入れの行き届いた森林が近接していることです。いくつかの都市はこれに当てはまります。例えば、フランクフルト・アム・マイン Frankfurt am Main・ダルムシュタット Darmstadt・ヴィースヴァーデン Wiesbaden・フライブルク・イム・ブレスガウ Freiburg im Breisgau・アイゼナ

ハEisenachなどです。そのような都市に移り住む全ての富裕な家族は、一区画の農地を高い利益がでる建築用地として高度に利用しますし、また、すべての新たに必要な建設に伴って、より規模の大きな中心地が都市内に生まれ、繁華街の地価は値上がりして、経営者、パン屋、肉屋、すべての職種の商人が収入を見出し、そして州や自治体は税金や賃貸の形で現金を得ます。"

　ヴィルブラントが、さらに以下のように述べていますが、森林の美と経済の関係が正しく評価されます。[100]"管理計画management planにおける各個別の組織立ては、経済林の現在及び将来の美しさの効果に関して、詳細に調査されなければなりません。"

　もし現在、土地純収益説の支持者が、森林の美的価値をその他の利益と一緒に計算することが適切だと考えるならば、その理論の科学的発展はなくなります。ヴィルブラントは、傑出した美的価値のある森林について、統計学staticsの重要な問題を公式によって解明したいと望むことには、不安であることを率直に認めています。ここで、彼の考えを引用したいと思います。"確かに、統計上の問題の解決は、これにより非常に難しくなります。なぜなら、上述のような美的活動の実際的な効果が森林所有者の懐をどれほど暖めるのかを数字で表すことは、非常に困難で、ほぼ不可能だからです。私たちは次のような考え方で満足せざるをえません。例えば鉄道建設などのように、特に州や地域社会が行う大規模な活動に関してさえ、その効果を数値として予測することは不可能なのです。そして非常にしばしば最重要視されるのは、その計画から期待されうる直接的な収入よりも、間接的な効果です。森林価計算の多くの場合について、間接的な価値が計算されるべきであることを私たちは知っています。しかし、どんなにしても、公式はいかなる指示も提供してくれませんし、たぶん林業価格を除いて全く何も提供できません。なぜなら、私たちの公式が適合できる場所をどちらかに示す必要があるからです。同時に、とりわけ土地純収益説の支持者は、適切な方法で考慮されたこれらの間接的価値を取り入れることに反対することはほとんどありません。結局、もしその土地純益説の支持者が反対すれば、意味のある方法の性質と矛盾してしまうのです。私たちはそれらの実際的で財政的に最も重要な要因を数値で正確に表現することは決してできないため、結局、上述のようなタイプの森林に関する統計学の問題を既存の公

式だけを使って解決しようとすることが、非常に疑わしい結果で終わってしまうのです。"

　私は、プレスラー、ユーダイヒやその他の人々が彼らの公式や計算例に森林の美しさの貢献度を含めることができなかったのは、ヴィルブラントが的確に述べている難しさのせいではないと考えています。プレスラーらは、木材の先物価格や他の全く不確定な数値を計算に組み込むときに、より難解な問題を克服してきています。

　おそらく理由はより深いところにあり、失敗は人間の本質に端を発するものです。繰り返し感じられてきたことの一つですが、温かく繊細な心を持っていることに気づいている多くの人々は、これらの性質が、人間の活動に多大な影響を与えるかもしれないことや、自分たち、もしくは他の人々の利益に対して害を及ぼすのではないかということを恐れるあまり、厳格で非情になりすぎているのです。このような状況は、とりわけ私たち森林官に起こっていることのように感じます。私たちは森林への愛情、つまり森林を理想的なものに具体化した愛情から森林官という専門の道を選びましたが、それは、私たちの同世代や子孫に対して木材を供給することが、とても魅力的に見えたからだけでは決してないのです。もし今、私たちの選んだ森林官という職業の理論が本当に実践されるなら、私たちの第一の仕事は、木材を可能な限り多く、可能な限り良質な状態で、可能な限り少ない費用で育てることであることを疑う余地はありません。その結果、若い森林の熱狂者にある変化が（ある者には急速に、ある者にはゆっくりと）表れます。彼は最初の理想や愛情を完全に捨て、森林からの見返りに固執するのです。これは全く理性を欠いたものです。

　この意味でプファイル Pfeil は、全く個人的な経験から、苦言を呈しています。"木材の必要は林業経済における美しさの感覚への注意をますます払われなくします。まず、崇高で巨大な老木が姿を消し、次に、絵のような美しい樹林がなくなり、そして最後には、灰色一色の死んだようなマツの木が、親しみのある、色とりどりの落葉広葉樹に代わって植林されるのです。同じような開発はどこにでも見られます。それは、森林官の生活の詩情から、人間が単なる機械の一部とみなされる工場で惨めな存在の単調な生計を補う日常への変化を伴います。**嘆き悲しんだとしても、それは変わらないのです。**"

そのような性格の形成は、林業経済について計算すればするほど、そして、経済をうまく回そうとすればするほど、容易に起こりうるのです。プレスラーは彼自身がそれを経験してきました。彼は自称"熾烈な自然愛好者"であるにも関わらず、まるでこの美しい樹種が形容的に高貴であるという以外に価値がないとでも言うように、"不幸にも美的で高貴なだけのブナ"について語ったのです。[102]つまり、彼が考えたのは"すべての樹木と林分の中で木材資本と同時に大小の木材工場、工場の熟練労働者（根と幹と葉）が自分たちの一年の食いぶち（年間の木材の利益と元金の合計）を一年の労働（価値の増加）によって稼がなければなりません。もしそれができなければ、他の、より生産性の高い労働者に道を譲らなければなりません。"

　しかし、工場は異様な例えです。[103]彼らの生産物が多くは評価できるにも関わらず、彼ら自身は私たちにとって望ましい理由のために不愉快であり、概して、森林の所有者によって特別な感情で扱われることはありません。高い利益のために計算し続け努力し続けることによって、森林官としてのより高い志は空費させられるでしょう。もし工場の所有者が美しさに喜びを感じる性格を持つ人ならば、その所有者はふつう、**自分の職業との関係の中で**自分自身のより良い部分を十分に発揮しようとはしません。最善の場合でも、その所有者は絵画や彫刻などの美術の中に、彼の性格を満足させる代替物を見出そうとします。その美術はほとんどの場合、彼とごく親しいわずかな人によってのみ喜びを共有することが許されることになります。

　しかしながら、もし土地純収益説が森林の美しさにまじめではない疑いを清浄にしたいと思うなら、その理論において"個人に喜びを与えること"が収入として計算されうることを、単に注意書きの小さい文字で時々書き加えるのではなく、本文中で堂々と認めなければなりません。そして、どのようにしてそれを行うかを明確にし、次が最も重要なのですが、その方法に基づいて実際に計算をすべきです。よく言われるように、"口を閉ざさないことが正しいのです。警笛を鳴らさなければなりません。"

　計算せずに正しい決定で終わることはできます。しかし、もし計算してから、重要な分量を除去したとすれば、計算の結果はいかなる環境下でも悪くならざるをえません。

専門家の評価によって伐期齢を数年ほど長くすることは、ナイマイスター Neumeister の意味するところ大です。"将来の森林構造 *Forest Organization of the Future*" の尊敬すべき著者は、"安全のため"という理由で、かなり恣意的な5年という期間で最も利益が出るように計算した伐期齢を提案しています。そこで、彼は今までに好まれるような美的な喜びを増すために、5年と同じように50年の伐期を状況によって唱えることもできるかもしれません。他の実行可能な方法は、美的な喜びをかなえることによって、収入の一部が増加することを想定して、**森林に適した利率を下げること**が考えられます。よく知られていることですが、利率の減少は財政の満期を高める効果があります。

例えば、ペーペル Poepel は次のように書いています。"私たちは、例えば狩猟のような喜びや利益が可能とならないような範囲にまで、土地純収益説による経営の適用を拡大するつもりはありません。土地純収益説の原則はそれから痛手を受ける必要はないのです。利率や利益収入の一部は、この喜び自身の費用に含まれているのです。"

そのような利率の低下は、木材生産からの収入が減るという感情的な問題も残すことになるでしょう。ペーペル自身は、しかし利率によって美しさが損なわれることに関するある種の計測を提示することはありませんし、また、それを正当化する試みに言及しようとしません。

いずれにしても、土地純収益の利益のより厳密な数学的理論という意味において、**美の増加の法則 the laws of the increase of beauty** を研究することはより大きいものといえるでしょう。私たちは、林内の a と b の美の増加を研究するだけでなく、林外の c と林縁内外の美の増加の原理に関係すべきです。しかしながら、その関係は複雑です。なぜなら、一方で生産林分が年を重ねるごとに生じ、同時に、植林地の開発が増加して、自然な状態が損なわれていない財産は、私たちに、日に日にその価値を増大させているためです。R. ハルティヒ R. Hartig は、次のように述べて、この計算方法が特に適しているものと考えていると思われます。"しかし、私は、土地純収益説の支持者たちが、美しい古い林分の伐採時期を計算しないことを信じようとしているかもしれません。その価値の%割合は、特に、大衆に近づきやすい場所で**美の増加のための高い利率を全く加える**ことを除いて、体積増加の合計、質の増加、そして上昇価格に

よる増加からのみ増大します。"

　森林が与える喜びに価値を置くとき、わかりやすい量、例えば、美術館や演奏会の来場者に対して要求される入場料のようなものから始めるとよいかもしれません。一方、人がどこに大きな喜びを見出すのか、堅苦しいホールなのか、森林の中なのかを予想するのは難しいかもしれません。私の独断ですが、もし同じ条件ならば、120年の伐期齢で管理された森林の方が60年を伐期齢とした森林よりも3倍の人々を惹きつける魅力があると考えています。人々を惹きつける魅力は、成熟した森林が本来持ち合わせている美しさが増すことによって大きくなりますが、それは伐採区の大きさと反比例します。

　近年、フーフナーゲルHufnagelは、このことを次のように述べています。[106]"老齢で樹高の高い林木の光景に感じる喜びや満足感は、森林所有者に長伐期齢を設定させるのに不足ありません。"

　確かに、もし、美しさの価値を計算に入れることを真剣に考えたとしたら、将来的に資産価値が最も高くなるような伐期齢は、土地純収益説で考えたもの[訳注20]と同じかもしれません。土地純収益説の支持者であってもなくても、いずれにしても、森林官は自分の理想のやり方を続けたいと思うでしょう！

　悲観主義のプファイルとは逆に、州の主任森林官であるフォン・ハーゲンvon Hagenは忘れられない人物です。彼は責任ある高い地位にあって、これが可能であることを証明しており、公式の行事で次のように言っていることを聞いたことがあります。[107]

　"私たちは森の司祭です。人間の手で建てることのできない神殿の中で、日々ひたむきに祈りをささげている森の司祭です。しかし、主なる神が選び、私たちは森の司祭としてのこの仕事を忠実に続けている神殿の中で、これが、私たちの名誉であり喜びなのです。"

第6章　更新Regeneration

　ミュンヘンの新聞広告*Munich Illustrated Broadsheet*(No.398)にはこんな記事があります。床屋は、きっちりと石けんをつけ、かなりこすりつけ、つい

訳注20　純収入が最も高くなる理論のこと。

に"犠牲者"の鼻先を切り落としてしまいました。でも、その床屋は自分を救うすべを知っています。床屋は全てをよく洗い、包帯を次々にあて、満足と誇りを満面にたたえた顔で、農夫に鏡を差し出します。"農夫さん、どうだい、素敵に見えるだろう！"この自己満足の床屋の例は、人間の体質が自分のふるまいをいかに都合よく判断することが大きいかを示しています。これが満足の根源であり、しかしながら、美と呼ぶことはできませんが、人が本質的に支持する美に到達し得るものであることは間違いありません。**自分の作ったもの、あるいは自分がなしたことに対する喜び**という根源の外側にあるものが、植林作業plantation systemに関して私たちが優先しようとすることの主要な部分を阻止します。私たちが苗木を植えるために、そこにある更新した美しい前生樹advaced reproductionを無頓着に切り払うことについて、このように言う以外に、説明のしようがありません。最初に傷ついた根を持つ苗木は、まったく育たないか、その後もあまり良く育たないでしょう。同様に、乱れたシデhornbeam、人工的な下草understoryで試す代わりに、将来、種子の生産によって、"はげ"かかった小径木林分の拠点を緑にするために、マツ林分に残されたような個体をそのままにしておくことを好みません。

　純粋に実用的という以上に美的観点から、正しい**更新方法──人工または天然更新**──が選択されることがしばしばさらに重要でしょう。後者は、知識を持って管理されれば、**最初の予備伐**から**最終の皆伐**の間まで林分が見せる多様な様相によって、森林は多くの興味深い景色で美しく飾られます。**全てが同じように見えず、**お互いが異なるグループとなっている、このような方法で管理された**造林地plantations**もまた、当初から好ましい光景となります。美しい天然林の混交は、自然そのものを成立させる結果あるいは少なくとも混交の効果をもたらすには最も確実です。もし、実生のこの天然の定着が成功しなければ、ヴィルドゥンゲンWildungenの年配の森林官をまさしく絶望的に追い込んだように、諸条件を開発しようとしないために人工的な援助をためらうべきではありません。

　ところで、保護木sheltering treesの下での更新は、古い基準でいうところのよい幹を形成し、それらの幹を保護木の影響を受けない場所に徐々に慣れさせることができます。そのため、それらの更新木は、すぐに写真ⅤやⅦのよう

Ⅶ　ポステルにある、前更新されたオークの一群とマツの立木（保護木）

ヴァスドルフ Wassdorff 氏撮影。この写真は、区画 56a の「長い列」の西側で更新した樹木の一群を示している。20 年ほどの間にこの区画に侵入してきた樹木を除去することによって、幹の中間部分が開放的になり、種子から育った若いオークの成長に好ましい条件となった。そのため、スプルースが保護木として植林された。

第6章 更 新　　179

な、普通の樹冠をもち徒長枝のない形に成長し、林分を美しく飾るでしょう。これらの利点全てによって、その条件がほとんど確実にその成功を生み出す場所ならどこでも、美的観点から天然更新が好まれることに価値があります。そうでない場合は、よく手入れされた**播種sowing あるいは植栽planting**が適切でしょう。しかし、全く初期からギャップにおいて病気に罹ることなく成長し、定着することが求められます。もし、うまく播種できた、あるいは、よく手入れしている植林が、整然さと秩序と急速に若々しい発芽力の効果と結合するなら、1年生のマツの植林（おそらくすでに根切りされており枯死寸前であるにもかかわらず）でさえも、葉が疎で、しばしば損傷を受け、見たところでは不完全な天然更新の群を全く一時で凌駕できます。

　複合収穫combined croppingの実行［成長する樹木と畑地作物field cropsを同じ場所で育てること］は、多くの他の植林方法と較べて最高の若々しい発芽力を示します。この面では、美学者の評価にも値します。しかし、有利さはより大きな不利、すなわち潅木類と多年草の野生植生の根絶と鋤によってあぜ溝を作った方向に植林した林分の透明性transparencyに直面します。

　当初から耐陰性が高い落葉樹（クマシデ属やハシバミ属など）がある程度の数で主要樹種に加われば、これらの不利を和らげるかも知れません。

　広範囲な播種か筋状の播種、列状の植栽か規則的なパターンpatternでの植栽のどれが選ばれるべきかは、それぞれの状況によって決定されます。ほとんどの場所では、適度な多様さが最も歓迎されます。いずれにせよ、もし、一地域で三角形のパターンに**全ての**林分を植林することを望み、それによって最初の間伐後に直接、各側面から森林のかなり内部へ全ての場所が見通せてしまう結果を引き起こすとすれば、それは間違っているでしょう。これは森林が私たちにもたらす魔法の多くを失わせることになります。野生生物にとっても居心地の良さは感じられないでしょう。しかし時として、人は何か別のことをするかもしれません。例えば、間違って管理されている森林に接する所有境界線に、根回しされた植物でうまく規則的なパターンに植林することは、境界線のこちら側を大切にした良い整列の完全な例を示すことができるでしょう。単純林の有利さに加えて、規則的なパターン、特に広い間隔が取られていることは称えられるべきです。なぜなら、開けているために、初期に堂々とした印象

を与えることができるからです。この事実に関して、私たちは知識（私の知る唯一のものです）を持っています。ゲルク・ルートヴィッヒ・ハルティッヒGeorg Ludwig Hartigもまた森林美学のための感覚を持ったということです。彼は70年生のトウヒspruceの林分について記述しています。[108]"それはほとんど棹の広さで、完全に列になっており、全く左右対称に植えられ、成長してきました。"

　"この植林が所有者に提供する大きな有利さに加えて、すべての自然愛好者に最も心地よい印象も作り出します。巨大な直径と樹高を持ち、まっすぐに成長し、高さ70～80フィートまで枝がない高い樹木がありますが、同時に完全に閉鎖した林冠を持ち、壮大な木陰を形成している最も外にある規則的な林分によって、私は全く心地よい驚きを感じました。"

　しかしながら、上述のように、もし一つの規則のように好きな方法で森林を取り扱うことができるとすれば、私は次のことを強調しなければなりません。**不規則なパターンの林分内の不規則な境界をもつ小区域では、もはや規則的なパターンで植栽することは許されません**。これは例えば、風倒によって生じたギャップ、一時期に更新しそのまま下層植生に発達した場合に有効です。結局、若い植物が周囲の林分と共に成長し、可能な限り早く全体として調和が取れた状態になると考えられます。この状態に最も早くかつ安全に到達するためには、例えば、天然更新して定着した若い樹木の一群について熟考し、中心に耐陰性の低い樹種のいくらか背丈の高い個体を、林縁には耐陰性樹種の小さな個体を置くべきです。後者の個体は次第に隣の林分の中に溶け込んでいくでしょう。

　そのような状況ですら直線的に植林をしたいという場合、道路から植林列を見通すことができないように、植林列を道に対して平行にすることも考えられます。最も率直な方法は苗木を直線に植えることです。これらの方法に対しては、特に、ピュックラー候Prince Pueckerの次の規則が有効です。"とげのある茂みに関して、私は常に、優秀な造園芸術家であるレプトン氏Herr Reptonの指示を念頭においています。彼は、樹木を保護するために、ほとんどの場合、とげのある茂みをその周りに配置しました。これがたとえ文字通りには行われないとしても、植林木の装飾と同様に、実際の保護として、これ程役立つものはありません。"

第6章 更　新

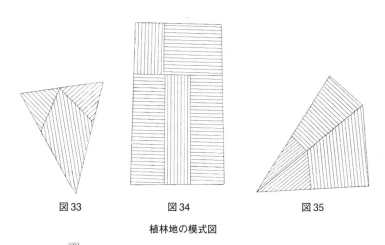

図33　　　　　図34　　　　　図35
植林地の模式図

　ハンペル Hampel [109)]は最近、規則的な植林方法は適用できる場所と使えない場所があることを指摘しました。彼は次のように書いています。"人々は結局のところ、自分たちの福利のための森林を求めています。このような区域、あるいは田園の大きな屋敷や城のある区域では、規則的な植林ではなく、不規則な植林を採用するべきです。前者は単調な効果の原因となり、見る人にその樹木の列を数えることを駆り立て、森林はそのような人々の目や心の喜びに一片の休息を与える代わりに困惑させます。しかし、大きな方式では、規則正しさは全く違った効果を持ちます。それは美しい秩序を示し、決して不愉快なものではありません。一方、畝や作物の列のある農地は同じくらい見苦しいはずでしょう。しかし、見晴らしがある場所か、開かれうる場所では、特に見晴らしのある場所に近い谷側かその反対の場所に、不規則な林分を採用すべきです。"

　介在する農業耕作の考慮が前進する直線に人を強制しない場所では、例えば図33から35のような配置にすれば、**過度の見透しのよさ**を緩和できるかもしれません。

　ボーデン Boden [110)]が指摘するように、10～15m間隔で植栽されたカラマツ larches の列は非常に危険なことになるでしょう。彼もまたそれに賛成していますが、8～10m^2 にカラマツを散在させることはさらに悪いでしょう。散在させることによって、成長が速く未成熟なカラマツの列は好き勝手な方向へ伸張し、数マイル先からでも判別できるチェッカー盤のような模様で斜面を寸断

するでしょう。

森林美学の観点からは、**マウンド植栽mound planting**が**植穴植栽hole planting**よりも好ましいものです。前者は造成される当初から造林がより印象的に見える限りでは満足できるものです。もし盛土が大きければ、将来的にはより大きな利点があります。なぜなら、高齢木の美しさは力強い根が見えるかどうかに大きく依存するからです。高い場所に植栽すればするほど力強い根を見ることができるようになり、樹木が地面により安定して根を張っているように思えます。"平坦な地面から生えている老齢木はその効果の半分を失う"ということを、ギルピンGilpinは、はるか以前に理解していました。彼はベルリン動物園のライオンの像の周囲の区域に疑問を感じていました。そこでは林木の間の土壌に施肥され、毎年盛り上がっていたからです。

植林を進め、そして時に修正するためには、**発芽床germination beds**と**苗畑nurseries**を維持しなければなりませんが、恒久的な**苗畑か一時的なもの**のどちらが良いのかが問題です。広大で離れた植林地の単調さの中にほんのわずかな変化をもたらすのであれば、後者を見ることが好まれることでしょう。その場合、苗床は、可能な限り、頻繁に利用される道路のそばにごくわずか置くべきです。それは、歩いている度に不快に見える畑地の消耗した土壌の上に、育ちの悪い樹木をつくらないためです。その土地を多くて2回までしか使わないようにし、その最初の年には、その区域に落葉性の樹木の苗木を不規則に散在させれば、消耗した畑地の好ましくない光景を完全に避けることが出来ます。この苗木は、畑地を養生する間、耕された土壌の上に密生して生育するでしょう。

適切な場所に設置された**恒久的な**畑は、すべての地域の装飾になるかもしれません。生垣か柵で素敵に囲われ、貴重な樹種、さらに草花(ヒガンバナ科、キバナノクリンザクラ、苔類、アキレジア属、あまり手をかけずにすばらしい境界を形成するあらゆるもの)を見ることが出来る場所となる縁取りの生垣をつけて、このような畑地は小さな**森林庭園**となり、その森林地域の主要な装飾となります。

人は旺盛に生育する若い植林地の姿に、自身の努力の成果を喜ぶのと同程度に、より高齢の林分では、人間の労力や懸念を忘れたいと願うものです。私たちは、高齢の林分を母なる自然 からの無償の贈りものと考えたがります。成

第6章 更　新　　　　　183

熟林分のこの印象は、能率経済的管理の介在が破壊されます。そのため、**列状間伐 row thinnings**は非難されるべきであり、新たに更新する個体を定着させるための、**規則的な孔状伐採 gaps cut in regular forms**は老齢林の美学的効果にとって大きな不利益となります。群状の前生稚樹 advanced regeneration は、つねに徐々に間引かれる保残木 shelter tree の下で始められるべきであり、更新樹種の成長にとって必要な時にのみ上層木を切って陽光を与えるべきです。

　写真Ⅶはこの方法で取り扱われたオークの一群を示しています。

　林分を成立させるとき、恒久的になるような**土壌の表層の造成**は避けるべきです。これは人工的な開発を、将来、人目につかないようにするためです。複合収穫 combined cropping の林分では、**苗床を掘り起こすべきではありません。森林での深い耕作跡は避けるべきです**。それらは見えないので目障りではありませんが、見えないがゆえにより深刻です。不運にも見つけられる大小の**穴**は、あまりにも頻繁に植栽の土盛りの間に見られます。植林のための土壌が欠如するため、森林労働者は植林区域の土盛りのために土壌を取りますが、端を平らにしてこれらの穴の安全をおろそかにします。人間と動物にとって落とし穴は危険です。有用な土壌の昆虫たちと同様に、若い森林性の鳥は有益な地面の甲虫と同様にそれらに落ちて死んでしまいます。シカはそのような危険な区域を避け、猟師に対してそのような林分は、歩くたびに足をくじく場所で台無しにされます。

　一方で、整地のため**切り株を運び出す**場合、全てをきれいにする熱心さは行きすぎです。ある主任森林官が森林官に対して、次のように叫んだそうです。"どうしてお前たちはここの切り株を取り除いてきれいにしなかったのだ？"森林官が答えました。"主任殿、あなたは以前、作業を早く終えられるように伐採し、そして幹が若い木々のところに倒れることを避ける指示を与えました。"そこで、主任は言いました"確かにそのとおり。私はそう指示した。しかしお前たちはここのような地方の道路では例外が必要であることを知るべきだ。今ここは汚く、野性味にあふれすぎて見える。"

　私の意見では、作業をした森林官が正しかったと思います。古い切り株は森林を台無しにはしません。全く逆で、切り株はその荒々しい姿でむしろ絵のように美しいのです。みずみずしいコケや色づいたキノコで飾られた切り株は、

第2部　森林美学の応用／A：森林造成と森林経済

図36　カソリック・ハンマー王立森林局のスピッツ山（Spitz Mountain）にある
オークの切り株

ヴァスドルフ Wassdorff 氏撮影。王立森林局の区画に残された「パラディス
Paradise」の面影。

画家が価値を認めることを知っている前景の装飾なのです。特に太い切り株は、別の観点からも価値があります。そのような切り株は、その森林が生み出すことのできるものは何かを示しており、まだ弱々しい若い樹木が、いつの日か大きく成長して巨木になるという喜びを増大させてくれます。

　無駄なことをしたくないと思うかも知れませんが、更新させるために伐られた区域のいくらかの切り株の遺跡は例外です。

　この章の最後の写真〔図36〕はカソリック・ハンマー Katholisch-Hammer のスピッツベルク Spitzberg［突き出た山 pointed mountain］における、かつての荘厳なオーク林のモニュメントと言えるかもしれません。その最後の切り株の残部がそれを示しています。

第7章　林分の手入れ care of the stand

　刈り払い weeding や間伐 thinning、枝打ち pruning は、うまく成林した生産林分 timber forest の活力を保証するために必要とされる手入れです。残念な

がら、一般の人にとって、これらの手入れを行った直後は好ましい景色ではありません が、森林官の訓練された目には、ちょうど今ある物に目を止めないで、現在のいわば破壊的作業による未来の状態を想像することができます。しかしながら、普通の人でも、不均衡のマツがそれを苦しめていた周りの木々から開放された後だけは、そのマツが皮を擦りむいているカンバ類から損傷を受けていたことに気づきます。また、枝の黒色をした傷がチラチラと光る跡を持った最近切り取られたオークも、どの人の好みにも合いません。同様に、最近間伐された林分はいつもどういうわけか不自然に見えるでしょう。**これとまた同様の作業を避けることはできないので、落ち着いた雰囲気を味わう区域を休止させておくために、間伐区域を一箇所に集中しなければなりません。**

　私は25年の間、異なる地区で、これらの実行の施工可能性workabilityを試してきました。自分の持っている665haの森林を4つの地区に分割し、毎年それらのうちの一つに保育管理を施します。すなわち、伐採、間伐、枝打ち、道路管理などです。これらは、毎年、一つの同じ地域だけで行われ、一方で森林の3つの部分は完全な休息と静寂を楽しみます。特別の状況は、全体に証明され、時に試された慣行の変化を正当なものとします。

　一般論はこれまでにします。この章に結びついた3つの管理作業のそれぞれについて、**皆伐**cleaningsは過度に厳密さを求めるべきではありません。全く逆に、当たり障りのない潅木の種類——ヤナギwillow、ニワトコelder、バラrosesなど——は、植林地が望ましい生育環境になるために実際に必要な量まで減らすように管理すべきです。**間伐が十分に早い時期に行われるなら、ごく少数の潅木が、有用であり装飾的な地被として生き残るかもしれません。**同様の状況は、2回目または3回目の間伐まで、閉鎖林分で育つことのできる樹種に対しても当てはめるべきでしょう。ナナカマドmountain ash、バッコヤナギgoat willowは美しい花と果実によって私を魅了します。私はヤマナラシaspensもまた、利用可能な直径に成長するまで、できる限り残します。それは厳しい冬には、野生生物の自然の食物になるよう、それらを伐り倒すことができます。気をつけて見てみると、ますます希少になってきたこれらの樹種は、厄介者にするのではなく、よく考慮する価値があります。全く同じではないにしても、似たようなことが多くの場所で認められるでしょう。しかし、いずれ

Ⅷ　ポステルにおけるポステル間伐法Postel thinning methodを施されたブナ林
ヴァスドルフWassdorff氏撮影。写真に写っている2、3cm強で下層植生を形成する細い幹は、主要木であるブナとほぼ同齢である（この写真は、ヨハンナの塔Johanna's HeightとダックスベルグDachsbergの間にある最も古い実験林の一つ。

の場所においても、混交林分や林分の成立のためと同様に林分管理の規則のために個々の植栽によって装飾された林分について、上述のような考え方を一つの指針として要求することが求められます。

伝統的な**除伐管理**("被圧木suppressedを伐採し、活力の少ない木は伐採されるかもしれない")は、林分を直ちに見通しよくしてしまうという欠点を持っていました。それは、狩猟の面から好ましくなかった上に見苦しく、いくらかの林業の不利益がありました。

　ポステル間伐法Postel thinning method[111]を適用すると、この欠点(林分が林床で裸地化していくこと)を、ブナとモミの森林に関しては長期間、マツとオークの森林に関しては少なくとも数年間、遅らせることができます。

　要約すると、私の方法は、以下のとおりです。**最初の間伐はできるだけ早い時期に開始しますが、劣勢木less vigorous(2級木)の樹冠を切り開くことによって優勢木dominant little trunks(1級木)の樹冠に空間を与えることに制限して行います。さらに被圧木suppressed ones(3級木)は残します。**

　通常の状況下で、2級木の幹の全てを**1年**で切るわけではなく、適切な——およそ3〜5年で——の間隔で伐採することが当然と思われます。

　間もなく、**1級木**と**3級木**の林木の間に著しい相違が形成されてきます。後者は、目立った成長をほとんどせず、控えめな存在でかろうじて生き延びますが、将来的に他の樹木に妨害されることはないでしょう。前者は、初めの方は控えめに、時とともにより強度に4年周期で間伐されます。

　写真Ⅷはブナの林分ですが、25年前にこの方法で間伐され、それ以来4回の間伐を行っています。

　私の理論は、必要に迫られて考え出したものです。訪問客の多いヨハンナの塔Johanna's Heightの近くにある若木のブナの茂みには、暑い夏期に都会の住民がコーヒーやビールなどを楽しむためのテーブルとベンチが置いてあります。もし、管理されてこなければ、ブナ林は間もなく見通せるようになり、その場所はそれほど素敵でもないし保護されることもない場所となっていたでしょう。ゼーバッハ流a la Seebachに手伝うことができるまで、少なくとも2世代の間は林内が見通せる状態が続くでしょう。そこで私は、最初の試験を行い、とても好ましい結果を得ました。最初の手入れから25年経った今日でも、被圧された小径木の一部は、好ましい下層植生として存在し続けています。

　ヴィースヴァーデンWiesbadenで行われたドイツ森林協会German Forest Organizationの会議の時に、ナイNeyは次のように言いました。[112]

"今、私たちは、第一に将来の林木がいかに手入れを必要とするかどうかを見極める目を養いました。そして、林冠の上層に取り去るべきものが残っているのに林床にあるもの（下層植生）を取り去ってしまうことは、死を持って償わなければならないほどの禁止事項です。"

　このような確固とした支持の後では、私は被圧された小径木を救う私の立場からより以上詳細に弁護することを差し控えましょう。

　ボルグレーヴ式択伐Borggreve selection thinning[113]による森林は、伐採後最初の数年は、好ましい森林の景色を提供しません。この作業では、10年ごとに回帰して、体積で10〜20％の木材を搬出し、主として大径木を取り出しますが、林分を薄く思わせ、伐採前に比べて若くなりすぎたように感じます。一方、他の方法では、見たところ劣勢木を取り出し、時として、林分の平均樹齢を実際に引き上げることがあります。

　しかしながら、伐採から数年経って樹冠がほぼ閉鎖してくると、択伐された林分はとても良く見えます。通直で枝下の高い樹幹が残っているため、優美な眺めを増すのです。森林美学の観点では、林冠の閉鎖した森林の手入れは、10年周期で10〜20％を伐採するのではなく、5年周期で5〜10％を伐採するように、目立たない方法で行われることができればよいと思うべきです。ボルグレーヴがはっきりと強調していた通り、この方法を採用する場合は、伐期をかなり長くしなければなりません。さもなければ、美的な面からもまた、耐え難い不利益が生じます。しかし、上述の条件を満たせば、ここで述べた経験が教えるように、この方法はとても美しい森林の景色を生み出します。しかしながら、私が注意を払うのは、**林分の択伐のための用意が早くからはじめられ、そして同じ方法でたびたび繰り返される**ことです。それは、劣勢木もまたかなりよい樹冠を形成する利点があります。その樹冠は林冠の疎開の後、急速に良い形へと成長してゆきます。写真Ⅷには背景に繰り返し択伐が行われたマツ林分が見えます。

　間伐木の印づけは、もし広い区域で短時間に行わなければならない場合、骨の折れる仕事です。首は痛み、目は疲れ、全身疲労困ぱいします。しかしこの仕事が終了した時、森林官は満足いく結果を振り返ることなくその林分を立ち去ることはできません。遠くから眺めると、すべてほぼ同じ幹の高さで、そし

第 7 章　林分の手入れ　　　189

て同じ側につけられた真新しいナタの目印blazesが作業を終えた森林官に向かって輝いています。鮮明で秩序だった印象によって、その森林官は深い美的満足感で満たされます。それは様々な考えに結びつけられて一層高められます。訓練された目は、開放された樹冠が広がる３年後に改善された状態となることを予見します。私たちもまた、間伐が頻繁に行われ、本当に完璧な森林が作り出されることを望みます。現在、不足していることは多くなく、私たちはファウストのようにこう言うでしょう。

　　　 "このような幸運を前もって期待して
　　　 私は既に素晴らしい時を楽しんでいます"

　遠い未来のそのような生活は、私たちの努力に対する報酬です。しかし、私たちは、専門家ではない人々が私たちのこのような感覚を理解してくれると想定すべきではありません。普通の人々は、ボルグレーヴの区分する暴れ木wolf treesもクラフトの区分である幹級stem classesも考えることはできません。そのような人々は、その木が切られる事を悲しみ、それぞれの目印は災害として木の精ドリュアスdryadを脅かします。

　私たちはこの普通の人々の感覚を考慮する必要があります。それゆえ、間伐の斧跡は、公道やそれ以外に人々のいるあらゆるところで歩いている専門家ではない人が、間伐の準備に気づかない方法で注意して扱われなければなりません。もちろん、伐採される樹木の印づけに対して述べることはさらに正当なことです。樹木が大きくなればなるほど、それに対する思いやりも増していくのです。そのような場合、伐採の直前まで印づけを遅らせたくなければ、道路から見えない側もしくは樹皮の部分にだけ "なた目" を入れるべきでしょう。

　もし、よそから来た人が、どこにも、みすぼらしい形に育っている樹木が一本もない、力枝が隣の立木の形成層を剥がしてしまうまで伸びていない、ねじれた幹や二又木などが全くないか、ほとんど見られない森林を通れば、その場所が特別な手入れ作業中である事にすぐに気づきます。このようなことに気づくと、森林官に限らず、専門でない人でもうれしくなりますが、普通の人の方が喜びはずっと大きいのです。なぜなら、彼らは細部にまでそれほどあら捜し

の注意を払わないで、森林の全体的な印象には制限なく夢中になるからです。

森林を用心して扱いたいならば、最も効果的な活動はこの枝打ちです[114]。広く空間を開けて育ち、整然と分枝したトウヒとマツは、傷の治療後、美しく気品があります（**本当の気品には──ファッション雑誌を読んだのですが──過分などんなものも避けて、最上の素材による、完璧な演出が要求されます**）。開放された位置で枝打ちされたオークあるいは側方から少しも被圧されないで生育したブナの魅力はとても大きいものです。密に閉鎖した林冠の均等なきれいな幹の林木もさることながら、これらは、生存競争によって強いられたのではなく、まるでそれらが自らの意志によってその優雅な形を選んだかのように見えます。

不出来な枝打ちはもちろん、これらとは全く反対の印象を人々に与えることになるでしょう。しかし、完璧な演出をした場合でさえ、**それが行き過ぎれば、その区域の美しさが損なわれることになるため、林分の手入れには限度があると言えます**。つまり、**自然が特別に壮大に展開している場所では、人は自然の力が可能な限り自由に働いているのを見たいのです**。したがって、ロマンチックな山地の場所では、横挽き鋸で鋸目を入れることは言うまでもなく、間伐の印をつけることも、性急に行うべきではありません。そのような場所では、時々、風倒木が放置されていても、損傷とは全く思われません。風倒木はシダ類fernsやコケ類mossesを着生させたり、更新してくるトウヒが根付く場所になったりするのです。

特別に**豊かな地被**のある場所では、好ましい方法によって林業の観点（望まれる優雅さ）と、本来の自然の姿を好む人の嗜好の両方を同時に満たすことが可能です。この下層植生がより多様に、より自由に、より美しく、より強調して、形づくられていくために、斧や鋸によって密な状態が林分内で緩められます。一見すると、その下層植生の存在によって意図的な一致が得られているようであり、それ自体が喜びの源を表していることになります。そのような状況は、平地と丘陵の地域の過剰に耕された森林では、簡単に失われてしまうものでしょう。

ここまでは、技術的な詳細について触れることは注意して避けてきました。林業教育を受けている読者を想定して、職人の原則を知っていることを前提と

したからです。ここで、枝打ちについて例外的に詳しい話を述べようと思います。それは、枝打ち作業について、私たちにあまりにもまちまちで、不適切に行われた枝打ちは、美的な観点で見ると樹木を不恰好にするためです。

枝打ちの基本的な原則は一般的に知られています。樹液が流動していない時期にだけ枝打ちすること。枝の根元を幹に残したままにせず、幹の近くでまっすぐに切り取ること[訳注21]、その際、幹に傷をつけないようにすることです。傷は、堅いコールタールによって塞ぎます。また、太さ7cm以上の枝は残します。以上のことは、とても素晴らしく聞こえますが、実際には、しばしば、より勢力の強い枝を切り払うことになります。これは、危惧すべきことです。

したがって、まず、勢力の強い枝を作らないことが重要です。フランス人が言うように、gouverneur c'est prevoir（統治するとは予見すること）ですから、この点で、枝打ちの主な技巧も、樹冠が本来得ようとする成長を正しく予想するという先見の明にかかっているのです。

木に登って仕事を始める前に、まず、樹冠の良い眺めを得て、どの枝を林木の持続に残すべきかを決定しなければなりません。次に、残す枝よりも優位に成長しそうな他の枝があるかどうか、過剰に成長しそうな枝があるかどうかを見極めます。これらは、ほとんど、急な角度の枝、いわゆる分枝forkと呼ばれるものと残りの枝よりもほんの少し急な角度でついている他の枝です。それらを優勢にさせないために、まず初めに切るべきものです。いずれ切ろうとそのままにしておくと、枝が太くなりすぎて、枝打ちの痕が大きな傷になってしまいます。最も低い位置にあるすべての枝を最初に取り去ってしまうことは、完全に誤っています。樹冠の上部に優勢な枝があるなら、それより下部にある劣勢の枝の除去は、その優勢な枝に到達する樹液の量を増やし、樹木はすでに育ちすぎたその枝の生育を力づけます。そして、危ない側生枝の先端lateral topsの形成がそのような誤った作業の実行によってもたらされるか、少なくとも促進させられます。同時に取除くべき枝よりも多くの危険な枝が存在する場合や、それらが丁寧に扱われるべき主要な枝と同じくらい優勢な場合、まず、先端を切断してそれら全ての成長を最初に妨げるべきです。数は多いけれども劣勢の枝によってのみ手入れされた林木を育てるならば、それは正しい方法

訳注21　現在、傷口の癒合が遅れるので、枝に対して直角に切る。

IX　ミリチュ道にあるオーク

ヴァスドルフ Wassdorff 氏撮影。このオークは1877年に若い苗木の状態で植林され、それ以降23年間、剪定によって整えられてきた。

です。

　これらの原則は、全ての樹種に通用します。

第8章　副次的な利用　　　　　　　　　　　　*193*

写真Ⅸはこの方法でうまく手入れされたオークです。

　森林を横断しているけれども、森林行政の管理下にはない人工道路上で、残念なことに、パリンジウスParisius[115]による指示のもとに間違った手入れがなされた街路樹road treesをよく目にします。それらの木は、意図的に中心となる枝を切り取り、その代わりとなる枝を抑制することによって、果樹のような形になってしまっています。これは、エーベルスヴァルデEberswaldeに近い演習林の中でさえも見る事が出来るのです！　森林官はこの樹木の"虐待の光景"から目をそむけるべきではなく、教育と実例によって改善へと導くべきです。両シレジアとマルキア地域において、地方管区長Landraete［地方管区Landkreisの行政管理長］がそれをうまく行っているのを目の当たりにし、私はこれを容易に変えられることを理解しました。いくつかの事例では、分岐した枝のかたまりからそれぞれ2つを対角に切り取ることを推奨して、梢端のかけた個体の改良を早期に達成しました。タールで覆われた傷の縁からは力強い新芽が成長し、そのうちの1本を新しい梢の形成のために残しました。私は、若いオークや、ニレ、カエデ、リンゴの樹にこの方法を実行しました。傷ついた高齢木は早いうちに伐採し、新しい植栽に置き換えるべきです。

　私は枝打ちに関する考え方を、次のように締めくくりたいと思います。林分は、枝打ちを必要とする樹木ができるだけ少なくなるように育てるべきです。自然に落枝するようになるまでは、若い木々は、適度に閉鎖した状態を保つべきです。不整形に育った小径木は、圃場で前もって取り除かれるべきですし、林分内にある場合は、伐採によって環境を大きく損うようなギャップを生じさせないのであれば、たたき切った方がよいのです。

第8章　副次的な利用 Secondary Utilizations

　森林の落葉落枝litterの利用は、美的と同様に実用的にも非常に不利益です。興味のある読者の方は、49頁をめくり返せば、自然がどのようにして"色の混合"を見せてくれるのかを、もう一度理解したいと思うかもしれません。これは土壌の被覆を造る時、とりわけ素晴らしい方法で生じます。落葉や針葉は、枯れ枝と混ざったり、コケや他の繊細な植物に壊されたりして、他では真似で

きない絨毯を作り出します。"真似できない"と書いたのは全く意図的です。自然の作る絨毯を真似しようとしたことのある人なら誰でも、私に賛成してくれるでしょう。

私は、前景の研究のため、森林から持ち帰った材料を自然な配合に組合せようと何度も試みましたが、一度も成功しませんでした。

この失敗から自然がいかに注意深く絨毯を織っているかを理解できるようになります。エーバーマイヤーEbermeyerは、落葉に関する次のような優美な描写を、自然愛好家たちへ送り届けています。[116]

"そよ風に運ばれなければ、葉は、1枚また1枚と枝からその身をそっと静かに外し、秋の日の光で金色に色づいた梢から地面へと落ちます。いいえ、葉が落ちるleaf fallsというより、美しい円を描きながら浮かんで舞い落ちます。そしてすべての樹種には、それぞれ葉の特徴的なダンスがあります。シナノキのハート形の葉はとても早く地面へ落ちますが、カエデの切れ込みのある葉やトチノキの掌状の扇型の葉とは異なる揺れ動き方をします。これらはすべて、優美ならせん状の軌跡を描きますが、それぞれの樹種によって、葉柄と葉の面積の間の釣り合いに基づいた特有の旋回をします。それと同時に、同一の樹についていた葉でも、連れの仲間と全く同じように落ちる葉は2つとしてないのです。より大きな葉は、地面にたどり着くまでの間、より速く落ちてゆきます。白霜の着いた葉は、群を抜いて速く降下します。そしてまた別の葉は、枝の上に落ち、そこでしばらく休んでから、仲間たちにやさしく触れられ、再び動く気にさせられて、彼らと一緒に地面まで下りてゆきます。何時間も見ていても、常に新しい優雅な落葉の動きに気付くでしょう。"

これほどまでに優美に地面に辿り着いたものは、その場でそっとしておくべきです。さもなければ、森林の美しさの多くが奪われてしまうことになります。

この願いを述べるために、考えの多くのつながりが結び付けられ、ホメロスは次のように歌いました。[117]

"人の世代というものは、森の葉のようです。

今、風に吹かれて地面に散りゆく葉もあれば、これから成長してゆく葉もあります。

芽吹く森に抱かれて、春が新たに萌え出るとき
人が世代交代をするように、成長するものもあれば、消えゆくものもあ
ります。"

　しかし、古典の時代まで遡る必要はありません。もし学生歌集
Kommersbuchが身近にあれば、すでに第2版で森林の落葉落枝に関する適
切な正しい認識を目にしているでしょう。そこでは、テーオドール・ケル
ナーTheodor Koerner ("ダルウィッツの5本のオークの木 *The Five Oaks of
Dallwitz*")がドイツのオークoaksに対して、次のように語りかけています。

　　"……そして秋には、あなたたちの葉は散るでしょう。
　　彼らは枯れてもなお、あなたたちにとって貴重なものです。
　　朽ちることにより、あなたたちの子どもたちは
　　次の春の輝きの礎となるでしょう。

　　良き時代に見られた、
　　古いドイツの忠誠の美しい姿──
　　嬉々として身を捧げる勇敢な奉献のもと
　　市民は彼らの国を打ち立ててきました。

　　ああ、私がその痛みを繰り返すことが何の助けになるのでしょう？
　　皆この痛みに慣れ親しんでいます！
　　何よりも最も気高いドイツの人々よ、
　　あなたのオークは立っています。あなたが散ったからこそ！"

　この美しい寓話は裏切られていません。この詩が書かれたすぐ後（1811
年）、詩人は国のために散ってゆきました。しかし"彼は死してなお、国の宝
です！"私たちは、はるか昔から近年にいたるまでの何千人もの戦友ととも
に、"私たちの現在の春の輝きを築いた者"として、彼に敬意を払います。
　落葉落枝を利用された森林forest with litter utilizationは、あらゆる観点か

らみて、詩的でないだけでなく、美的でもありません。土地を損傷するこの利用は、樹高成長を減少させ、そのため、収入だけでなく、同時に森林の美的価値も減少します。小さな私有地の森林の多くが、落葉落枝の利用によって荒廃し、無残な姿となってこれを示しています。

しかし、状況によっては、林道上の落葉落枝をかき集めることは、なかなかの得策かもしれません。なぜなら、道が歩きやすくなるからです。

放牧 grazing、風倒木 windfall wood や枯死木、ベリー berries やキノコ mushrooms の利用は、それらの実行が森林をかき乱すことが共通しています。

もし、それぞれの茂みの背後に、古代神話のニンフ nymphs や森の精ドリュアス dryads とは似ても似つかない姿の存在が疑われるなら、森林の孤独の思いは傷つくでしょう。放牧、風倒木や枯死木に関して、森林の落葉落枝を残しておくために考えられたのと同じことが有効です。一方で、道徳的な観点から見ると、その大半が貧しい森林区域の人々から、古い伝統的な、そして、欠くことのできない収入源を奪ってしまうとしたら、その無責任さは疑う余地はありません。そうすることで、コケモモ bilberries のような相当量の自然の産物が利用されずに腐っていくのを目の当たりにすることに矛盾も生まれます。

森林所有者が目的を持った利用を、当面は適当な収入源が他にないような人々と同様に、林内で働く人々に与えるところに、適切な解決が見出されると私は思います。よい指導をするには、**いかなる日にも、またいかなる場所でも混乱が起こらないように**気をつけなければなりません。

年老いた女性たちが、息を切らして朽ちかけた小枝を高く積んで持ち帰るために、林分の中で何時間も［集めた木材を］砕いているなら、森へ出発する猟師にとって悪い兆しのような窮乏の画面は、とりわけ気分を悪くするものです。ですから、数立方メートルの大きさに積み上げた木材が、本当に貧しい人々の家に届けられなければなりませんが、その後は誰も柴刈りへ行くことは許されるべきではありません。

私はこの本を木材に恵まれた地域で書いています。さもなければ、ヴィルブラントの主張が正当です。それは、朽ちさせていいものなどは一つもなく、住民の薪の必要を助けるかもしれない乾いた小枝を腐らせてしまうならば、美的な満足をかき乱すというものです。

第8章　副次的な利用　　　　　197

　私はチェコCzlebのボヘミア領Bohemian domainで、この意見が最も完全な
方法で実現されているのを目の当たりにしました[118]。木材を必要としている人々
が、幹の相当高くまで、乾いた小枝を根元からのこぎりで切り落としていたの
です。私の記憶が正しければ、森林管理署が枝打ちpruning用のノコギリを提
供し、人々は労働して得た木材を家に持って帰ることが許されていることに満
足していました。しかしこの森林は、こざっぱりとし、いささかこざっぱりし
すぎているように見えました。

　森林内の**家畜**は、現代の集約的な管理とはうまくいきません。ヤギや馬、羊
は、樹木が立っている、あるいはこれから植樹しようとしている場所で、森林
官の目から見ると、ほとんど脅威になるでしょう。牛もしばしば脅威でしょう。
家畜の群れが、鈴の響きや羊飼いの少年とともに、快活な要素として喜んで歓
迎されるのは、非常に大きな森林においてのみです。ここでそれを一般化する
ことはできません。放牧利用が許されるかどうかは、地域の大きさにもよりま
すし、管理の方法にもよります。また野生生物の分布や、地力、さらにはその
地域の全体の特徴に左右されるでしょう。

　林内放牧は、テスマンTessmannの登場人物に、"理性的な非難の影響を受
けない、情緒的に自然を温かに凝視する立場"に立つ温かな賞賛者を見出して
います。彼はスカンジナビアScandinaviaの森林についての報告で、次のよう
に書いています[119]。"家畜は、北部山地の自然地域に対して必要な要素と同様に
心温まるものを、その規模によってほとんど圧倒的にもたらします。そこでは、
まだら模様の山羊の群れが、雑木林brushの育つ傾斜地に活気を与えています。
死んでいるかのように静かな山地を何時間も歩いてきた後、羊飼いの少年のラ
フィアraffiaの笛と牛の明るい鈴の音が、私たちを素朴に調和した信号のよう
に歓迎します。すべての旅人は、人と家畜の群れが谷の方へ戻っていく時、そ
して、閉じた夏用の山小屋を通りすぎて、すべてのものが徐々に孤独になって
いく時、秋の森林地帯や岩石地帯に重く響く足音が、どんなに哀愁を帯びてい
るかを知っているのです。心地よいそよ風が吹かず、親しい音が耳に届かず、
餓えた鳥が餌をとるしわがれ声だけが、冷たい氷水のとどろきの単調な音に混
ざっているのです！ 確かに、**北部の陰気な森林地域から家畜の群れを追放し
てしまうと、私たちは、再び、多くの山の詩を全く失うことになるでしょう。**"

私たちの国の広大な関連した地域にも、同様に言えるでしょう。より小さな地域で、防火帯の綱から草を食む1〜2頭の牛ならばよいかもしれません（もちろんこれらは森林官か森林管理者の牛です）。これらでさえ、秩序と整頓が存在すべきところ、さもなければ、急こう配の山腹では、良くありません。

もちろん山地地域では、いい意味でも悪い意味でも、放牧利用は経済的観点あるいは美的観点から、特に重要です。浸食されやすい土壌型の急斜面では、家畜が土壌深くにまで足跡を刻みます。訓練された眼には、来るべき災害がもう見えています。遅かれ早かれ激しい雷雨がきて、結果として山の斜面は土壌を失い、谷は岩のかけらに埋もれるでしょう。一時代のリュッケルト Rueckert の "シリアの男 Man in Syria" のように、楽観的な性格でない人は、このような結末が見えると、美的な喜びの気持ちが覚めてしまい、リギ山地 the Rigi［スイスの山］の素晴らしさをしばらくは眺めていることさえできないでしょう。

渓谷の土地とは大きく異なり、緩やかな傾斜の高山の牧草地 high mountain pastures は、牛が踏むことで、緩むよりもむしろ固められます。

同行する羊飼いの小屋や、それらの光景によって惹き起こされる様々な心地よい連想は言うまでもなく、このような牧草地は、森林のもつ最も美しい部分に属します。遠くから見ると、それらの明るい緑は、疑いも無くあまりにも厳粛な山の自然の印象を和らげます。一方、近くに寄ると、牧草地の中にある公園や庭園の魅力を見出すのです。

ツァイデル－グレージング Zeidel-grazing とは、森の中での養蜂 beekeeping のことですが、以前は土地所有者に制限されていました。今日では、森林所有者は現場を離れ、人を雇ってやらせています。養蜂は、蜜を生産する美しい樹種（ハシバミとカエデからニセアカシアやシナノキまで）を林分へ根付かせるのを促すという点で、美的に重要です。

もし、**狩猟 hunting** を議論の対象に入れるとしたら、ここはそれについて考えるための場となるでしょう。しかし、私は高貴な狩りを尊重しているので、二次的な森林利用の次に狩猟の**利用**というただ1章を設けるだけの通り一遍のやり方でこの話題を扱うことは許されないだろうと考えています。[120]

独立した本でないならば、少なくとも "**森林美学**" の独自の部分が狩猟美学

によって**語られることができます**。しかし、私にはそれを書くための時間も、必要な知識も文献も、余暇も、残念ながらありません。

第9章　草地、水面、畑地——林縁、生垣、柵——

　森林が草地meadows、水面water、畑地fieldsを含んでいる場合、可能な限り調和した環境を創り出すためには、それらをより大きな風景と関連づけることが必要です。

　多くの場合、森林官は美しい形で森林景観の輪郭を造る機会が与えられています。草地に数エーカーのハンノキの沼地を加えるべきかどうか、いつも使っているこの小さな土盛りを近くで掃き溜めを満たすために使うべきか、あるいは、樹木の育成に与えたほうが良いのか、もっと他の何かに使われるべきかどうかを判断するのは、森林官の仕事です。手短かに言うと、地形を正確に測ることだけではないでしょう。ここまでで、草地を設けることが有利で、それ以上のことはありません。

　これらのいわゆる推移地帯は、**できるだけ美しい形と森林景観の輪郭が得られる**ために利用されるべきです。

　ここの森林景観の眺めの導く点は、次のようなことです。

　1.　対象となる区域の端を見てはいけません。そうすると、想像力が増し、実物以上に大きく思えてくるでしょう。

　2.　**大部分は陰となっていますが、縁の凹凸は、草地上に広く、そしてもし可能なら、特に美しい樹木上に現れるであろう夕日と同様に朝日が形づくられるべきです。樹冠が示す、突き出したり、下がったりする角度がはっきりと見える必要があります。**そうすることで、実際に私達に喜びを引き起こすでしょう。最も避けなければならないことは、長い間隔に渡って**同じ方法**を施し、見る方に"息切れ"させる線です。

　3.　手入れは、多くの枝を持つ特に美しい樹木がいずれも縁どりを形づくるか、閉じた縁どりの前に孤立して出て、美しい背景を得るようにしなければなりません。もし、さらにこれらを植栽し、育てなければならないような単独に取り残してよい林木がない場合は、石の塊や、渓流、あるいはそれに類したも

第2部 森林美学の応用／A：森林造成と森林経済

X　オーラウ Ohlau の近くにある皇太子の所有林、ワイネルトーメドウズ Weinert-Meadows

オーラウのJ. Volpert氏撮影（出典は、「Bunte Bilder aus dem Schlesierlande（Colorful Pictures out of Silesian Land：シレジア地方の色彩鮮やかな写真）」、出版はSilesian Pestalozzi-Society, Breslau, 1898）。写真は美しい景色と様々な形態の林縁を表している。

のの近くに、それに最も適した場所を選ぶべきです。**植え穴の中には、いくつかの藪**(サンザシ hawthorne、サクラ類 cherry、ニワトコ elder など)**を高木種と一緒に配置し**、最初から自然な状態に見えるようにしなければなりません。しかし、もう一度、読本を思い出してください、非常に美しい形をした孤立木は、若木の時から周りに何もない状態で成長しているのではなく、トウヒやモミを除いて、閉鎖した群の状態で成長するのです。

4. 林分の全部の位置は、適した場所に島状の形で維持され、それぞれ土壌が人をそうさせるようなところに成立させられているはずです。このような樹林は、草地の中心にあることはないでしょうが、より大きな部分の森の延長として示されなくてはなりません。つまり、海上に浮かぶ島が本土の大きな陸塊とつながっているのと同じことです。シレジア地方オーデル Oder の草地管理は、森林管理の意向は全く無しに、ほぼ例外なくこれらの要求を満たしています。写真 X はその例です。点在する樹木群の下にある草地が、いかに美しいかというところに特に注目して見てください。

目障りな道路や水路 ditches によって、設計によって自然な印象を損なわれないようにすることにも特に注意深い配慮を払う必要があります。単調な牧草地 pasture でさえ、しばしば混乱して見える水路なしに維持されています。この点で、シュテッティン-トルゲロウ Stettin-Torgelow の森林調査区で大規模に行われているような、**"水路の分流 branching of the water courses"** が理想です。[121] そこでは、昔の沼地の地区が等高線に沿った循環水路 circular ditch で取り囲んで灌漑用に配置されています。湿地地区を通る小川は、循環水路を横切るところでせき止められ、その縁から水路の古い自然の流路まで水が引かれることになります。

ところで、**より大きな広がりを持つ改良された牧草地に**、相応しい場所にすらりと育った木々が並んでいる高い並木によって**直線的に周囲を囲むことも**良い印象を創り出すことを述べておかなければなりません。そこではすべてのものが巧みで明瞭であり、直線の水路は直線の境界線に非常に相応しく、草が生えている期間に個々の区画を測量することはとても簡単であり、成長を妨げる日陰を相当量減らすことができ、人工的な形は改良された牧草地の理想と非常によく合っているため、このような場所は喜びなしには見ることはできません。

実に、すべての人々が、この地域でこれらの創造物を楽しんでいます。

水路の方向が地形によって決定されないのであれば、経線の方向に走るように見える主要水路を設置しないようにするのが賢明です。そうしなければ、水路は目立ちすぎてしまい、牧草地の一様な印象を台無しにするでしょう。同じ理由で、**水路から掘り出された捨土** spoil は水路の縁からできるかぎり早く取り除かなければなりません。

水の引かれた牧草地では、**ため池** collection ponds が概して良い役割を果たすでしょう。これらの最も良い形状に関しては、牧草地に対して述べたのと同様のことが言えますが、水面の輪郭は地形によってほぼ決まってしまい、それを変えることはほとんどできないでしょう。しかしながら、小さな谷の袋形の末端よりも、美しい湖岸線ができるだろう場所に**ダム**を設置する傾向があります。

池が部分的あるいは全体的に**掘削**によって作られる場合、湖岸線の形状は良い例に基づいて形作られるべきです。**湖岸線**は2つの型に分けられます。

風にまかされる水面は、幾重にも打ち寄せる波によって平らにならされて長く伸びた水平線を示します。より小さく、また、より大きい水面は、定着した植物と野生動物によって、よりずっと多く不規則な形をとります。

ハンノキ、藪、草本が生えた張り出した小さな岬を保護する一方で、野生動物は、それらの間の水辺に下り、入り江の縁を拡大して平らにします。家畜の放牧が行われている場所では、このような湖岸ができる過程をよりよく学ぶことができます。

写真XIは湖岸線がハンノキ alder の根によって維持されている貯水池です。

広く延長した斜面によって、また、直線を避けることによって、**ダム** dam 自体ができる限り自然に見えるようにするべきです。

水の流れに向かって湾曲した幅の広いダムは、より大きな安定性の利点があります。

せき止められた水は、いわゆるモンク monk〔堰門〕へと普通は流されていきます。しかしながら、**モンクを閉鎖**すると、水の流れ落ちる音は聴けますが、見ることができないという不利があります。

小さな池では、現地で**堰止めの試験**を行ってこの失敗を避けることができます。この方法は、安価でありながらしっかりと閉じることができ、侵入者から

第9章 草地、水面、畑地—林縁、生垣、柵—　203

XI ネジゴード動物園 Nesigoder zoo の人工ダムの縁
ヴァスドルフ Wassdorff 氏撮影。この写真は、写真IIIで示した島の領域にある浮島 Luge を示している。岸にはハンノキが育っているのがわかる。このハンノキは小川の流れる方向を決定している。

の保護も十分で、修理する必要がないといった長所があります。建設は排水路に下る池のもっとも深い地点から土管を並べて行われます。パイプの上端は斜め方向に切断し、そこを板で覆います〔図38〕。この板に留め金をつければ、容易に開閉できるようになります。

非常に深い池では、上の図〔37、38〕のような中間の排水路が必要です。

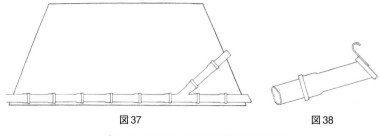

図37　　　　　　　　　　　　図38

ポステルで用いられている池の堰の模式図

新しい水流が素晴らしく見え、また、他のものを危険にさらさないで流れることができる場所の傍らの土壌が安定しているところを崩さないために、堰き止めた後にあふれてしまう水は、ダムを超えて流れさせるべきではありません。

配置と同じくらい大事なのは、牧草地、畑地、水面を囲む林縁の構造です。しかし、そのような**森林のギャップ**〔連なっていない場所〕については、意見が一致しないことが多々あります。枝が低く垂れ下がり、密集して壁のようになることを望む人がいる一方で、美しい幹が見えた方がよいという人もいます。長い壁のような林縁が壮大な印象を作り出すことを好む人がいる一方で、造園家は主要な森林の縁の外側に植栽した群によって面白く林縁をデザインしたいと言います。これらの提案のどれを採用するかは、場所と状況によって決めるべきです。

私の目の前には、ホルスタインのスイス Holsteinisch Schweiz [Holsteinian Switzerland]の、小さなウグレイ湖 Uglei Lake とシュテインドルファ湖 Stendorfer Lake で撮られた写真があります。これらの湖岸線は枝が低く垂れ下がったブナの縁で装飾されています。また、同じ地域のシェッテン池 Schuetten-Pond の写真もあります。この写真では、カンバ類がそれぞれ孤立して、または一群となって、ブナ林の前面に植えられており、これによって写

第9章　草地、水面、畑地—林縁、生垣、柵— 　205

真がより明るく輝いています。ドナースヴァルデDonnerswaldeの森林管理では、最も美しい林縁の一つに感心しました。それは、様々な樹齢のトウヒの択伐林型で、林縁の向こう側に高くそびえた樹冠のマツが群になって散在し、夕日の中で壮大に輝いていました。

　牧草地の縁を図39に示します。カソリック・ハンマーKatholisch-Hammerの森林区域にある択伐林のように扱われています。

　大木は、林縁で最も目を惹きます。例えばズザンナオークSusanneniche（写

図39　カソリック・ハンマー王立森林局の区画90の牧草地に接した林縁で、択伐のように形作られた樹木（ヴァスドルフWassdorff氏撮影）

真Ⅱ）は強大な樹冠で森林を覆うドームのように高くそびえており、林外から見みれば地平線を分断し、林内から見れば効果的な前景をつくっています。図40に示したミュラーヘーゲMuellerheege西端の2本のブナのある場所に、ごつごつした幹の間の森林からの夕陽の眺めを見とれるために、私はよく訪れます。

　多様な林縁を形づくることが複合林composite forest［中林coppice forest with standards］の利点であることがすでに上述されてきました。その多様性はほとんど無限大であり、個々の例では決定の判断は良識を離れるべきです。

　ここで述べたことは、一般的で、林縁に対してとても妥当なことです。ここ

図40　ポステルのミュラーヘーゲにあるブナ林の林縁にあるブナ
(ヴァスドルフ Wassdorff 氏撮影)

では、**水辺の植栽**に関して、とても短いですが、意見を述べたいと思います。湖や池、川や水路の**岸の仕上げ**について、立派な美学書を書くことが可能でしょうが、森林美学の狭い枠組みにおいては、この課題に対して2、3の意見を付け加えるにとどめたいと思います。

　第一部でヤマナラシ aspen について述べたことを覚えておられる親切な方は、風の中でヤマナラシのささやきを聞く喜びや、それが途切れた束の間の静寂を楽しむ独特の感じが好きですが、特別に、動的な風景要素としての水の音を同じように、しかし、より多く楽しむことができると考えるかもしれません。水路のささやきと湖の波立ちの音は、常に私たちの耳や目を魅了しますが、**森林**

の内側で囲まれた魚の池が、そこに厳かに静止していることに、少なからず魅力があります。これは、縁の植栽で考慮されるべきことです。水面に沿って特に美しく見えない樹種はありません。これはどの場所にあるよりも美しいことを意味しています。しかし、あらゆる樹種が、水面の近くだけ最大の美しさに役立って見せるいくつかの特徴を持っています。そのように、ハンノキは立ち上がった幹の形と色の対比によって効果的であり、一方、葉の輝く光は輝く波と調和しています。トウヒとモミも同じように、硬い幹を造りますが、その成長によって対比が作り出される一方、枝の階層構造は水面の水平線とよく調和しています。もし、主に対比による効果を引き出したいならば(それは水面の反射によって和らげられるかもしれませんが)、オークを選ぶべきです。もし、"牧歌的idyllic"な景色を創り出したければ、カンバ類、ポプラ、ヤナギ類が、その形の柔軟性と可動性から、流動的要素として位置づけられます。このように、選択に欠けることはなく、真の多様さのために利用されるべきです。しかし、これは、50本毎に異なる樹種を導入すべきであるというような、完全に正反対の説明がなされてはいけません。それは、考える必要があるでしょう。すなわち、2つの小さな池があり、**一つ**は柔らかな落葉樹によって縁取られ、**もう一つは**トウヒとモミによって囲われていますが、これらは、全く相違するものです。しかしながら、両方の池の縁が**同じ種類**の混交林で縁取られているなら、一つの同じ印象を与えるかもしれません。同じような見解は、**より大きな水面の入り江**についてもあてはまります。また、草地の縁や農地の縁に関しても同様に、読者は気づかれるはずです。

　池pondsそれ自体は、**魚 fish**によって活発にさせるべきです。**蚊やアブ**は、全ての森林の訪問客を悩ませる不快なものですが、とりわけ木で被われ張り出した隠れ場に座る猟師を悩ませます。水文条件を適度に調節するならば、大幅にこの害を減少させるかもしれません。もし、沼地の区域が部分的に牧草地の耕作のために排水されたり、部分的に魚の養殖のために堰止められるなら、このうるさい害虫が繁殖する土地が狭められ、さらに魚は蚊の幼虫らの熱心な消費者になるでしょう。この捕獲がとりわけ上手いのがキタノウグイ golden orfe達で、蚊の幼虫らを捕獲する姿が頻繁に見られます。

　私の森林の中の池では、有機酸organic acidsによって薄茶色く暗く見えます

が、その中にあって黄金色のウグイは特別に美しいものです。

　森林内の**畑地 fields** は、最善の縁を造る植栽なしに容易に美的満足の源を形作ることはできません。例えば、**大変、貧相な作物によって、とても最高に無作法に見えること**がよくあります。それは堆肥が近くにほとんど無いからです。不十分な動物性肥料を、無機質の化学肥料によって補う管理方法は、時にはこの場合の治療の作業となり得るかもしれませんが、最も良いのは、森林地域に属さないことをはっきりと示すことのできる**明瞭な境界線**によって、好ましくない区域を除外することです。これは**狩猟柵 game fences** や**生垣 hedge**、**土手、溝**によって多少優雅に、環境によって決めるとよいでしょう。特に職員の利用に当てられた土地には、手入れの行き届いた柵や生垣は、それなりの贅沢です。

　ピュックラー候 Prince Pueckler は**柵 fences** にとても高い美的価値を見出し、次のように述べました。"私はしばしば、柵が、あちこちで、とりわけ、地域の特性が変化する場所では、ピクチャレスク picturesque〔絵画的な美〕な効果を持っていることを見出しています。そうです、私は、そのような柵が新たな印象に向かう私たちの心を準備させ、心を落ち着かせる部分を提供していると言いたいのです。"

　生垣について、庭園デザインによる近年の芸術性は細事にこだわりすぎて、大事を逸するような傾向があります。かつて生垣はそれ自体が手の込んだ形に仕上げられていましたが、今では地味で面白みのない形になっています。利用のために植栽されてきた生垣は、同時に美しい形に作られるべきで、例えば、生きた枝で作られた柱かアーチとともに入り口を縁取ることです〔図41〕。

図41　生垣の植栽の模式図
（クライン・コメロウ Klein-Commerowe の主任森林官 Conrad 氏画）

第1章　公園か森林か　　🐝　*209*

刈り込まれた生垣よりも、もっと美しいものとなりうるのは、クライン・ウジェシュッツ Klein-Ujeschuetz にある森林官の個人敷地（カソリック・ハンマー Katholish-Hammer 森林地域の主任）の縁取りです。そこには、非常に壮大な糸杉の形のセイヨウネズ junipers がトラッヘンベルク通り Trachenberger-Line に沿って林立しています。しかし、この絵のような生垣は、多くの空間を取ります。

セクションB：美への関心に基礎を置く森林の装飾

第1章　公園か森林か

　私は森林を公園 park にするという望みのために、称賛されるのと同じくらい非難もされてきました。私がいつもこのような批評を非難と見る傾向にあったのは、時として必要悪であるにも関わらず、公園をほとんど悪とみなしてきたためです。公園の中にいると、広い区域が実用性を失っているという考えによって、当惑させられます。利益や利潤の匂いが何も感じられない場所で休息したいと思う人が時々いることを私は重要視しますが、一方で、そこで、人がかろうじて生活できるすべが、少しもあるいは全くない、と言わざるを得ない広大な公園を持つことを好みません。全く反対に、公園は注意深く、費用をかけて維持管理する必要があります。維持管理を怠れば、公園は正当な非難の原因となります。また、費用を考慮しないのであれば、**大きな森の近くに公園を配置することは、ほとんどありません**。ピュックラー候 Prince Pueckler がムスカウ Muskou の近くで見つけた、森林の質が低くないところでは、**よく手入れされた庭と森林が、公園が媒介して接続する連結なしに隣接して配置されおり、互いの区域を最もよく見せるでしょう**。森林を直接、庭まで延長することができなければ、風や日射から庇護された関係は、公園風の景観によって成立させることができるでしょう。

　林業に関する論文の中で、この方法で人々を満足させるか、または他の必要性を満たすために、**森林の一部を公園のように取り扱うことがしばしば提案**されます。

近年のこのような3つの主張が、ここに引用しようとする私の注意を引いています。

ヴァイゼWeise[122]は一斉林と不斉の択伐林の間に**"公園管理"**を位置付け、次のように述べています。

"公園管理はこれまで森林管理の一種であるとは認められてきませんでした。都市の近くや有名な避暑地近くに絶やすことのない緑陰を持つ森林を設置することへの必要性が増大するとともに、森林官は森林のそのような管理と美的管理について十分に精通しておくべきです。とくに、そのような管理区域の範囲は、最も控えめなものだけであることが必要であり、背後の森林管理をいかなる形態であっても、公衆の抵抗に会わないようにして実行するためには控えめな狭い遮蔽で十分であるからです。"

"公園管理とともに、孤立木はその形の美しさによってよい効果を生み出すと考えられ、樹群もその力強さ、あるいは照らされた時の樹形と陰影の対比のいずれかによって効果的であると考えられます。これは、若いうちから完全に自由に成長することが許されることによって形作られる孤立木にのみ認められます。樹群の中にある立木は、それぞれ個々が十分に広がる樹冠が得られ、そのため集団の利点が示されるように広い林分に植栽されることが必要です。落葉樹のそばには、常緑針葉樹を植える必要があります。それらの景観価値は、夏には目立ちませんが、色彩豊かな秋の景色の前景により大きくなり、冬になれば十分に認められるようになるでしょう。終に、5月の落葉樹の緑は、常緑針葉樹の暗い背景の前で非常に効果的に現われるでしょう。"

これを述べた人物の影響力を考えると、これらの主張の全文を掲載しなければならないと思いますが、その主張が正当であるのは、次に示すようにごく一部だけであると私は考えています。

ヴァイゼと同じようなことは、クラフトKraft[123]も述べています。

"完成した公園も通常の択伐林と同じようなところがあり、大小の群の樹齢級age classesに区分できるという特徴があります。それは、公園の中には、ある意味で択伐林の最も若い齢級に対応するような樹群と違って、花壇や芝生などがあることです。しかし、それらが公園の樹木全体に占める割合は、択伐林の若齢の一群が択伐林全体に占める割合よりも大きいのが一般的です。"

同時期に、**プロシアの上院議会Prussian Upper Chamber**は、公園のように管理された森林とはどのようなものであるのか、ということについて議論をしています。

　チルシュキー・レナルドTschirschky-Renard伯爵は**グリューネヴァルトGrunewald森林地域（ベルリン市内の森林）を連邦政府の公園Federal Park**にする要求を提案しました。その最終目的は"自然に成立し、伐採技術によって美化された原生的森林の形成"でした。

　この要求を却下した時、"グリューネヴァルト森林地域が**公衆の利益にかなう公園風の施業方法park-like way**によること、成木mature treeの保持に特別な考慮をすることで管理され、売却により減少させないようにすることを王国政府が面倒をみるという要求"が**通過**しました。

　フォン・ミケルvon Miquel財務大臣はすぐに"公園風"という表現が多義的で曖昧であると批判しました。上院の考えていた管理方法は、クラフトの述べたものと考えてどうみても間違いないでしょう。

　"実際の公園管理と今回の問題点とは区別されねばなりませんが、それと関係した森林資産の第二の取扱い方法があります。後者は基本的に実際の森林の特徴を維持するもので、森林の**最も高度な林業技術の宣伝**を目指すものではなく、何よりもまず、森林の美的要求を実現することを目指しています。"

　前述の文章の中で強調された言葉は、私に苛立ちを覚えさせるものです。クラフトと同様にヴァイゼは、〔森林の美的要求を実現する方法は〕森林管理に面倒を引き起こす類の管理を考えています。このような管理は結局のところ、避けることができるし、またそうするべきものです。美学者の要求が林業の範囲に留まり、また造園家が決定的な発言をしない限り、"最も高度な林業技術の宣伝"は減ることはないでしょう。それどころか、私はこの本の初版に対する非常に好意的な評論[124]が証言したような"森林における美についてよく考えられた現代的な管理の開花"を目の当たりにします。

　公園風に管理された森林地域park like managed forestについて、とりわけ用意周到にそして入念に（洗練された方法で）林業的に管理され、そこでは造園家が付加的に許可を受け、林業目的は全くか、ごく少しだけしか意味を持たないものとした中で、好ましいと思うような手入れを施しているという風に、私は

地域を理解したいと思います。

　森林官と造園家との軋轢が生じる機会は、両方の特性が一人の人物の中で統合されることで消滅するでしょう。これはそんなに希なことではなく、造園家がどんな欠点もほとんど見出だせないような森林官の創造を私はたくさん見てきました。

　森林に休養を求めている人々がそれで悪くなるかもしれないと心配する必要はありません。

　そのような懸念は、チルシュキーの要求を議論したときに、上院の委員会において非常に適切に述べられています。[125]"惨めな原始林を見るよりは、森林を育成し、維持する経済的林業の方法で管理された森林の光景で教育できるならば、ベルリン市民にとってはより興味深く、勉強になります。"

　たとえ都市民の大多数を占めているとしても、素人が望ましい管理に対する判断力を持ち合わせていないだろう、と考えるべきではありません。もし、管理単位が完全に最善の状態で、いわゆる**洗練された**ものであるならば、これは誰の目にも明らかなことです。軍人ではない人が完璧な軍隊行進を賞賛したり、技術者でない人が蒸気機関の有効な働きに感嘆したりするように、**森林管理が平均以上に向上すれば、素人も同じくらいそれに気付きます。**

　公園にいるのか森林にいるのかがわからないような場所では、満足の正反対の感情が生じるはずです。林業の規則はそれが公園風でないので非難されるでしょうし、風景式造園の興味のために払われた犠牲は、森林官には認められないでしょう。統一感、外見の一致、そして事物の自然さの美的要求は、公園と森林の中間的なものでは両方が満たされません。

　ピュックラー侯Prince Puecklerは地域の分離を主張してきました。彼は明確な境界線によって公園から風景式庭園を、周囲の景観から公園を区別することを望みます。

　私はシュレースウィッヒ・ホルスタインSchleswig-HolsteinのオイティンEutinの近くのオルデンブルグ大公国の国有林the Grand Duchy of Oldenburg State Forestsで、そのように区分された森林管理の好例を見ました。林業のためではなく、公園道路沿いの美しい外観によって**のみ**管理された景観帯は、切石によって森林から明確に分離されています。

第1章　公園か森林か　　213

　このように区分けは、**森林と公園の間に存在する到達し難い違い**を調和させます。

　森林は完全になればなるほど収穫を生み出しますが、造園家は物質的利益を目指して努力しようとしません。ある造園芸術家は、例えば、果樹のような利益をもたらすものはすべて取り除くという信念を持っています。[126]

　森林官と造園家がいかに異なった仕事をしなければならないかについて、いくつか例を挙げましょう。択伐林が**公園の一部**であった場合、その択伐林には、可能な限り、絵画的〔ピクチャレスク〕で様々な姿の樹木が生育しているべきです。**林業を目的とした**択伐林は、高山限界の森林を除いて、主として**木材**を生産すべきです。したがって、**斧を扱う方法**が異なるでしょう。森林官は通直で枝の無い幹を好み、ねじれた競争木を切り倒すでしょう。そして、木材利用の価値が少ないこれらの木を前にして、木材として高い有益性をもつ樹種を好むでしょう。森林官は、ニワトコのような藪の若木を厳しく攻撃しますが、一方で、木材利用の価値の高い樹木の生育か発芽を好み、更新の樹木群を可能な限り密な状態で育てるために択伐を行います。造園家はしかし、このような思いを実行に直ちに移すことを早まりません。ブナ、マツは森林の中の個体よりも 100 年以上、孤立木としては存在し続けます——更新は、そんなに早急には行われるわけがありません！　ある環境下において、彼は下草として潅木類を大変、好むために、セイヨウカンボク、セイヨウヒイラギholly、ネズjuniperなどを守るため、それらが偶然に自生したならば若いブナを切ってしまいます。森林官は、できるだけ早い時期に、被圧されている軟材の広葉樹をかなり早めに切り取ろうとするでしょう。造園家は時々、いわゆる"高品質の樹種"がたくさん見られる場所で、オークよりも早咲きのヤナギを好みます。——造園家は、"公園の群落をつくるために異なる自然寿命を持つ樹種"の選択を推奨するクラフト自身がそれを実行していることに言及することもできるでしょう。

　はっきりした相違は、道路の配置に現れます。私たち森林官は"無駄な坂"を避けますが、造園家は上り坂や下り坂によって道路に変化をもたらすことを好み、ほとんど水平な部分を、階段を造る好機として捉え、急な坂で結ぶでしょう。森林官と造園家の間には、ここで述べたことよりもさらに多くの違いがあります。

214 第2部　森林美学の応用／B：美への関心に基礎を置く森林の装飾

したがって、この本の第2部Bは造園のための指示ではなく、**造園芸術art of gardeningから拝借したいくつかの方法**によって、どのように**森林の価値が高められるか**enhacedのいくつかの指針を与えることだけを意図しています。

林業芸術art of forestry と造園芸術の関係は建築architecture と彫刻sculpture の関係と似ています。建築家は浮彫りが施された横壁や彫像とcarrying consols［持ち送り積みcorbels］で建物buildingを飾りつけるために、彫刻家を必要とします。

この面で、最も高い完成度に到達するのはミケランジェロMichelangeloやシュリューターSchlueterのように、芸術家が建築家であると同時に彫刻家である場合です。ベルリンの兵器庫Zeughausに収蔵されているシュリューター作の "死に行く勇士たちの仮面" は、厳選された視覚的な芸術装飾を示す非常に適切な例です。ミケランジェロは、さらに画家でさえもありましたが、すべての森林官が全く自然な流れで造園芸術家になり得るような、少なくとも2つの別の技能に精通していることを、誰も機械的に認めるはずはありません。

そのような2つの才能が出会い結びつくのは、たいていの場合、自己解釈が前提にされているために、この警告は全く無意味なものではありません。森林官に良く見られるのは、造園芸術に関する一冊の著書でさえザッとでも目を通すこともせず、造園家に森林官の規則を押し付けようとすることです。また、世間以上に、高等な管理組織においてさえ、森林官をよく選びもせずに、一流の教育を受けたという理由だけで、特別な教育や訓練を受けなければ解決できないような造園に関する仕事を森林官に任せます。そこでの失望はまれではありません。

専門家である同業者が美しさの育成を続けるために、私はこの本を書くわけではありません。この本全体で意図しているのは、美の育成にひらめきを呼び起こすことだからです。上述のような議論は、森林官に管理している森林の一部を公園に作り変えてはどうかと勧めたり、造園家の助けなしにそうすることができるという思い上がりに陥ることに対して反論するためのものです。ときどき、**造園家に対する森林官の関係**は、顧客と建築家の関係に似ているところがあります。例えば、公共の公園が王国政府の管理下にあり、実際にその公園が主任森林官の管理下にあるところでは、どこでもこのような関係があります。

林業職の信望を増大させるために、森林官がこの仕事にふさわしいことを証明すればよいのかもしれません。

今まで、これはまれな事実でしかありませんでした。この意味で、ヴィルブラント Wilbrand は次のように記述し、起きてしまった過ちに対して不満を述べています。[127] すなわち、"森林官がそのような間違いを回避するだけでなく、景観における美の育成について、主導的な役割と使命感を持って役割を果たすようにならない限り、真に教育された人々の目から、森林官が真剣なまなざしを受けることはないでしょう。"

第2章　美しさが高められた森林

ここでは、高い収穫量を損なうことなく、美しさに対して特別な配慮、努力、時間をかけられた森林を、**美しさの高められた**森林enhanced forest ということにします。初版では"豪華な森林luxury forest"という表現を使いましたが、あまり適切ではなく、またオーストリアで使われている"心地のよい森林 *Voluptuar Forest*[128] や装飾された森林Decoration Forest"も適切ではないと思います。なぜなら、華美さを追求しなくても森林の美しさを高めることはできるし、ラテン語から派生しているオーストリアの言葉は、どちらも物事の本質を適切に表現していないからです。したがって、ここでは"**美しさの高められた森林**"という表現を使うこととします。

しかしながら、用語を変えただけであって、内容は本書の初版のままとします。

市街地近くや温泉地、あるいはよく訪問される近隣の別荘近くでは、所有者が――私有地であろうと公有地であろうと――森林内のすべてのものをできるだけ美しく維持すればよく、また、その美しさに容易に触れられるよう配慮すればよいことは確かに妥当です。これはより多く森林地域の全てで行うことができますが、**森林管理がこれらの努力から損害を受けてはなりません。** 経営的管理は、まったく障害なく、それ自身の原則に従って独自の道を進むことが許されるべきですが、**森林所有者自身は、彼の個人の財布から、かなり多くの控え目な贅沢に支払うべきです。** 例えば、きちんと成形された林班界の標石、綺

麗な標識、特別に居心地の良い森林の住宅、木材運搬に必要な限度や防水ブーツを装備した森林官の要求以上の林道や橋の改良などです。

これらを維持するためには、美しさの育成に理解と興味を持つ**管理者**を選ぶことが重要です。管理者の活動範囲はあまり大きく評価しすぎるべきではなく、彼自身が、観察と思索によって職人的な非能率であっても自由に振るまうことができるよう、時間と快活さを保つことができるようにする必要があります。管理者が、憂えなく仕事に従事できるよう、適度な額の給料を支払うことが必要です。見学旅行や現場視察の旅費も支給すべきです。

しかし、危険がありそうなところに人が近づかないよう注意を払うべきです。ピュックラー侯は、"行楽地pleasure ground"は公園が一瞬たりとも行楽地の手入れの悪い場所が連続して見えないようにするために、公園からの視覚的な境界による明瞭な区分を大きく強調しています。**私たちの森林が、手入れされていない公園であると怪しまれるどんな配置もしないよう、十分な配慮をすべきです。**

これらのことを遵守すれば、経費が著しく増加することはないでしょう。

経費の例を挙げると、森林の美しさの強化に要する経費は、アイゼナハEisenach森林地域で年1100マルク、その内訳はアイゼナハ森林地域の700マルクにルーラRuhlaとヴィルヘルム渓谷Wilhemsthalの400マルクを合わせたものです[129]。

しかしながら、上述の数字には、当地の重要な事物であるヴァルトブルクWartburg城の維持費が含まれていません。その維持費は、その区域のためだけで価値を与えるものです。

観光客がいるところでは、森林所有者は"美化協会Association for Embellishment"[観光tourismを喚起し、訪問者を引きつけるために設立された団体]を組織し、経費の一部をよく考えてみることなしに支払っています。

ゲーテGoetheが、次章の数箇所で自明のこととしているように、美しさの高められた森林には、**行楽の目的**となる**建築物**が不可欠です。建築物の大きさは、区域の広さとなにか調和することが必要でしょう。実際には、簡単な隠れ場と狩猟のための砦との間に多くの段階があり、また好例には事欠きません。私の父が1849～1850年に建設したヨハンナの塔Johanna's Heightは、ポステ

第2章　美しさが高められた森林

図42　ポステルにあるヨハンナの塔（ペルツPeltz氏撮影）

ルの敷地に相応しいのです［図42参照］。

　最大純収益the highest net revenueの理論に費やされた議論の中で、価値の増大に美しさの利益が加えられるべきことがすでに証明されています。これは、とくに森林では美しさが高められるものと考えられる地域についてはまさに正当ですし、また伐期齢の算定に関してだけでなく、樹種の選定や施業型management typeの決定にも有効です。ロイアーLeuerが適切な例を示しています[130]。

　"オークの皮なめし用の樹皮oak tanbarkの妥当な価格についての計算は、市街地周辺やバーデンバーデンBaden-Baden温泉周辺の森林の最も有利な経営はオーク萌芽林coppice forestの経営であることがその結果です。さて、そ

の森林運営が実際に行われたとしましょう。そうすると、バーデン渓谷Baden valleyの周囲を緑色のビロード状の花冠で飾り付け、人々を魅了している美しいモミの森林が伐採され、裸の斜面に15年回帰で伐採され、皆伐区域の不毛の光景を提供するオークの萌芽林が生育して来るでしょう。こうなると、ドイツ中とその境界を越えて憤慨の叫びをひき起こすことなしに、教養のある人たちの一致した否定的判断なしに、さらにバーデンバーデンに健康とレクリエーションを求める多数の観光客の足を遠のかせることなしに、これは全く不可能でしょうが、その都市は増え続ける富を、誰のおかげで蒙っているのですか。"

　ヘッセンHessnの大公爵森林管理部Grand Ducal Forest Administrationは最近、これらの意見を考慮して、建設中の温泉地であるナウハイムNauheim近くで、利潤の大きいオークの樹皮採取用の萌芽林の経営を停止し、オークをまず、高林で育て、確実性の高い想定の元で、樹皮の損失と引き換えに間接的利益が生まれるように法令に定めました。

　そうでなければ、美しさの興味のための択伐林施業に対する不愉快さを仕方なく受容しなければならないように感じるかもしれません。しかし、一般的にそれを推奨することは悪いだろうと私は信じています。日射や風から守られた小道に対する法的に根拠づけられる公共の要求は、道路沿いに、自然にあるいは緑陰と葉の多い立木の下で更新させるのであれば、高林施業high-forest managementによって満たすことができます。特別の章を設ける並木道Aleesは、同じ目的を果たします。

　第2部のセクションAで言及したすべてのことは、美しさが高められた森林ですが、とくに伐採と間伐の林分の印づけに関する助言の中で考慮されることが必要でしょう。私は、森林の維持のために至急伐採が必要なのに、初期伐採の目印に驚いた一般市民が地位の高い人物に手紙を書いて不平を申し出たために伐採ができなかった例を2件知っています。帯状に徐々に進められる伐採は、一般市民の感情を害することなく帯状林分stripsを更新させることができます。写真（図43）はポステルにある"ズザンナのマツ林Susannen-Pines"を示しています。これは、ボルグレーヴ式択伐Borggreve selectionの後、林縁からの林分伐採removal of stripsによってオーク立木へと転換されます。

　このようにしてなされた更新は林縁の区画で特に重要な、森林を非常に不透

図43 ポステルにある区画48bのズザンナのマツ林Susanna-Pines
ヴァスドルフWassdorff氏撮影。このマツ林は繰返し剪定されてきた(ボルグレーヴBorggreve式択伐法による)。西側で成長しているオークは**林縁の細長い区域を取り除く**removal in strips at the edgeことによって成長が促進されてきた。マツは樹冠を自由に剪定することによってとてもゆっくりとした速度で現在の形に成長しており、天候による目立った損傷は受けていない。

明とする利点があります。

　以上が、一般的な事項です。以下の章で、さらに詳しく論じます。

第3章　公園風景観の維持管理

　セクションBの第1章では、森林官が森林区域の一部を公園に変更するなら、失敗する可能性があることを証明しようとしました。森林官はどんな事でも造園家に引き渡しません。それどころか、閉鎖した森林の境界を越えた地に植栽を進めることで、平和的に克服するやり方には慎重です。このように公園風景観park-like landscape [開放的な景観open landscape][131]を設けます。

220　🐝　第2部　森林美学の応用/B：美への関心に基礎を置く森林の装飾

　**公園風景観の定義とは何かと尋ねられたら、私は、使用に適した景観で、う
まく配置されているけれども、目立たない道によって近づくことのできる樹林
woodsによって装飾された景観であると言うようにしています。**

　最も古いドイツの森林美学者であるフォン・デル・ボルヒvon der Borchは、
景観の中に散在している**小さな樹林**の美的価値に、既に正しく気づいていまし
たが、造園家と詩人は、その評価のはるか以前に気づいていました。暇な時間
に非常に古い古典の本にざっと目を通した時、雑木林copsesを褒め称えてい
る、おそらく最も古い文面を見つけました。その本は1574年に出版されたヨ
セフスJosephusのドイツ語訳です。この中にある、古い文体でユダヤ人の地
の荒廃を嘆く部分を引用します。

　"たとえ、古代ローマ人が、建設計画をたて／木材を運搬し／多大な労力を
費やしても／それでもなお、橋桁は21日以内に建設され／そして、**都市の周
囲11マイル以内のすべての森林の樹木は切りつくされ／その結果、ユダヤの
国は痩せて見苦しくなってしまった**／以前は緑の森や素晴らしい庭園で有名で
あったこの地も、とうとうすべての樹木が至る所で切り倒されてしまった／そ
れは荒地のように見え、そしてかくも荒廃させられた／よそから訪れた者でな
く／以前の壮麗な地方や素晴らしい景色を見ていたなら／今、この窮乏を見て
／**そこに起こった変化の故に嘆き悲しみをこらえることができる。なぜなら、
戦争がすべての装飾と美を取り去ってしまったから**／もし、誰かが／以前のこ
の地方のことを良く知っていて／思いがけなくそこに来たとしたら／彼はきっ
と、もはやその場所を知ってはおらず／そして、見知らぬ人のように、道を尋
ねる必要があるだろう。"

　現代造園芸術は、当初から野原の樹林によって景観全体を高めることに注意
を払ってきましたが、結局は、無差別で近視眼的に破壊されたものを人工的に
回復することは容易でないことがわかりました。

　イギリスで、庭園デザインにおける自然的様式がまだ新しいものだった頃、
人々は競って各々の丘のまさに中心にカラマツLarchの小樹林を配置しました。
それは、"巨人の頭の小さな帽子"のように見えました。

　イギリス庭園デザイン様式の最初の指導者と彼らを越える人々に加えて、
ゲーテとピュックラー侯Prince Puecklerは、もっと良い方法を示しました。

第3章 公園風景観の維持管理　　221

XII クラッツカウ Kratzkau にある開放的な景観

森林研修員時代のフォン・ザーリッシュ撮影。この写真は、レンネ Lenne の計画に従って立木や寄せ植えで装飾された坂の牧草地を表す。中央にはオークが植わっているが、これはモルトケ伯爵 Count Moltke からの助言に従って刈り込まれ、公道との境界線の役割を果たしていたサンザシ hawthorne の生垣に続いて、冬の景色に色を添えるためのミズキ Cornus alba の一群が植えられていた。以前は低く刈り込まれ；

ゲーテは、小説 "**親和力 Wahlverwandschaften**"［選ばれた縁者たち］の中でそれを示しました。この素晴らしい小説では、物語の最初に紹介される4人の運命が、広大な景観を美しくすることと密接に関係しています。これはホメーロス Homer の "イーリアス *Iliad*" の中で、ギリシャ人の運命がトロイとの戦いと共にあったことと同じです。その箇所を思い起こしてみましょう。

エードゥアルト Eduard はこれまで庭の手入れをしてきましたが、これは夫に似合う仕事ではありません。妻に任せるべきでした（"庭は戸外に広がった家であり、" とピュックラー侯は言っており、それゆえ、その中で仕事が許される雰囲気があります）。同時に、シャーロット Charlotte は、公園風景観に取り組みます。そこに、大尉が到着し、彼ら双方にシャーロットがこの主題の相手ではない点を指摘します。シャーロットは、彼が正しいことが分かりました。最初は少し立腹しましたが、すぐに彼女は大尉とともに大掛かりな作業に取り組みます。間もなく、彼女は大尉と恋に落ちます。ここではいくらかの注目すべき出来事に結びつく公園の再生を割愛しますが、どうしてオッティーリエ Ottilie が庭の小さな家を建てるのに公園の最もふさわしい場所を本能的に見つけ出したのかを述べるためです。そのことによって、エードゥアルトはこれまで以上に彼女への恋に落ちます。

そのような公園風景観が本当に重大で重要な主題であると理解できない人や、理解しようとしない人は、もう一度、"親和力" に書かれたことを読みたいと思うでしょう。

小説、"ヴィルヘルム・マイスターの遍歴時代 *Wilherm Meister's Wanderjahre*" の中でも、この事柄に関するいくつかの重要な意見が見て取れます。その中編小説の中に、"**裏切り者は誰か？**"（遍歴時代 *Wanderjahre* の初本の第8章）と呼ばれる箇所があり、"郡長" の大変成功した公園風景観について詳細に記述されています。

"郡長は、……自分自身の見解や気持、そして彼の妻の好み、とうとう彼の子供たちの希望と考えに従って、まず大小に分かれた区画を造り、裏付けました。区画同士が植栽と道によって少しずつ注意深く接続されており、歩いていくと、非常に愛らしく、時には多様な、特徴的な景色が連続して現れます……。主屋と作業小屋に加えて、くつろぐための庭、果樹園、芝生の庭が加えら

れ、それらの場所からは、全く気づかないうちに乗り物が通れるほど広い道のある小さな森に入っていきます。その道はそこかしこで曲がっていたり、起伏があったりします。最も高い場所にある中心施設には、大広間が隣接するいくつかの部屋とともに建てられていました。"

　ゲーテの考えに従って、**農村の道路**はいつも公園風景観の重要な接続要素であることについて述べようと思います。ときどき優秀な森林経営者や地所の所有者の影響によって、大きくそれらの改善とその周囲の環境の向上をなすことができます。私の父もこの精神で尽力したことがあります。父は村の牧草地にある１本の野生の西洋ナシの木pear treeについて、その樹冠が移植によって失われることを防ぐべく、校庭の飾りとして囲いを巡らしました。写真［ⅩⅢ］は、冬の霜で飾られたときのその木の姿です。

　全般的な意図に戻って、私が推奨する公園風景観は、**全般に土壌がよくないすべての地域、すべての荒地、農業に利用するのが難しい場所のすべて、例えば丘陵地形、浅い土壌、粘土質ローム層などです。最後に、特に狩猟が大いに楽しまれる場所です。**しかし、よく信じられているような、いわゆる良好な地域すべてが公園風景観を受け入れない状態にしておかなければならないこと、しばしば見られるテンサイ畑の砂漠〔広大な畑〕を残すことが信じられているのは、間違っているのではないでしょうか。特に良質の土壌では木の成長も非常に良好です。したがって、周辺の裕福な村は、複合林composite forest［標準的な雑木林coppice forest］（ほうき用の小枝から水車の車輪用の材までが揃う）で提供されるすべての生産量に対して、十分な市場を提供します。1000 haの最良の草原と牧草地が伴えば、10 haの森でどんなにノロジカのための林分やその他にたくさんの楽しみの詰まった森を造ることができることでしょうか！

　森林の区画が小さいほど、経営者はより自由に行動することができます。**小さな森林では、各々の林分だけでなく、１本１本の樹木も個別に扱うことができ、木材業者の変化する需要に合わせることが可能です。この環境の中で、公園風景観の小林分内での管理の特別な利点があり、これらはその自由さによって林業芸術のための最も価値ある区域を形成します。**

　公園風景観を配置し維持管理するための**経験豊かな造園家の助言が得られる**

224　　第2部　森林美学の応用/B：美への関心に基礎を置く森林の装飾

XIII　ポステルにある村の共有牧草地に生育する野生の西洋ナシの木
ヴァスドルフ Wassdorff 氏撮影。この写真は霜で飾られた樹木を表している。写真を撮ったのと反対側の樹木の側にはベンチが置いてあり、学校に通う子供たちが樹冠の下に集まって来やすいようにしてある。

第3章　公園風景観の維持管理　　　225

人は誰でも、この好機を逃すべきではありません。このような熟練者の助言によって、**クラッツカウ Kratzkau は改善されています**。1848 年、私の父はシュヴァイトニッツ Schweidnitz の南にあるヴァストリッツ Weistritz に位置するこの地区を引き継ぎました。そこで、彼は非常に格調高い邸宅を見つけました。しかし、その邸宅は農家の庭と沼地のような堀の中にある森の間に位置して、楽しむことができる眺めは全くありませんでした。フリードリヒ・ヴィルヘルム Ⅳ 世 King Friedrich Wilhelm Ⅳ（彼は、軍事作戦の際の短時間の訪問からその場所を知っていました）のご好意で、造園家の第一人者であった王宮庭園管理責任者のレンネ Lenne を 2 度にわたって派遣して下さり、レンネがこの地所の向上のための計画を設計しました。レンネの演出は非常に小さな庭園だけの図面でしたが、公園風景観にまで広げて描かれており、その案に従って間もなく改良工事が始まりました。実際、その芸術的な計画案に従って土地を切り開くことによって美しく形作られた牧草地が創り出され、そこには潅木類と孤立木の群が適切な場所に残され、時々、必要（トウヒの樹林、セイヨウトネリコの木立）があれば 、植栽によって補われました。その後、うまく配置された歩道と道路が建設され、それらは同時に経済的な目的に役立ちました。このような成功は創造の喜びを増すものでした。かなり多くの価値ある要素が、最近（レーネンカンプ Roennenkamp によって）レンネの計画案に加えられ、私の兄弟によって進展させられています。現在、この景観芸術作品の歴史を知らない人が馬に乗ってこの区域を通過すれば、次のように言うでしょう。なんと美しく、なんと壮大であることか。それが再びここで見られるとは、"開放的な自然は、いずれにしても、今もそしていつまでも最も美しい。"

　本章の内容については、先に、クラッツカウの公園風景観［写真XII］を掲載しています。中景にある 2 本のオークは、以前は枝を張っていてもっと美しいものでしたが、その枝は背景を覆っていました。陸軍元帥モルトケ伯爵 Field Marshal Count Moltke の考えによって、最も低い枝が幹の近くから鋸で切り取られました。今、この風景場面は証明するように、全体を考慮して細部が取り扱われるなら、賢明な枝打ち pruning によって、いかに多くの景観が演出され、費用のかからないわずかな方法によっていかに大きな効果が期待できるでしょうか。

226 　第2部　森林美学の応用/Ｂ：美への関心に基礎を置く森林の装飾

　資金不足やその他の理由で造園家に助言を求める機会を持ち得ないどの人でも、ゆっくりと進め、図式主義を避け、地形の詳しい知識を持つならば、きっとなにか良いものを創り出すでしょう。しかし、有用性のゆるぎのない哲学を諦めて、**あらゆる**丘に木を植え、**あらゆる**水辺をヤナギの茂みで隠し、**あらゆる**道に沿って樹木を植えて境界を示したい人は誰でも、曲がった道路を**すべて**まっすぐにしようとしたり、または、まっすぐな道を**すべて**曲がった道にしたい人は、そうした〔画一的な扱いを行う〕場合に他の人がいつも行っているよりもあまり理解して実行しないでしょうが、定まった目標を誤ってしまうかもしれません。

　造園家に助言を求める人も、自分が手がけようとする仕事を前もって注意して考えておく必要があり、それゆえ、その主題をある程度、理解しておく必要があります。ここに、公園風景観を作り出そうとする際に起こしやすいいくつかの過ちを防ぐために、**いくつかの原則**を置くことが有効であると考えます。

　利用できる区域について、農業が全く行われないか、十分な有利な点がない場所を選び出すべきです。それは、すでに存在する樹木に覆われた部分や古い粘土と泥灰土の窪地、非常に貧困な農耕地の区域、沼地のくぼみ、険しい野原のことです。これらが樹木の群で覆われた姿を視覚化し、どのような印象を引き起こすだろうか自問すべきです。その後で、全体の景色に混乱を生み出すしかなく、そこで再びその植栽が農業を実施している際に苦痛を与え続ける事を処理すべきです。しかし、それ以外は、適切な森林利用にあてられるべきです。もし、そこで樹群のより良い形と適切な"連結"を与えることが望ましいものとなるなら、そこかしこで、この目的により良い農地の小片をささげたくなるかもしれません。

　できるだけ好ましい配置になるよう注意を払わなければならないだけでなく、**樹群の有利な構造**にも目を向けなければなりません。したがって、最初から不規則な高さの植物を使用することが推奨されますが、樹群は常に中央が最も高くなる必要はありません。かわりに、第1部で教えられたような、黄金比を思い出すべきです。いかに樹木と潅木類がそれらの種類と高さによる美しい方法で樹群が形成されているか、**洗練された例を自然が示します**。人は、芸術の目でそのような原型を**偏らずに試験し**、正しく評価することを入念に鍛えることだけ

が必要です。

このような対応が**困難な場合**、私の経験では、樹高が2～5mのカンバ類やマツを間伐や除草の時に得られた荷車道の地面に配置することで助けられてきました。これは計画した植栽の効果を眺め、改善することを可能にするためでした。私よりよく訓練された人なら誰でも、いくつかのわらの束を置くだけで同じ結果が得られるでしょう。

造園家は時として、地形を利用することができるだけでなく、その形を修正したり新しく作り出したりすることさえできる恵まれた状況にあります。例えば、ブラニッツBrantzのピュックラー侯やシビレンオルトSibyllenortのブラウンシュバイク公爵Duke of Braunschweigのために仕事がなされたときがそうです。公園風景観のためにはそのような犠牲が作られることは必要ではありません。この場合、私たちに課された仕事は、景色が最も美しいように見える景観の特徴的な質、谷間valesと同様に高台heightsを作り出すことです。これが、どのように理解されるべきかを長々と説明するよりも、簡単な例を示しましょう。

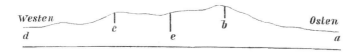

図44　長く続く丘の上の樹木の伐採方法に関する模式図

図44にその長い断面図を示しますが、普通の平坦に近い地域に砂丘があり、そこに同齢のマツが植えられていることを想像して下さい。そこでは、1回目の伐採をbまで、数年後1回目の伐採をcまで、最後の伐採をdまで導くことが推奨されます。これらの地点では、伐採が開始されたときに見られる〔伐採面の〕樹木の急な壁と丘陵の傾斜のより強い角度が相互に影響を及ぼし合います。もし伐採が1年間で中央のeの位置まで、その後、丘陵の端まで行われるとしたら、全く逆が正しいでしょう。

更に、数mの高低差が、平野の特性の全体的な性格をしばしば変えます。低い位置は、牧草と草地の栽培に好んで残されます。これらの条件の下で、地形が変化するラインに沿った林縁は、常に特別良い効果を持つでしょう。もち

ろん、それらは途切れず連続的な林縁を作る必要はありません。全く逆に、上から牧草地を見下ろす眺めでなくてはなりません。

最も低い区域は排水路drainage ditchの経路によって特徴づけられます。一時的にしか水を流さない水路でさえ、それらの境界部分が美しく植栽されているなら、景観にとってかなりの重要さを得ることができます。水路の最も明らかな特性は、樹木や潅木植生に密接な因果関係で位置する曲がりくねった経路です。それは、一本の古いハンノキの根の塊に塞がれて、完全に方向を変えている水路を目にすることが良くあるからです。そこでは、必要不可欠な関係の維持によって、もっと同時的な事物の移動によってとその顕著な終了によって、樹木の成長と水路がお互いを調整することが重要なのです。特に**平野**ではこれらの例が繰り返され、わずかな方法が大きな効果を引き起こすのに十分な役割を果たします。眺めの開放、大木の公開、存在する建物や樹林の関連性が欠けた場所に樹林を設置することは、数千ターレルの費用をかけた庭園よりも、地方の邸宅の向上により多く貢献することができます。これが不十分にしか認識されないことがあり、水路の変更によって逆の結果をもたらします。

特により豊かな地域では、あちこちで自分の地所の富裕な人がある土地を四角く塀や壁で囲み、これを**庭園**とすることをしばしば見ることができます。万事に厚く植栽されて庭園はその内部を見ることはできません。実際に、外界に対して敵意のある方法で閉じられているようです。しばしば、**教会の敷地**が教区の土地にもっと孤立して置かれています。良い区域にあるシュレースヴィヒ・ホルスタインSchleswig-Holsteinで木材生産に使われる森林が同じ様に閉鎖されていると話されています。堤防と水路がその森林を囲み、それらが障害となって接近を阻みます。このように孤立したところでは、樹木は景観の装飾としてではなく、**奇妙さと陰気さ**を加えて現れます。このような孤立した植栽に関連が生まれるならば、この好ましくない印象を和らげたり取り除いたりできます。

シュレースヴィヒ・ホルスタインでは、囲いが生垣hedgerowsによって頻繁に設けられていますが、並木や他の植栽を用いても行うことができます。並木道については特別の章が捧げられるでしょう。生垣の列に関しては、区域をあまりにも遮り、不明瞭にすることを繰り返します。少なくともいくつかの部分

では、オルデンブルク Oldenburg の大公爵が、美しい眺めを開放的に保つために、ホルスタインの所有地でしばしば行ってきたように、低く刈り込まれた生垣によって置き換えられるべきです。大変、浪費をしてはならないほど**土地が貴重でないところ**、あるいは、**狩猟利用**が不動産の減収の一部の代用になることを見込まれるところでは、並木道を整備する代わりに他の開発を推奨できます。これはイギリスの事例に倣って、ピュックラー侯がブラニッツ Branitz において計画し、部分的に実現した方法です。そこで、これをピュックラー生垣 Pueckler-hedge と呼ぼうと思います。彼は次のように書いています。

　"道路沿いの両側に、状況に応じて、ある所では狭くある所では広い一片の耕地は、森林の植林のように溝が掘られ、若木が植えられています。しかし、個々の間には、より背の高い群が配置され、下層植生の上で一種の不規則な並木を形成します。接している土地が自分の地所でない所では、道路の縁に沿って狭く植栽しないで、背の高い群を連続させることに甘んじます。"

　"若木は普通、下層植生の潅木類のように取り扱われ、6〜10年毎に伐採されますが、より背の高い樹木はそのまま成長させておきます。"

　"この方法で、みすぼらしい地域でさえ道路からもっと親しみある外見をすぐに得ることができます。後ほど、種々の取扱いによって、さらにまだたくさんの別の効果を生み出すことができます。それは、大きな集団をそのまま成長させ、孤立した老木は枝打ちをして形を整え、他の個々の木を切り払うこと、などです。最後に、これはどこにも魅力のない混乱を招くだけの外部の景観に、樹木の葉の密集した壁によっていつも完全に遮ることができます。"

　人々が一種の熱狂とそれを価値のある奉仕だと考えて農業を行っているいくらかの区域では、しかしながら、長い間に背が高くごつごつして崩れかけている御影石が、街路樹に取って代わりました。ピュックラー侯の提案は、このような状態を指しているのではありません。**少なくともあちこちの孤立木**が滅亡を逃れてきたことを喜ぶべきです。これを書きながら、私は、ブレスラウ Breslau 近傍ローゼンタール Rosenthal にある1本の古いヤナギを考えます。特に大きかったり、特に美しかったりしたわけではありませんが、そのヤナギはそこに生えている**唯一**の樹木で、その辺りに生育するビートの芽以外のものに目を向けようとすると、視線はこのヤナギにたどり着きます。主人や女主人、

農場労働者や日雇い労働者などの、この木と関係する記憶がどれほどたくさんあることでしょう！ つまり、このヤナギは近隣の貴重な土地に関するある種の象徴としての役割を果たすものなのです。この場所では、鳥の猟の重要な部分(朝食はそこに運ばれることになっている)が演じられます。野外研究者たちがその木陰で休みます。どの人にも方向を判断するのに役立ちます。

しかし、森林とはあまりにもかけ離れてしまいました。読者の中には非難の疑問が湧きあがっている方もいらっしゃるでしょう。一体全体、これは何の話なのでしょう？ 公園風景観は、林業でいったい何を満足しなければならないのでしょうか？ そこが論争の場であることを認めなければなりません。造園家はそれを借用することを既に願い、農業者(それは強化されることになっている開放農地です)も議論に参加するつもりです。農業者と造園芸術家——前者は常に純益について考え、後者は全く考えない——は、林業教育を受けて判断力を持った人が仲介の役割を引き受けない限り、簡単に合意に達することができないでしょう。

郡長と彼の娘の創作についてゲーテが言ったことがほぼ真実である場合に、公園風景観が成功したとみなすことができるでしょう。すなわち、"それは言葉では表現できないほど美しかった！ 人はすぐにどこにでも見られると考えたでしょうが、簡素さの中にこれほどの魅力とこれほどの喜ばしさはどこにもないでしょう。"

そのような美的な利益は、しばしば、費用をかけず、ほとんどの場合、非常にわずかな費用で得ることができます。公園風景観に費やされる10ターレルは、所有地を美しく飾るための公園に費やされる100ターレル、そして庭園に費やされる1000ターレルと同等の価値があると私は見積もっています。

第4章　道路の開設と装飾による森林の高揚(交差路、道路標識)

第2部の最初のセクションでは、林道網の配置のための最重要ポイントが考えられてきました。しかしながら道路に関して、純粋な美学的立場でどのような対策が望ましいものとなるかをさらに議論する必要があります。

これは、2つの異なる物事です。一方は道路の**数の拡充**で、もう一方はそれ

ら道路の**高揚**です。ある場合には、美的観点から、既存の道路が導かない地域の美に近づけるために、木材輸送路から離れた公共交通に案内するために、林道や探勝路の他にも、道を開設することが適当かもしれません。また特別な歩道footpathsや馬道、自転車道や車道を開設し、それらを平和的に区分しておくことが適切であるかもしれません。

　すべての正規の公園には、主要な景勝地を通る"迂回路"を整備しておくべきです。これらの迂回路上でハイカーは、まさに自分のために、自分自身の喜びと楽しみのために与えられたあらゆる自然の驚異に心を打たれるのです。裕福な森林所有者もまた、自分自身の喜びに加え他の人々が利用することと幸福のために、森林内に均一に形作られた道路を整備することが推奨されます。これらのいくつかがヴィースバーデンWiesbaden近くにあり、**周遊路round trip roads**と呼ばれています。その道路は、標識なしでもハイカーを誘導することができなければなりません。

　この他、特に多くの人々と休息を必要とする人が接する地区では、隔てられた場所へと通じる**細い支線道路や小道**を十分に備えておくべきです。病気の野生動物と同様に疲れた人間も、他人から離れて一人になるのを欲する時があり、一人で歩き、一人で腰を下ろしたくなるものです。したがって腰掛ける場所も必要です。トウヒやブナの下に設けられた**ベンチ**では、上木が長時間雨よけとなってくれます。ブナの下でハイカーは、雷に打たれる恐怖を感じることなく雷雨が過ぎ去るのを待つことができるのです。

　ベンチや道があまりにも多いと森林の景色の平穏をかき乱します。必要以上には作らず、またそれらを維持管理の手法で著しく目立たないようにすべきです。維持管理の手法は主幹道路と周辺道路とで明らかな相違を作るべきです。もちろん、根や石を注意深く取り除くことや、穴や溝を埋めて平らにする場合に損傷を与えてはならず、かと言って**全て**の支線道路と小道を明確な縁を持ち、明るい色の砂利で彩色され、落ち葉や雑草のない状態に保つ必要はありません。さもなければ、保養林spa-forestという用語は森林とは全く馴染まないものになってしまうでしょう。

　新しく造られた道路というものはどうしても非常に目立ってしまうものですし、特に同時に何本もの道路が建設された場所では、森林は1、2年の間、人々

の無愛想な批評の対象とされてしまいます。"多くの道路"は"森林の詩のすべて"を壊してきたと言われています。この問題は**新しく開設した路床に草本の種を播く**ことで、迅速かつ容易に改善できます。高価な草本の種は必要ありません。主任森林官の馬小屋の干草置き場から取ってきた干草の種が、この目的に素晴らしい貢献をしてくれます。というのも、こうすることでオオバコ*Plantago*などある種の雑草を導入した際に引き起こされる問題を防ぐことができるのです。ポステルで、この数年間にわたり試験・改善されてきたこの手法は、**野生生物の採食地**にもなるので、狩猟の観点から見ても有益です。もちろんこの手法は舗装されていない道路でのみ推奨します。

　上述の方針に従い、支線道路を節度ある幅(3〜3.5m)だけに設定するのであれば、必要なだけの道路を心配せずに開設することができるでしょう。樹冠に守られ、草本やその他の植物が茂り、落葉落枝に覆われることで、それらの道路が目立ちすぎることはほとんどなくなります。またそのような道路を、短い区間だけ、目が踏み跡の方向に従うように、しばらく切断する場合、部分的に隠すこともできます。この方法は狩猟に関して非常に有益です。シカは木立で遠くから発見されないこのような道路上に立ち止まり、草を食べることを非常に好み、狩猟大会の主催者は、狩猟グループとなった来賓の安全を促す掲示をする際にそのカーブをみごとに活用することができます。

　道路を配置することへの注意を増やすべきです。地形区間が小さいほど、その美しさが顕在化します。もし緩やかな傾斜の山腹を、中腹に建設された道路が水平に遮っているとすると、地形に対する全体的な印象は容易に変えられます。平原に存在する狭く切り立った峡谷について、小川の土手に沿ってそこに下りる小道を作りたいという誘惑に性急に屈してはなりません。私は、このような小さな条件は、たとえ審美的効果を損なわない小規模な歩道であっても許容しないことを何度も注意してきました。したがって、小川の変化に応じて上下する眺望を提供するために、小川の土手の上端に歩道を配置し、特に美しい場所を木製の橋で横断するようにするのが良いでしょう。

　幹線道路の管理については、支線道路を建設する時のような自由を楽しませることはありません。道路の配置はあらかじめ決められていることがほとんどですが、僅かな補正は可能でしょう。**交差路crossroads**の場合、こうしたわず

第4章　道路の開設と装飾による森林の高揚（交差路、道路標識）　　233

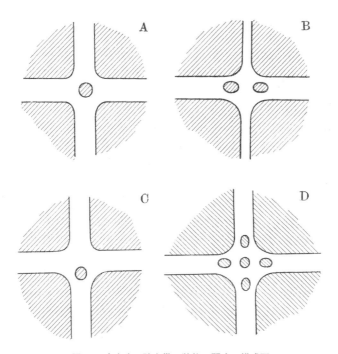

図45　直交する防火帯の装飾に関する模式図

かな補正は大いに役立ちます。ブルクハルトは既に"**マツ林の長く面白みのない交通路に、交差道路を相応しい樹種のよく手入れされた木立で覆い、林分の角を丸くして車の通行に充てる**"よう推奨しています。これは図45のA～Dのようなものであると考えられますが、もっと容易にできます。

　森林地域においては、図46のEのような単純なものでも十分良く見えます。その他に容認可能な形を示したのが図46のFとGで、これらの他にも似たような多くのものを加えることができるでしょう。たった2本の直線交通の直角交差路と同様に、かなりたくさんの構想の余地があります。さらに多くの多様さは、カーブした道や食い違い交差点、1本の道路の2本のアームへの分岐、複数の道路が星形で交わる合流路などを提供します。特に変化に富んだ地形は、カーブでの分岐と道路断面の上下によって、全く異なる設定ができます。これらは、相応しい、刈り込まれていない立木によって、もしそれらが欠けている場合には趣味の良い縁どりの植栽をすることによって、その特別な魅力を増加

234　　第2部　森林美学の応用／B：美への関心に基礎を置く森林の装飾

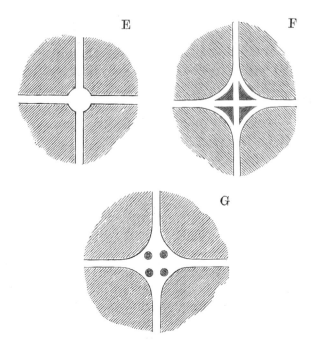

図46　直交する防火帯の装飾に関する模式図

させることができます。交差点について考えつくデザイン、もしくは推奨されるデザインの数だけでも非常に沢山あります。よって**たとえ広大な森林であっても、各々1つの交差点に個性を持たせることはそれほど難しいことではなく、むしろ実りある仕事です**。ただし、"やり過ぎ"だけは避けなければなりません。私は、以前、簡素な図46のEによって示された小さな十字路carrefour（直角交差点）を見ましたが、それは非常に念入りに均されており、またトウヒで縁取られていました。装飾のための森林官の意欲がそのような交差点を作り出したのでしょうが、接近する防火帯はかろうじて運転できる状況でした。このため、当時、それ自体は賞賛に値する創作物は、あまり刺激されず、むしろ退屈な印象を受けました。

　"満たす"というのは眺めを完全に遮るということではありません。"居心地の良い"樹種は景色をより魅力的にするものであって、眺めを遮ってはならないのです。

第4章　道路の開設と装飾による森林の高揚（交差路、道路標識）　　235

図47　図45のCの方法に従って植えられたポステルとプロッツProtschの境界にあるオーク

（ベルリン在住のMs. Edith Schiemann画）

　どうやってこれを実現するか、また避けるべきかを示す2つの優れた例をベルリン動物園Berlin Zooで見ることができます。1つ目の例では、私は花Flora広場の黒いイチイyewを取り上げて考えることを奨めます。それは遠くから遊歩道の中心に見えており、写真XⅣに示すように非常に魅力的な眺めを作り出しています。森林内では、刈り込んだイチイの代わりにピラミッド型に成長するセイヨウネズを植えるのがよいでしょう。

　暗い背景の前面では、明るい色の木が映えます。図47の小さな挿絵はマツ林内の交差点を飾るセサイルオークSessile Oak（ダーマスト）を描いたものです。ブランデンベルグ門近くのライオン群像の奥を囲む植栽は適当ではありません。それらは伸びすぎており、望ましくない方法で"カエデの急傾斜区

域"を"充たして"います。

老木はそれ自体が交差路における自然の装飾品となります。それらは決して景色を損なうことはありません。かつて私は、3つの絵のように美しいマツの木立が角で突き当たりに立つように、2つのかなり長い防火帯を形作る作業に丸1日かけました。森林に入るたびに、この時の努力が報われていると言えます。そうした木々が無ければ、残念ながらその場をいきなり創り出せるものではありません。そこで、**大きな石**をいくつか、できるだけランダムに置くのがより簡単な方法です。これらは、表面に碑を刻んだり、あるいは**道標trail sign**として利用したりすることもできます。

特に道標の設置に関しては、ブルクハルトBurckhardtの基本形（図45のA〜D）の中心部分が優れた場所を提供するでしょう。ただし、切石の円柱（最上質の高級品）は常に希少性を備えておくべきですから、適切な場所に設置するのに値するように見せなくてはなりません。**碑文inscription**（"あぁ、私はどれほど黒と灰色を憎んでいることでしょう！白と黄色、青は、それよりはマシなものの"とフォン・ヴィルドゥンゲンvon Wildungenが歌う）は深緑か石色の背景に黄色っぽい白色であるべきで、上品に読みやすいように記されるべきです。

道標はしばしば、解決よりも疑いを創り出すので、人々に不愉快な驚きや予期せぬ苛立ちを引き起こす原因にもなりますが、かなり、**ユーモアのセンスを込めることができます。**とても有名な例の1つは、野ウサギが棲む若齢のマツの植林地の真ん中に設置された道標で、これは5匹の駆ける野ウサギのシルエットをアームの代わりに伸ばしています。また他の道標は、公衆に向かって次のような表示を主張しています。

> *"私は道を案内するよう指示されていますが、*
> *あなたと一緒に行く義務はありません。"*

ここでのユーモアは、やはり標識が盗まれてしまったということです。いずれにせよ、ごくまれに生じることが許される、このような冗談は、単調な状態に退屈したハイカーがいかなる種類の刺激でも喜んで受け入れる気になっているところで、おそらく設置される可能性が最も高いといえるでしょう。

第4章　道路の開設と装飾による森林の高揚（交差路、道路標識）　237

XIV　ベルリン動物園Berlin Zooの花広場Flora-Placeにある並木
ベルリン在住の宮廷写真家Braatz氏撮影。この写真は並木道を遮るように植えられている刈り込まれたイチイである。

238 🪺 第2部 森林美学の応用/B：美への関心に基礎を置く森林の装飾

しばしば行われるのですが、誤った節約から伸びた**生木に標識をくぎで固定することは決してやってはいけません**。粗末なくぎによって傷つけられた樹幹を見るのは恥ずかしいものです。

この点に関してナイマイスターNeumeister[132]は次のように述べています。すなわち、"森林の献身的な保護者や管理人、森林官やハンターが、林分を損傷する行為を自由にさせないが、時には組織的にそれを擁護さえしているというのは明らかに奇妙な現象です。森林を歩いていると、木にくぎ打ちされるかネジ留めされた道標や警告板、区画番号標識を目にします。こうしたやり方によって多くの、しばしば価値ある木々が目だって、しかも経験からすると大抵の場合は幹の最も使用できる部分に損傷を受けています……これらの失敗を除くために、数年間いくつかの森林で、既に役立つよう用いられている手段を以下に記します。

1. 道標、禁止標識、区画番号の例のような位置標識は、生木にくぎ打ちもしくはネジ留めしてはならない。それよりも、基部を炭化させるかタールを塗り、これらの場所の地面に打ち込んだ剥皮した杭に固定すること。

2. 杭を節約するために、区画番号は適切な立木に役立つ高さで白色に書かれるべきである。均質な数字を得るために、木の実際の箇所にあて、白ペンキを含ませたブラシでその上を塗る型紙をボール紙で作ることが推奨される。ペンキは白を基調にニスか、油とテルペン油を混合して使うべきである。木の番号を記す箇所は硬いタワシか軽く樹皮を剥がすことによって、予め滑らかにしておくべきである。こうすると同時に下地の色を良くすることにもなる。"

"そのような番号表示の1区画に必要な総費用は、場所を移動するのに必要なタイムロスを含め、せいぜい10ペニヒpfennigsです。経験からすると番号は長年月、これらの林分に残り、補修にかかる支出も番号標識より少なくてすみます。"

地元の美化協会Associations for Embellishmentが作業しているところでは、しばしば、道路の色彩表示が幾分過度になりがち[133]です。まさにこんな愚痴となります。"10番目の木ごとに、最も明るい色調の数色の目印が塗られていますが、これによって景色が害されて、見るのも苦痛です。審美的観点からすれば、左右に並ぶこれらけばけばしいペンキ表示の間を歩くことは、鞭打ちの刑を受

けるに等しいといえます。"

　案内しようとする熱意も行き過ぎはよくないのです。私はマイスナー
Meissner高原にあるカルペKalbeへの道を記した表示をかなり有用なものだ
と考えています。そこでは玄武岩の6面柱が設置されていることを言っている
のです。

　次章では、植栽木を使って道路と歩道を表示する方法をお教えします。

第5章　道路や防火帯に沿った植樹

　前章では、道路、歩道、通路などの美しさを向上させることについて述べて
きました。ここでは、前の章の内容と同じ目的を目指しながらも、**縁の植栽に
よる道路と防火帯の向上**が森林の美に気づくのに最も効率的な原動力であるた
め、独立して、取り扱う必要があります。これらによって良くも悪くもなりま
す。悪くなるというのは、**すべて**の道路を**特別な植栽**によって**強調してしまう
のは適切ではない**ということです。私はこのことについて繰り返し述べたいと
思います（他の場所でも述べていることですが、ひとつの章にざっと目を通す
だけの貴重な読み手のために）。**道路が目立てば目立つほど、森林の中にいる
感じが少なくなるでしょう**。例えば道路上か街路内ではまさにそうで、林分内
では全くそうではありません。森林に厚くとり囲まれているというこの感覚の
中で、特別に惹きつけられるものがあります。それは、例えば、狩猟者や鳥の
捕獲者でない人が、狩猟の小道を歩いてみたり鳥用の罠を見て回ったりすると
きに経験されるでしょう。**このような理由から、私は森林の中に並木があって
もよいと思うのは、道路の幅が広すぎて囲続されている印象を損なってしまう
場合、また、とくに明瞭に他と区別されなければならない、主任森林官か狩猟
の邸宅へ誘導する重要な道なりか、あるいは防火帯とその同等の長さの管理上
の区画を区分し、それ故に異なる齢級を区分する明瞭な伐採線**だけです。し
かし、区画や地域の中へ通じて、個別の単位に接近することだけが意図され
た"四車線道路"は、規則的な植栽によって縁を設けたり、際だたせるべきで
はありません。

　一列の並木alleeの植栽が実際に耐えうる道路でも、牧草地を横切る場所で

は、不適当な方法で草地meadowをみわたす眺めを妨げないように注意しなければならないでしょう[134]。これは樹木の不規則な配置か、高く成長する種と低く成長する種の利用、前面に植える植物群によってもあちこち変化させて、**もっと確実には、最も不規則な道路植栽、"ピュックラー生垣Pueckler-hedges"への完全な推移によって**、避けることが出来ます。これは、このセクションの第3章で既に学んだ方法です。そのような場所での道路植栽は完全になくして済まさなくてはならないでしょう。

行き過ぎた熱意を冷ますためには、上述のような注意が必要でしょう。そしてその目的にとって注意が十分であることを望みます！ さて、消極的な話（そうしないためにはどうしたらよいか）から、積極的な話へと話題を変えたいと思います。

私は道路の縁の植え込みを2つに区分します。第一は取り囲む景観に対して、もしくは道路自体に近い近辺の林木に対して立っているもので、第二は、樹木の列からなる実際の並木です。第一の分類は、頻繁に言及するピュックラー生垣や林分の裏地linings of stands**を含んでいます。並木はこれらの林分の裏地から育てることもできますが、それらは、初期には全く異なった印象になります。そのため、それらは、最初に述べた、並木に対する疑いに話題をわずかながらそらしてしまいます。それは、林分の裏地は選択された樹種のみによって**

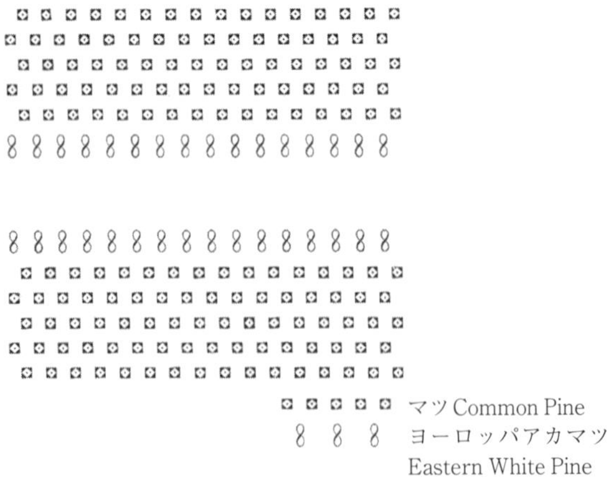

マツ Common Pine
ヨーロッパアカマツ Eastern White Pine

図48　道路による境界と並木の模式図

第5章　道路や防火帯に沿った植樹　　241

森林から区別された植栽ですが、それらの位置によって森林の一部となっているからです。多くの言葉よりも図48にこれを示します。私が理解している限り、林縁に好まれる樹種は林分で優占するものよりもいわば雄大となるもので

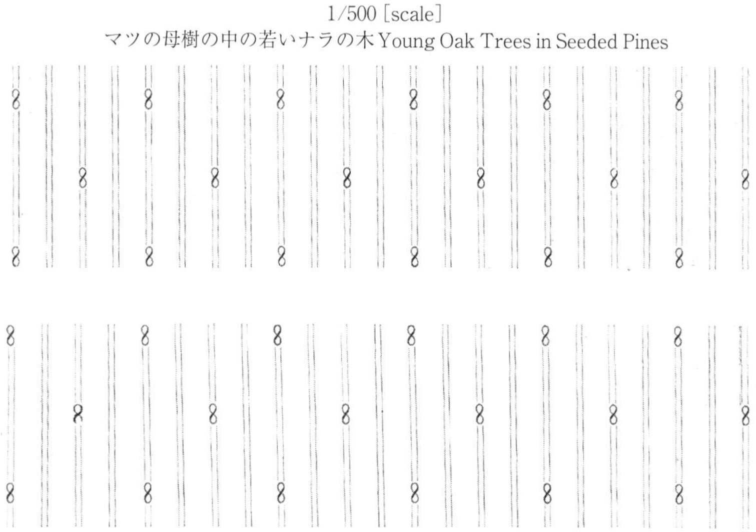

1/500 [scale]
マツの母樹の中の若いナラの木 Young Oak Trees in Seeded Pines

図49　道路による境界と並木の模式図

8 8 8 ナラ oaks　■ ■ ■ シナノキ linden　❑ ❑ ❑ トウヒ spruces

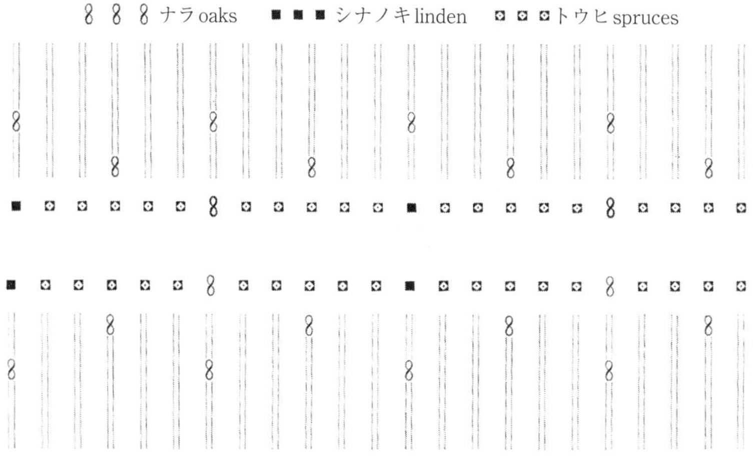

図50　道路による境界と並木の模式図

す。そのため、例えば、トウヒに沿って広葉樹を並べることは同意されません
が、トウヒに沿ってマツを並べることは同意されます。トウヒ自体はモミの林
縁に受け入れられます。

　図49、50の配置は、特にマツ林分を落葉樹によって装飾するのに適してい
ます。そのような立場で、オークや、何か好まれる樹種を第二伐期に守ること
が、部分的に可能です。この方法は最初から非常に並木らしさを示すので、そ
の他の方法を正当化しようとするどのような反対意見も、この森林の美しさを
前にすれば口を閉ざすしかありません。

　**樹木が並んだもっと狭い意味での並木、隣接する森林よりも、むしろ道路そ
のものに含まれるように見える樹木の植栽は、2つに区分することができます。
1つは樹木が狭い間隔で植えられており、隣同士の樹木の葉が重なり合って連
結された樹冠を形成する並木で、もう1つは、より広い間隔で植えられていて、
個々の樹木がそれぞれ孤立して見える並木です。**

　**最初のタイプの並木——これを閉鎖した並木closed alleesと呼びたいと思いま
すが**——これは好ましい樹木の成長によって最もすばらしい効果を発揮できま
す。この効果を維持するためには、樹木の種類を1種に限定し、そしてもし可
能ならその頂上が密に接しあうもの、例えば、シナノキ、セイヨウトチノキ、
ブナなどを選ぶべきです。さらに、**並んだ幹は5m以上離してはいけません。**

　その効果の壮大さは著しく増大し、そして、主要道路の両側、あるいは少な
くとも片側に歩道が建設され、同じように植栽されるならば、ある種の快適さ
(特にある安心感)が得られます。**なぜなら、各々、密集した並木は可能な限り
規則正しい装飾をされるので、樹木は道に沿った方向だけでなく、それぞれの
方向の例に沿って配置されたように見えなければなりません。**これは、植林地
の手入れの際に用いられる正方形の計測法を用いることで容易に造ることがで
きます。歩道を含む道路区域全体が120cm間隔で樹木を植える正方形植林を
用いた植林地に移行されるように、目立たせられるべきです。そうすれば、す
べてが合うように若い広葉樹の適した植栽場所の選択がとても容易になるで
しょう。グラフ用紙を扱う方法を知っている人なら、誰でも机上でより気楽に
計画を立てることができます。道に沿って造られている**側溝**でさえも、時には
4列に樹木を植える理由になりうることはお分かりでしょう。図51aと　bは対

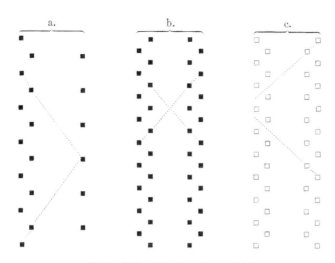

図51　道路による境界と並木の模式図

角線の方向に沿っても直線の配置が認められる例、図51cはそうでない例です。

　並木の樹木が大きく育つ間に、厳しい日陰によって道路が乾燥しなくなることは具合が悪いことです。この理由で、多くの場合、**開いた並木** open allees が好まれます。開放的な並木は、1つの樹冠が他の木を制限しないように、しかし、個々の樹木が完全に孤立して見え、鑑賞できるように、植えられ、（早い除去によって）維持管理されなければなりません。また、開いた並木は、その長い区間を通して単一の樹種が用いられるかもしれません。とりわけ、並木以外のものが良く見えるような場所、例えば、素晴らしい山岳区域のように、並木が地方道路の二次的な要素でしかないような場所では、その傾向があります。山岳地域で谷底から山腹高くまで延長する1つの樹種の並木は特に目を引くもので、そのような並木は山の気候の物差しのような役割を果たします。私がよく覚えているのはナナカマドの並木で、谷部ではすでに赤くなっている実が、山を登ると、樹木の植わっている高さによってオレンジから黄色、緑色まであらゆる色合いを見せます。また、閉じた並木の荘厳な効果よりも開いた並木を持ってきた方が適しているように見える場所では、単一の樹種、あるいはできるだけ相性の良い2樹種に限定してのみ、この目的が達成できます。また、これは**ピラミッド型の樹冠**を形成する樹種を用いるとほとんど間違いなく成功し

ます。

　残念ながら、セイヨウハコヤナギ［Pyramid Poplars］や比べるものがないほどもっと美しいピラミッドオークは、並木には不利です。それらの樹木を長い列のように設置すると、網や壁のように区域のすべての眺めを隠してしまうからです。そこで、区域で多くの景色が損なわれない場所か、ともかく、眺望が開けていない場所にのみ適しています。ピラミッド型の樹木からなる並木は短か過ぎてはいけません。そうしなければ、集団で植える効果がなくなってしまうでしょう。一方、並木が長く続きすぎないようにすることも重要で、せいぜい3kmが限度です。さもないと、均一の幹の単調さにうんざりしてしまうでしょう。また、ピラミッド型の並木は、高木の森林にも適していません。なぜなら、側面の陰が下部の葉を無くし、見苦しくしてしまうからです。**居住地と森林の接続のために**、ピラミッド型の樹木はより適しています。なぜなら、家々と森林が並木で足りないことを補いきれない列に良い終点を与え、さらに印象的です。

　いくつかの樹種と無関係に1つの並木に結合することは時に有益ですが、常に困難な仕事です。無意味に、また着想なしにこのような施業は出来ません。樹種を選ぶにあたっては、道路自体にすばらしい輪郭を与えるために、樹木の列が側方からどのように眺められるかを常に考えるべきです。他方、望ましくない場所の高い樹冠によって景観を横切って全体の眺めを遮蔽すべきではありません。

　樹木が互いから離れていればいるほど、樹種の選択の幅を広げることができますが、狭い間隔（10m以下）を開ける場合は確かな方法を使うと良いかもしれません。ここでは、そのためのいくつかのヒントがあります。

　好まれる樹種が異なる寿命である場合、寿命の短い樹種が枯れても整然とした構図は保たれるために、寿命の短いものと長いものを並列させるように気をつけなくてはなりません。私は図52aの一例を推奨したいと思います。

　図52bで示すように、2つの列間で樹木が対面していない場合、いくつかの樹木が取り除かれると正確な均整さが保たれないという欠点があります。そのため、同時に、隣接する2本を切り、混交の割合が伐採前と同じになるようにしなければなりません。それは、長期的に、適切な樹種の選択をした場合のみ

第5章　道路や防火帯に沿った植樹　　　　245

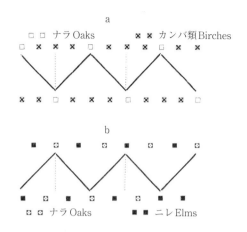

図52　道路による境界と並木の模式図

可能です。最後まで残る木は、図中の線で結んだ個体です。

　植栽をより多様に、より豊かなものにしなければなりません。そうすれば、住宅の近くや砂地や傾斜の地層が、自動車でさえも歩くほどゆっくり走ることを強制する所で、人々はより頻繁にその道を訪れ、かつ、よりゆっくりと道を歩くようになるでしょう。**季節ごとに何か素晴らしく見せてくれる樹種の組み合わせが可能ならば**、非常に有益なものになるでしょう。それゆえ、葉が緑色になるのが遅いオークのような樹種と、早いカンバ類やナナカマドなどを一緒にするとよいかもしれません。他方、カンバ類は真夏に最も美しく見える樹種（ニセアカシアやナナカマドなど）と混交させなければなりません。落葉樹は針葉樹と交互に用いることができます。トウヒは特にシナノキとよく合いますが、オークとは合いません。いつも樹種は、少なくとも隣接する林分と美的に同じ程度のものを選択しなければなりません。例えばヤマナラシは、マツ林の中の並木としてなら用いてもよいのですが、混交した落葉樹林の中にはふさわしくありません。許容可能な組み合わせの数はほぼ無限にあるので、その詳細について議論することは不可能です。長々と説明する代わりに、私自身の実行の例に紙面を割きたいと思います。

　私の家に至る車道は、砂地に比較的急な上りで、はっきりした境目がなく、枝が垂れ下がったポプラの老木と腐ってカビの生えたヤマナラシが不規則に刈

り込まれていました。

　この道路は、今では好ましく調えられていますが、村はずれにシナノキの並木道があるのですが、実際には6種類のシナノキの開放的な並木道です。その森林に沿って道路のはじめの曲がり角まで直線でイングリッシュオークがあり、列は数本のピラミッドオークで終わっています。さらに下ると、道路は他の誰かの畑に部分的に接しており、そのような場所は日陰による損害をできるだけ避けるために、サイカチとナナカマドが交互に植えられています。後者には7つの種がありますが、常に同種の2本がお互いに向かい合うように植えられています。サイカチはこのような場所にとってあまり好都合な選択肢と言えません。なぜなら、その棘が人や物を傷つけるので枝が道側に伸びないことを、常に警戒しなければならないからです。平易で豊かな多様さは、いつも私を楽しませてくれて、傾斜を上がって家に自動車を運転する時でも、つい歩くほどのスピードになってしまいます。しかしながら、森林内では、私は今まで色鮮やかな混交への誘惑に抵抗することができました。そこでは、決して2つ以上の樹種を混交させることはしてきませんでした（例えば、オークとシナノキ、オークとカンバ類、オークとカエデなど）。交差点の装飾に限って、最大3つ目の樹種を加えてきました。

　私の近所に別の例があります。これはすべてが事実ではなく、ほんの少しの理想を加えています。

　およそ20kmの長さで、互いに2つの町（トラッヘンベルク Trachenberg とスーラウ Sulau）に導かれて、1本の田舎道が2つの貴族の城館を結んでいます。城と町の近くには、町の人々が夕暮れ時に散歩するために、シナノキとセイヨウトチノキが密に植えられた2列の並木があります。そこで、人々は果実に目がいきます。サクランボの区間、続いて梨、最後がリンゴです。リンゴはすべてが同じ "Red Reinettes" という品種ですが、これはリンゴ農家の間で "Purple-red Cousinot〔リンゴの古い品種〕" として知られていて、彼らが推奨している品種です。このリンゴの品種が地方道路に推奨されるのは、樹冠が垂直方向に成長するからです。その利点は、厳しい冬や遅霜にも非常に強く、生産性がとても高く、赤い花と果実のすばらしい姿にあります。ただ、その実を木からもぎ取ってそのまま食べることはできません。

第5章　道路や防火帯に沿った植樹　　247

図53　1885年に出版されたGaucherの「接木法」に従って四角く形作られた果樹の樹冠
「接木法」はStuttgartのHoffmann社によって出版された。

図54　1891年に出版されたGaucherの「果樹育成の実践（Practical Fruit Cultivation）」に従って四角く形作られた果樹の樹冠
「果樹育成の実践」はベルリンのParey社によって出版された。

　果樹の樹形がいつでも見苦しいことを主張すべきではありません。そう思っている人は、樹冠の"鉢植え剪定pot-pruning"によって創り出されたような悲惨な姿を想像しているのでしょう。しかし、この実行はもう随分前から果樹栽

培農家の人々に却下されています。図53と54は、成長の良い果樹 fruit tree が
どのように若木に見えるかを示しています。このような樹形は、また、その後
の樹冠の有望な発達を保証します。図53は、冬の木がどのように剪定される
のかを示しており、図54は次の年の樹冠の発達の様子を示しています。

　果樹の並木 fruit allee は、年に5回、私たちの目を楽しませてくれることを
兼ね備えています。[135]サクランボの花、セイヨウナシの花とリンゴの花、サクラ
ンボの実、そしてリンゴの実の時期です。

　2つの町の中ほどに森林があり、沼と牧草地を囲み、ところどころに垣根が
造られ、野生動物とマツ、トウヒ、オーク、ブナ、ハンノキの立派な林分が蓄
えられています。カエデはその森林の全行程に並木として用いられてきており、
道のそれぞれの側の各々他の樹木はカエデで、部分的にプラタナス（Sycamore
Maple）、そして部分的にノルウェーカエデ（Norway Maple）です。2本のカエ
デの間には、常に他の樹種の木が植えられていなければなりません。それは、
私たちの側に特に良くとけこむからか、その選択が他の環境、例えば、保護区
のシカの飼料のための若葉としてのセイヨウトチノキ、沼や牧草地のトネリコ
やニレか、橋か脇道に分岐する場所でカエデの間のシナノキかのいずれかのた
めです。これらの場所で、カエデの形は普通の樹形のものではなく、葉の裏側
が濃い赤色を持つプラタナスのすばらしい変種に置き換えられています。例は
これまでとします。

　思慮のない手入れが、並木の美的価値を正反対に向けてしまい、文字通り、
痛ましい剪定によって落葉樹がひどく傷められなくてはならないことは、遺憾
なことです。**手入れをすることが出来る以上に、並木を多く設けるべきではあ
りません。道路に向かう枝の成長は、まだ若い間にその先端の穏やかな切り取
りで妨げられます。そうすることで、数年後の大きくなった枝の醜い切断を回
避できます。**樹木の手入れの細かい指示は、既に前述しています。

　並木は、電信会社の活動によって多くの損害を受けています。電信会社は、
電線 wires が木の枝に接触しないように安全にすることを確実に行わなければ
ならないからです。私が薦めるような樹木の剪定は、樹冠がただちに電線の範
囲を超えてしまうでしょう。

　近年では、電信回線に絶縁体をとりつけることも薦められています。[136]この方

第5章　道路や防火帯に沿った植樹　　249

法が成功することを祈ります！　これは、道路沿いの果樹の並木にとって非常
に重要なことです。

　すべての並木、とりわけ"閉鎖した"並木に関して、細い幹の規則的な成長
が大切です。したがって、並木の設置と同時に、適切な場所（**樹木苗畑！**）に同
じ樹種の若い木を何本か植えることが推奨されます。こうすれば、苗畑の若木
は並木の樹木と共に成長することができ、それらについて行く事ができ、必要
が生じたときに、**正確に適した代替木**が準備できるでしょう。

　一見して"閉鎖した"ように見える並木は、密に植栽しなければならず、そ
こで、樹冠が互いに衝突することが避けられません。そのために移動が必要と
なってくる場合には、並木の樹冠が再び閉鎖して良い印象を作り出すまでに数
年かかるでしょう。ナウハイム Nauheim でヴィルブラント Wilbrand は、この
後者の害をどのようにして避けることができるか示しました。そこでは、伸
びすぎた並木ですべての2番目の樹木の先端がほどよく切り落とされています。
これらの樹木は生存競争の中で損傷しており、その上部を一緒に閉鎖した他の
樹木に追い越されます。縮小した幹の移動は、数年後に目立つ切れ目が残らな
いように行われるかもしれません。

　この章や前の章で議論された林業の規則は、その規則といくつかの良い目的
と適度に好ましい条件とともに、その地域の全体の外観を数年以内に改善でき
ます。陸軍の制服を着たことがある人ならだれでも、襟のカラーの新しい縁取
りとよく磨かれたボタンが、衣服のみならず、それを身につけた人の全体の印
象を清潔感のあるきちんとしたものとすることを思い出します。林道の適度な
装飾は、森林地域の外見を非常に引き立てます。しかし、ボタンや襟のカラー
が軍人全体を造り出すものではないのと同様に、道路にとって**林分自体**を忘れ
てはなりません。

　改良された道路でしばしば必要とされるような木のない帯状の土地が道路の
脇に残される場合、隣接する林分がどこでも下まで密生した"葉の壁"になり、
一部の人はそれを美しいと考えます。既にケーニッヒ Koenig は、**"すべての林
縁を、可能な限り密に、かつ緑に保つ"**必要を主張しています。しかし、本書
ではこの要求が一般的に非常に難しいことが既に証明されています。時々、**林
分の中**に目を**やること**、さらに森林の内部で可能なよりも、好ましい**視角**で林

木に見とれることは、愉快で、面白いことです。フランスでは、各々ショセ chaussee［高い道路］の傍らに設けられたとても幅の広い区画の土地が、ショセを乾燥しやすくするために、森林から空き地とされています。この区画の向こう見える森林はどこもかしこも単調で長く、森林の端に連続して見えます。時間がたてば、これは退屈でいらいらしてきます。高級官僚が、ヴェルツ Woerth からハンゲナウ Hangenau へ自動車に乗ってきた時のことです。ハンゲナウの森林の中心あたりを通りかかった時、彼は私に、道全体に１本の大木も見かけなかった理由について不平を言いました。帝国最高の豊かな森林さえも、彼には貧相に見えたようです。なぜなら、実際にその財産が示されていなかったからです。

　道路の両側の樹木の列は常に平行して植栽されるとは限りません。並木を実物以上に長く見せるためには、その線を離れる程、互いに近づければよいのです。この種の最もよく知られた例の１つは、ベルリン動物園 Berlin Zoo のベルビュー並木道 Bellevue Allee ですが、この並木は広すぎた上にあまりにも閉鎖的であったので、意図していた目の錯覚は得られません。

　もし私が森林を"純粋な公園"にしたいと願うために非難されてきたとしたら、本章の長さは、この非難がいかに不適切かを証明するでしょう。なぜなら、並木が公園には属さないことが本章を読めばよくわかるからです。同様に並木の強い友人であるペツオルト Petzold でさえ、彼の著書である風景式造園術 Landscape Gardening において次のように認めます。"しかし、まったく許せないのは、近代様式の風景式庭園の配置における並木です。"私が今、公園風の景観の中のいくつかの並木や森林の中のたくさんの並木の設置を薦めるとすれば、これは景観や森林を公園の一部とすることを意味するものではなく、むしろそれらを公園からはっきりと区別するためです。しかしながら、並木についてとりわけ入念な配慮は、森林美学のこの最後の部分（第２部セクションB）で扱う"美しさの高められた森林 Enhanced forest"の目標であるでしょう。

　林業芸術の分野と**近代造園の分野**の間には明確な違いがある一方で、林業芸術と主に直線の陰になった歩道の配置を特徴とする**古い形式の造園**の間には明確な違いはありません。

　このような理由から、美しさの高められた森林の中にいるまでか、その名

の通り、（動物）園にいるのかの手がかりが与えられなくてはわからないような場所があるということは、**ベルリン動物園**の失敗です。他方、ハノーバー Hannouver の都市林であるアイレンリーデ Eilenriede はとてもよくできており、直線の並木と何か豪華なもの（例えば外来樹種など）が無くても、その森林部分が、ハノーバー近郊にあふれている新旧様式の公園や庭に明確に対比して配置されています。

第6章　森林の装飾としての老木[137)

　ブルクハルト Burckhardt はこう言っています。"**どんなに森林の持つ最も美しいものが、尊い樹木と林分であったとしても**"、"**老木の林分は、最後には倒れざるを得ません。しかし、その存在が稀少である場所では、他の考慮すべき事がその正当さを要求するまでは、保続せねばならない存在です。しかし、自然の巨大な力の証人である古い隠者の木は、数世紀とその歴史とともにある全世代を通過してきました。おそらく何百万もの木々の間で特別な名前を伝えてきたでしょうし、広く知られて、その樹冠の屋根の下で、今となっては長い間に死んでいった非常に多くの森林に更新した若木達を見てきました。その古い隠者の木は、嵐によって壊されるか、最後の葉が白くなってしまった時に、その場所を他に譲るのです。そこには記憶となった若い木に置き換わり、名前の後継者が広い森林にその場所の目印となります。**"

　このような敬意を表す行動は、美学的なことよりも他の面でも有益です。老木は課税帳のとても貴重な例証です。ケーニッヒ Koenig は、力強い言葉で、この考えを次のように表現しています。

　"**希少で特に大きい壮麗な樹木や林分は、たとえ普通に育った木々がそれらを補うものとしてそこに存在する必要があったとしても、可能な限り維持されるべきです。もし私たちが前史時代の最後の巨大な遺物を完全に破壊したとしたら、不変である自然の法則により献身的に服従する未来を気づかせるものは何も残らないでしょう。厄介な利己主義は、最終的には、新しい森林の人工的で矮小化した姿を正当化し、正しいものだと考えるかもしれません。**"

　オークに関して、私たちは概して不満を言ってはいけません。というのも、

不十分以上にむしろ多すぎる個体がその基準として保護されているからです。少なくともこのシレジア Silesia ではそのような状況です。また、とても珍しい他の樹種が、尊敬すべき年齢まで成熟することを許されています。森林官や森林所有者らがそうするのは、彼ら自身の好みの意識的な判断ではなく、むしろ、詩人や画家の言葉や絵画、彼らの所属する地域の世論によって私たちすべてが身につけている継続的な影響によるためです。その地域全体において、ただ1本の古いオークさえも伐らない地域全体があることは、オークが衰退しているのかもしれません。葉のない樹冠になっても、まだ一束の緑の葉が存在する限り、立ったままにします。ある地域の中にあってその樹木が存在する効果がほとんどない場所、また、古いオークの木々が豊富に残されている時期でさえ、どんな意味でも"斧から護られる"よう適切な治療を受けることになります。しかし、明らかにこれは行き過ぎです。**あまりにも多くの病気の樹木を維持することは、森林地域の装飾ではありません**。もし6本足の強大なオークに斧を入れようとするなら、それは野蛮なことですが、数百を数える朽ちたオークの幹は森林にとって全く装飾とはならないのです。したがって、病気をひきおこす菌類の温床の数を減らすようにと菌類学者が要求したとしたら、私たちは彼らに同調しなくてはなりません。

　森林美学で教育された読者にとって、R. ハルティッヒ R. Hartig が自身の腐朽の兆候の注目に値するセクション[138]で行ったように、誤解に対して彼の観点を守る必要はなかったでしょう。これより3世代前に、ギルピン Gilpin は、ニューフォレスト New Forest のオークに対して苦言を呈した時に、すでに同じ観点に到達していました。"その多くは、被害を受け、みすぼらしい。組み合わせの部分である時、これらのような木々がいくつかの効果を持ち得るかもしれません。しかし、これらが豊かな森林の景色の中にあまりにも頻繁に現れると、それらは目に不快感を与えるでしょう。"

　ギルピンが"組み合せ a combination"と記述する時には、腐朽しはじめているオークが他の若い樹種、あるいは建造物や岩を伴って、完全な景色として統一されていなければなりませんが、それらは**広く開かれた区域に孤立して**立っていてはならないのです。そのような位置では、健康的な木さえも物悲しい効果を与え(ある人は、ハイネ Heine の"トウヒの木がたった1人で立ってい

第6章　森林の装飾としての老木　　253

る”を思い出すかも知れません）、また、枯死木によって引き起こされる憂鬱な印象はあまりに強くなりすぎるでしょう。しかしながら、崇高さsublimeは、衰えていく中ですら、高い本質的な美——**悲劇的な美しさ**をもたらします。しかし、私たちがそのような美を実現しようとするなら、いかに詩が始まるかを無視してはなりません。詩では**英雄**を1人だけで登場させません。英雄の周りには平凡な登場人物を配置します。それらの登場人物は英雄と戦うか彼を助ける者ですが、英雄を超えることができる者はいません。だから、私たちも巨大な幹を取り囲む凡庸な樹木を朽ちさせるべきではなく、非常に強大な立木（まれな嵐を耐えて来た古強者）のみを、遺物として朽ちさせねばならないのです。他の方法を取ったなら、または保存しようとしたなら、とても古く巨大な立木（**1本**なのか、1つの群となった数本なのか、わかりませんが）の横に、同じくらい強いけれども、ほんの少しだけ劣っている立木を置くことになるでしょう。そうすれば、私たちはそれらの高さの正しい基準を見失い、もっと良くいえば、適用すると不利になるような基準を得ることになるでしょう。というのも、最も優勢な立木はそれよりも劣るものやより弱いものと簡単に比べられるので、最後には、1番目のものでさえ、もはや大きすぎるとは考えなくなります。しかし、私たちが判断し、推測できるものは何であれ、私たちにとって崇高の印象を与えなくなり、惨めなだけとなるまで悲劇的な印象を減らすことができます。大集団との関係は常に有利な点を享受するわけではありません。どの立木を保存するのかを選択するために明白となることは、しばしば、もっと有利な点です。私が思い出すのは、初めての試みとして、およそ12本の不良なオークが全体に不規則な分布で残された伐採地です。しかし、そのように散在していることは、その地域の森林の価値をどんなにしても高めるものではないということがすぐにわかりました。全く逆に、無駄という印象を与えていました。それが、最も有利な場所に成立している3本のオークだけが残されている理由なのです。今ではそれらは1つの群としてまとまって目に入ることは容易ですし、以前の無秩序な多さよりも堂々としているように見えます。

　特筆すべき、または特別に美しい老木は、ただ斧から保護されるだけであってはならない存在です。**その寿命を延長する**ための措置も取られなくて

訳注22　2011年の時点で真ん中の1本は枯れ、代わって1m弱の石の塚が埋められている。

はなりません。私は読者が喜んでくれることを望んでおり、また、フィッケルト Fickert[139]のこの情報に非常に感謝しています。その情報とは、リューゲン Ruegen 島にあるヘルサブナ Hertha Beech〔女性の名を冠したブナ〕が今日まで保存されていることに関する特筆すべき方法、それは彼自身の言葉による報告です。フィッケルトは、非常に親切に以下のように記述してくれました。

"私が主任森林官としてリューゲン島にやってきた1852年7月1日、私はヘルサブナ Hertha Beech を見ましたが、もう8年前に悲しむべき状態にあることを知っていました。（私は1844年と1845年に森林監視員 forest ranger のヴェルダー Werder のために森林管理計画を作成したのです）そのブナは、本来なければならない葉の数の4分の1も維持していない状態で、葉もかろうじて緑であるというより灰色か黄色になっていて、おそらく葉の大きさも半分くらいしかありませんでした。私はそれを見てとても悲しい気持ちでした。ヘルサブナは、今も死の途上にあります。そして、いずれ大地に大きな空間だけが残る日がくるでしょう——私はそう思いました——助けられる可能性があるとは考えなかったのです。そうしたら、天からの助けがありました。8月に、かの陛下、フリードリッヒ・ヴィルヘルム Friedrich Wilhelm IV 世がシュットゥッベンカンマー Stubbenkammer にやって来られました。ヘルサ Hertha 湖を散歩されている時、私は長いお供の列のかなり後ろを歩いており、王国議会の大臣であったシュトルベルク・ヴェルニゲローデ Stolberg-Wernigerode 伯爵も一緒でした。途中、行政管理長 Landrat〔ラントクライス Landkreis の管理長〕が息を切らしてやって来ました。"主任森林官殿！ 陛下が、来るように、と命じておられます。"確かに、私は行きました。"ところで教えてくれないか。美しいヘルサブナは、結局枯れてしまうのであろうか""はい、陛下。""はいとは、なんたることか。私は何も命令したわけではない。教えてくれないか。これはどうしたことか？""たぶん自然の寿命の終わりに達したのだろうと思います、陛下。""'もちろん'ではない、自然の寿命。それは本当ではありえない。それは本当であってはならない。おお！ このことを知っていたなら、私はここを去らないでいただろう。私の美しい若き日の思い出！ ——しかし聞いてくれ、親愛なる主任森林官よ。今しばらく、ヘルサブナが良くなるように治療をしておくれ。再び自力で生きていくことができるように助けてやってくれ。お願いす

る、本当に実行してほしい！""はい、陛下。""はい、と彼は言ったぞ。"王様は言って、再びヘルサ湖に向き直りました。"彼はそれを助けることは不可能かもしれないと思っている。"私はその出来事を心に刻み、直ちに調査を始めました。シュトルベルク伯爵は、次のように言いました。"そうだな、親愛なる主任森林官。これは割に合わない仕事だ。予期されるように、陛下は来年また戻ってこられるだろうから、君は何とかしなくてはならない。しかしその時に、何が起こったかを話して、見せることはできないかもしれない、そこで、陛下は大変不機嫌になられるだろう。芝生のベンチで、もっと近づいて見ましょう。"実際に近づいてみると、芝生のベンチは全て根であるということに、私たちはすぐに気がつきました。根の上には芝が覆っており、それはなぜか悲惨な姿で横たわっていました。私たちはすでに本質的なものを発見し、そのブナを救うための方策をもっと早くに考えてこなかったために自分を責めなくてはなりませんでした。夕方、陛下はそのブナについて再びふれて、言いました。"さて、ヘルサブナのことを忘れてはならないよ。"そして、私が次のように答えることができました。"陛下、私はすでに注目すべき手がかりを見付けています。"すると、陛下は見るからに喜んでいました。そして、私は自分の計画について説明しなくてはなりませんでした。それから、私は最古老の森林作業員を訪問しました。彼は82歳であり、彼が最も有用な情報を与えてくれることができる唯一の人物であることを私はすでに知っていたのです。その8日後、彼は亡くなりました。彼は以下のように証言してくれました。1822年頃、私は1815年にスウェーデンから呼び寄せられたケーエン Koehn 主任森林官から以下のような命令を受けました。そのブナが立っている場所の小さな塚を掘り崩して、注意深く場所を平坦にならすことと、ブナの周りに十分な樹木を残すことです。そのおかげで、今あるような芝生のベンチが今日まで残されてきたのです。多くの根を切り取るこの作業は、ブナのためにとても危険であると感じました。主任森林官の奥さんはダンスを愛するとても陽気な婦人で、ヘルサブナの周りで踊ることを望んでいました。そこで、この作業がなされたのです、その後、しばしばここではダンスのために音楽が演奏されました。

　そこで私は全ての根が［土から］離れるまで、芝生のベンチに十分に水を注ぎました。それはあたかも根の密なマットでした。密なブラシのように繊維状

の根が花輪の形で木を取り巻いていました。良質の腐植土でベンチの周囲に盛土をし、根と根と腐植土と盛土の間の空間が完全にできるまで、この腐植土を根の間に水とともに充たしました。この作業は5日間続きました。ブナの周囲の地形は再構築され、老いたアルント Arndt が話してくれた以前の姿のように、良質の腐植土が用いられています。次の年、群葉はより良くなったように見え、1854年には昔のような潤沢さを取り戻しました。その年の8月に、王様が再び訪れました。しかし、残念ながらシュトルベルク伯爵は来られませんでした。彼はその間にすでに亡くなっていたのです。まず、私は大臣のフォン・ボーデルシュウィングvon Bodelschwingh閣下に報告し、陛下を待ち受けている驚くべきことと、これまでに至るまでの経緯を告げました。とても喜んで、閣下はこちらに来て、"君はこのことを総理大臣のフォン・マントイフェルvon Manteuffel閣下に報告せねばならない"と言われました。報告をすると、全ての随行の人々は、すぐに、この幸運な成功のために、最高の歓喜の雰囲気に包まれました。しかし、このことは黙っておくように！ ということになりました。それから、私たちは夕食の席に着くように指示されました。陛下は私を見ると、友好的な態度で指さしながら聞かれました。"ヘルサブナは？""上々です、陛下。"と私は答えました。"運がいいな"陛下は言われました。"まずは食べて飲んで、それから見てみよう。"陛下はとても陽気でした。しかし、食事が終わりかけたときに、全く突然、予期せぬ不調の動きがありました。陛下はベッドに載せられ運ばれていき、翌朝、船に乗せられました。そして、その後間もなく不治の病のためリューゲンRuegen島に戻って来ることなく、したがって元気を回復した有名なブナを再び見るという喜びを楽しむことはできませんでした。しかし、私は、22年以上もこの甦ったヘルサブナを楽しんできました。——フィッケルト[139]については、ここまでにしておきましょう。

　ヘルサブナは、樹冠の始まりの位置の下部で、1.3mの高さの周囲長が約4m近くあります。樹齢はおそらく470年でしょう（先代の主任森林官のスマリアンSmalianが1844年に幹から成長鎚を使ってコア・サンプルを得て年齢を計算しました。その時410年でした）。今日でさえ、その成長は申し分ありません。

　個々の事例の中だけの状況はヘルサブナの時と同じくらい困難なものであるかも知れません。ポステルで最も強健なオークは、数年間病気でしたが、樹冠

第6章　森林の装飾としての老木　　257

　下の土壌を注意深く取り除いて、新らに力強く成長を促すために荷車数台分の
腐葉土を加えただけで元気を取り戻しました。

　この“病気のオーク”は、胸高部位での周囲長が627cmあり、直径は198cm
と204cmでした。最外部の1cmには10本の年輪があり、私はこのオークの樹
齢は約400年であると推定しました。

　さらにより重要なのは、ダルムシュタット Darmstadtの近郊にあるクリプ
シュタインオーク Klipstein Oak[140]です。その胸高での周囲長は小さく（6m）、直
径は1.8mと2.3mです。しかし、5mの高さでも直径は1.9mで、巨大な樹冠
は9.5mの高さから始まっていました。

　ヴィルブラント Wilbrandは、樹木を救うために引き受けた作業の成功例に
ついて述べています。

　“スズメバチ Waspsが、クリプシュタインオークの高くに着いた強くてより
急角度に伸びた枝を飛びだしているのが見えました。この木に登って調べまし
た。2本の巨大な枝がちょうど合わさる箇所で、下の方の枝に穴が開いていて、
幹の方向へとさらに広がっていました。病気の枝を取り除くのが賢明であると
考えられました。屋根職人がその仕事を引き受けました。先端の細い枝から始
めて、下部の病気の枝はロープで上部の健康な枝に結びつけられ、結ばれた
ロープの後ろで短い断片にのこぎりで切断されました。オークの下層植生、あ
るいはフォン・クリプシュタイン von Klipstein大統領の墓石の記念碑を少しも
傷付けないようにするために、切られた枝はロープを使って下ろされました。
5m³以上の薪を提供した大きな枝が幹まで切り取られました。その結果、腐っ
た部分は主幹の中に少しだけ入り込んでいることがわかりました。この部分は
注意深く削り取られ、アスファルトで埋められました[訳注23]。切断面はアスファルト
とセメントの混合物で厚く覆われ、外樹皮に見えるように形づくられ、模様が
付けられました。この樹木は救われ、多くの来訪者がありますが、この樹木に
施された大規模な外科手術に気づく人はわずかです。”

　ダルムシュタットのグラントデュカル Grandducal州有林では、腐朽がすでに
進んでいる個体でさえも、尊重すべき樹木を救うための措置が多く行われてい

[訳注23]　このような外科治療は現在ではあまり用いられない。傷口が大きすぎで樹体回
　　復に相応しくない。

ます。私がヴィルブラントから得た、試験研究された指示をここに引用します。

"空洞の木を満たす前に、特に穴の側壁と特に底にある腐った木材を全て注意深く取り除きます。レンガ(自然の石ではさほど長くはもたないでしょう)の積み上げは、次のように行わなくてはなりません。穴の底を覆うように広い基礎(もしあるとしたら、石がここで使えるかもしれません)を造ります。この上に狭いレンガの層を積み上げます。上部は徐々に薄くします。底面ではその穴を充たしていないといけませんが、穴の全体を充たしている必要はありません。しかし、このレンガの積み重ねは、とても強固に作り上げることが出来るので、必要なときには、木にとって支えになると同時に、構造を補助するものとなり得ます"〔図55〕。

"レンガを積み重ねるために、セメント1/3と砂(石灰抜き)2/3とを混ぜた物を使うべきです。側壁の穴を充たすためには、石の輪留めを利用し、最終的

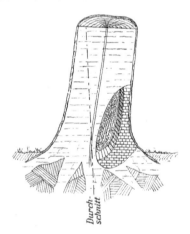

図55 内部にレンガの支えを施した幹
(ヴィルブラント Wilbrand 画)

には、残っている空洞の空間は全てセメントで充たします。"[訳注24]

"最外部の覆いには、セメントと砂が同量入ったものを使います。樹皮の色を作り出すために、灰色や緑、あるいは黄色といった色なども追加します。樹

訳注24 現在は、このような外科手術は推奨されず、Shigoの4隔壁の理論に従い、空洞部はできるだけ空気に触れさせ、病気の進展を防ぐ。

皮の形が、繊細なコテ使いで再現されます。"

"この仕事は、セメントの作業に熟練したレンガ職人だけが行うべきです。"

さて、オークとブナ beech に長すぎるくらい留まってきましたが、ここで他の樹種については簡単にすまさなくてはなりません。見栄えのする樹木の維持と成長ための理由として、ケーニッヒ Koenig は次のように列記しています、これらは後世の人々に**"自然の永遠の法則に、より忠実に従うこと"**を気づかせます。私たちの行動がこの目的と一致するのは、可能な限り多くの様相で可視化される植生を支配する"自然の不変の法則"を造り出すために、私たちがその場所に原産の樹種、あるいは人々の活動によって根絶され、少なくとも各種のいくつかの見栄えのするきれいな標本によって以前は原産であった樹種の**すべて**を手入れしようと骨折るときだけです。今や絶滅に瀕している**イチイの木々 yew trees** は、そのような尊重にとどまらない地域でのみ点在した残存を維持することができているのです。それらのイチイは皆伐の新時代に後継樹もなく、奇妙にそこに立ち、最後のモヒカン族、シンガーグック Chingachgook のように孤独な存在を夢見て、たいていはそれなりに美しく、けれども、いつも面白いものです。

残念なことに、全ての森林所有者がすぐに樹齢千年のイチイ Taxus を備えることができないのは事実ですが、大きなポプラや広々した位置のカンバ類の老木、力強いハンノキ alder などでさえ、それぞれに大変、美しい物ですし、それらを普通の大きさから相対的に並外れた強大さに成長させるために、1世代あれば十分です。私たちの森林協会の年間報告(1883年版)に、キルヒナーKirchner が地域のハンノキに捧げた記事を見つけました。"森林からの悲報"の題目でその死を報じたものです。そのハンノキは幹の切断された部分で直径が1m、高さが32mの大木でした。"不幸な誤解"の犠牲者となってしまいました。この事例はハンノキ以外にも起こり得ることを示しています。人間はそのような樹木が育つようにしなければならないだけであり、その用地が大木を支えられない所では、より小さな樹木でもこのような印象を作り出すことができます。

もしそのハンノキが名前を持っていたら、伐倒されることはなかったでしょう。名前 name を付ける ということは注意を確実にし、注目すべき樹木を救うための大変適切な方法であると私は考えます。"ダンケルマン・マツ

260 第2部 森林美学の応用／B：美への関心に基礎を置く森林の装飾

XV ポステルにあるエミリーブナ Emily-Beech
ヴァスドルフ Wassdorff 氏撮影。この写真は樹冠の広い樹木が高林においてその特徴がわかりにくくなっている様子を表している。なぜなら、低い枝が成長のよい若い樹木によって覆われてしまっているからである。

Danckelmann Pine"の伐採を、上官は、主任森林官に対して簡単に要求しない
でしょう。

　また、課税の記録簿notebooks（森林地域を記述した章で）と森林植生の記録
帳への記載は、重要な樹木の維持の確保のためにふさわしいことです。

　一地域内に存在する財産は大切にされる必要があるだけではありません。有
利な方法で表示されることも必要です。

　老木の敷地は、近づきやすくする必要がありますが、巨木の1本1本のすべ
てが他のものと同じ方法で見せる必要はありません。

　それらのいくつかのために、道をすぐ近くまで設けられることができます。
大多数は、ある距離を置くだけで、時にはより遠くから、時にはより近くから、
見せられるべきです。それらの全てが完全に公開されなくても良いのです。そ
れらのいくつかについて立木が見えるようにすべきですが、他のものは樹冠の
光景が開かれるべきです。そうすることによって、人は各々の樹木の特別な優
越を考えるべきです。

　私は、ポステルの最も強大なブナ、エミリーブナEmily Beechに対して、3
つの方向から眺めることができるように周囲を開きました。写真XVは1901年
に公開したその眺めを示しています。

　エミリーブナの計量結果は、胸高の周囲長が420 cm、直径は135 cmと
145 cmであり、枝下高は3.50 mです。私はその樹齢を250年であると推定し
ました。

第7章　外来樹種と在来樹種の変種varietiesの美的利用

　外来樹種foreign tree speciesの利用が、森林の高揚の主要な手段であるとい
う判断は広く知られています。しかし私はこの意見を共有できません、本章で
は在来植生の財産だけでもとても上手くやっていくことを証明することを試し
たいと思います。

　"その他の人にはパンでも、子供にとってはケーキである。"このシレジア地
方の格言は、私にとっても真実です。私の森林美学の子供時代、私は外来種の
価値を過大評価していました。このことに関しては弁解の余地はなく、多くの

失敗が私の目の前で繰り広げられました。

　私の父は、森林の中にセイヨウトチノキchestnutsとニセアカシアlocustsをたくさん植えており、また、アメリカリョウブwhite alderを植えた大きな広がりがあります。セイヨウトチノキは更新によって維持され、15個体が良好に成育し続けています。ニセアカシアは、2個体だけが林分に残っています。アメリカリョウブは生育していません。それらのほとんどは活発に生育するオーク類に置き換わっており、オークの存在は多忙なカケスjaybirdの活動に負っています。

　私自身は、当地地所の在来樹種ではないストローブマツ、カラマツ、ノーブルモミnoble fir、そして、たくさんのトウヒを植えてきました。ポステルでは、シカが樹皮を剥いだり角を樹皮に擦りつけたりするため、ストローブマツは枯死してしまいました。一方、クライン・コンマロウKlein-Commeroweでは、ストローブマツの大部分は病害、コブ病Blaseenrost［blister rust］の犠牲となっています。カラマツは初め良好に成長しましたが、最後の年には、それらのすべてが（少数の残存木を除いて）、菌類の犠牲になっています。約30年生のノーブルモミは、未だに私の身長を超えては生育していません。それらの多くを見つけ出すための拡大鏡が必要です。トウヒでさえも見込みを持続できません。トウヒは林冠ギャップを埋める樹木として非常に貴重なのですが、林分が発達していく過程で姿を消します。トウヒはオークの間では、かろうじて生存させることができます。ブナの林分に成立するときには、非常に早く上層を越えて高くなります。——異常発生したマイマイ蛾［*Lymantria monacha*］が私の林縁に近づいてくる時にはいつも、私のトウヒのために何時間も心配します。

　私は、また、さらに試験を縮小しないで、シトカトウヒ［*Picea sitchensis*］、ダグラスファー［*Pseudotsuga menziesii*］、クログルミ［*Juglans nigra*］とアメリカトリネコ［*Fraxinus Americana*］を植えることで試験植栽を実行してきたとすれば、誰も私が外来樹種の基本的な反対者と見なす事はできないでしょう。

　しかし、私はこれらの樹種を、森林の装飾のためではなく、林業目的に役立つだろうという希望で実験として育てており、それゆえ、そえらを林分の内部に隠しています。

第7章 外来樹種と在来樹種の変種の美的利用 263

　この方法はハンペルHampelの支持を得てきましたが、彼は次のように述べています。[141]"通常では在来樹種と調和していない在来でない樹種で極度に目を引く場所を作り上げる慣習は、私の意見では、受け入れられません。私たちはまだ外来樹種に対して十分な経験を持っていないという事実に加えて、この慣習は見苦しいと言わざるを得ません。これらの試みが実際にどこかで行われているのですから。"

　しかし、反対の声がずっと多数です。マイアーMayrやハルテッヒHartigの意見は私にとって特に注目させるものですが、私自身の観点を説明してから、彼らの主張について議論することにしましょう。私は以下の場合に外来樹種の利用を推奨しました。

　1.　林分内部に**隠された**小面積の**実験区画**と同じように、特にこの目的に用いられる**実験林 experimental forest**内。

　2.　同じ環境(禁猟区、野生生物の採草区！)下で在来樹種よりも林業か狩猟について、長年の経験によってより良い結果をもたらすであろうことが証明されているすべての場所。

　3.　荒地の森林再生地内。

　4.　小区域上において、できるだけ多様性を作り出すことが重要な小森林内。

　5.　森林官の家の近く、言うならば、育林上の熱心さの表示として。

　6.　並木として改良された道路上に。後の利用タイプは、最も自由度があります。なぜなら、厳密な林業目的——収入のために樹木を成長させること——は他の目的の考慮に比べて重点が低いからです。

　もし、私が外来樹種の支持者にもっと述べることができないなら、私の蓄積した知識は部分的に個人の好みに基づくことになります。なぜなら、私は外来樹種が我が国の樹種と真に調和することはないと考えており、好ましくないと判断しているために、詳細な理由を常に与えることができないためです。しかし、これは議論されてよいことです。別の好みをもつ他の人が様々な方法で判断してよいことです。しかし、植林における誤りが、まだ十分に試験されていない外来の樹種で容易に起こりうることは確かです。そのような誤りは好ましくない印象を増大させます。もし、通りがかりの人の目をひきつける外来樹種が弱々しいならば、これは在来樹種で起きた同じ現象よりも、はるかに大きい

被害があるでしょう。

　しかしながら、林地の中で外来種に対して地域の最も条件の良い敷地を与え、土壌を深くほぐすか、施肥さえも準備すれば、それらは若い時期に急速な成長をとげるでしょうし、その傍らにある在来樹種はシンデレラのように日陰の存在になるでしょう。特に、私たちの森林が、秋に色彩の柔らかな陰影によって目や心に楽しく触れて、控えめに示そうとする装飾は、実際、外来種の派手な色彩によって台無しにされてしまいます。しかしながら、植栽方法と組合せの選択の誤りは経験を重ねることで減ってゆくでしょう。これらの間違いは完全に避けることができます。それらは全く除かれるかも知れません。最も熟練した応用が全く反対の方向を向いていたとしてもです。

　外来樹種は、私たちを"自由な空気中"にいる、ありのままの自然に囲まれているという幻想の中で混乱させ、森林と庭園gardenの間の望まれる対比を減少させます。つまり、庭園は外来樹種にとって正しい場所です。これが細部にわたって正しいということは、庭園の植物について書いているブラトラネックBratranekによって見出しました。[142]それは、"公共の場所と離れるほど、それらは所有者の広範囲の影響を大きく示します。なぜなら、庭は人間が人間として必要なものによって日々の満足を楽しむ場所であるので、自分の庭に通常では見られない植物だけを、花卉類のように手入れをすることも理解できます。もし彼の周りに生育している在来植物が非常にすばらしい魅力的な形や色彩を示していたとしても、その庭が彼の植栽であるだけのために、彼の庭にはそれらの植物を取り入れないでしょう。彼はその在来樹種を庭に持っていこうとはしないでしょう。その植物がいたる所に勝手に生育していることが、彼には荒野のように思わせ、彼が耕作することによって克服することに骨折ります。"

　おそらく同様の考えがプロシアの農林大臣であるフォン・ハマーシュタイン男爵Baron von Hammersteinに、**森林公務員の住居**周辺をベイマツなどのような外来樹種の特別な用途で樹林の植栽による人目を引く方法で造成するべきという命令を与える原因となりました。[143]これらの事業による費用の増加分は植林基金からまかなわれます。

　これは、最初にベイマツの名前が出てこなければ、私には全く当たり前のことです。森林官は自分の小さな庭に樹木を持つことを好みます。それらは同時

に美しく、そして有用です。自家用の果樹を植えるべきです。好まれるのは有用なだけでなく美しい、挿し木ではない［接ぎ木でないnot grafted］クルミやモモのような樹木です。また、4月には既に蜜がとれるアメリカアカカエデや、一般的なニセアカシア *Robinia pseudoacacia* やピンクアカシア *Robinia viscosa* やアメリカボダイジュのような蜜源を準備すべきです。土壌や気候が許すところでは、美しい上に果実酒となるナナカマド *Sorbus domestica* を利用すべきです。

　しかし、ここでは、これらのヒント以上にまで踏み込むことはできません。森林官の家の庭の設置については、本書の将来の版でそのための1章となるかもしれません。

　もし、外来樹種は家の至近に植栽されるべきだということをブラトラネックとフォン・ハマーシュタイン男爵とともに受け入れるとしたら、それらの外来樹種は隣接する森林の内部には影響しないということも認めなくてはなりません。私たちが森林の中に"逃げ込む"時、せめてひと時だけでも、ここで行われてきたことが、自然**独自**の陶太のためであって、母親のような世話の結果ではないことを忘れたいのです。しかし、自然の状態では、その場所には侵入することができない、もしくは、人間の干渉なしには侵入するか、優占するかどうかさえ有り得ないだろう外来樹種に、出向く所どこでも出会うとしたら、そして、私たちが窓から庭を眺めるといつも見かけるよく手入れされた森林の中で同じ"古い知り合い"に再度出会う時、そのような幻想をどうやって維持できるでしょうか。

　今、後者の異議はどこまでも真実ではありません。それは、誰もが庭に多数の外来樹種を所有しているわけではないからです。また、私たちが森林から完全にそれらを追放してしまうことができないことによって、私はいくつかの外来種の中には、ある価値が備わっていることも認めなければなりません。ドイツ北部で、これはカラマツやノーブルファーに当てはまります。ドイツ全域でホワイトパイン、マロニエ、ニセアカシア、また特にカナダポプラがそのような樹種にあたります。しかしながら、これらの事実を考慮しても、私は以下の意見に留まります。**広範囲に連続した森林内に、いわゆる環境順化のための実験林の周囲のどのような場所でも、外来種の樹木群を植栽すべきではありませ**

ん。しかし非常に限定的な条件下で、林地区域が1つの森林の印象を与えるのに不十分な場合、土壌があまりにも貧困で、青々と茂る大きな樹木による区域の不十分な大きさのため代用に用いる事ができない場合には、外来種を植栽によってそれ以上損なわれることはないでしょう。このような限定的な条件内で、些細な条件、繊細さ、巧妙さ、ある種の装飾が多くの場合最も良い効果を発揮すると言えるかもしれません。このような環境下で、ウェイマスマツやクロマツ、レッドオークやニセアカシアなどについては、注意深い利用しか許されませんが、道路沿いの装飾として推奨されます。ニセアカシアはマツの最も貧困な土壌でさえすばらしい下層植生として非常に容易に利用できます。植林とともに僅かな小さな苗を植える事だけが必要です。各間伐とともに、長年、マツの下で生きつづける根の発育を促すために、それらを少し伐倒する必要があります。これは経験が示しています。

しかし、広大な森林内では、言われているように、全く異なる方法で管理は進められなくてはなりません。樹木学の情熱のために、また、孫に有用で楽しまれる希望のために、アメリカやアジアの樹木を植えたい人は、実験林として土地の適切な一部を分け、その場所の在来の植物を刈り取り、そこをカナダ、カリフォルニア、日本の森の部分をそのように名前を付けて造成すればよかったでしょう。財産の宝庫であるようにはほとんど作り出せないでしょうが、少なくとも美しいかもしれません。ホワイトパインやダグラスファー、レッドオーク、シルバーメープル、ブラックウォールナットは、トネリコ、カンバ類と協力して林分を形成し、並木として使われます。しかし、林縁で下層植生として、ツガ［*Tsuga canadensis*］、ホワイトスプルース［*Picea glauca*］、イースタンレッドシダー［*Juniperus virgininiana*］が使われます。すばらしい花をつける潅木類の豊かさが理想を完成するかもしれません。1000 haの森林とさらに富を持ち、このようなものを楽しむだれかが、100 haほどをそのような実験に当ててもいいかもしれません。

私は以前、ガドウGadowにあるフォン・ヴィラモヴィッツ－メレンドルフ伯爵Count von Wilamowitz-Moellendorf邸で、そのような実験林を感嘆する機会がありました。

樹木のない地域に新たな森林を造ることを目指している場所では、森林の造

成自体が大胆な試みと見なされ、森林全体がそれ自体、実験林となるでしょう。そこで、この森林がその内部の樹種によって実験林としての性格を継続的に明確に示すことは、とても**流行にあっている**でしょう（現代的表現を使って）。私が東フリーシアン East Friesian の海岸で見た北海の暴風をものともしない高く黒々した樹冠を持つリューテスブルク Luetetsburg のすばらしいモミ[144]は、ダグラスファーや他の外来種が公園の囲いを越えて近づいて驚かす、ある地域の中に外国そのものが存在することについて、動じることはないでしょう。

　これまで述べてきたことは本書の第1版から少し修正してきましたが、非常に影響力のある人々が私の意見に賛成しません。他の人の中で例えば、R. ハルティヒは次のように書いています。[145]

　"私は、私たちが森林美学の最も高度な目標を達成したいために、好ましい立地条件を必要とするような落葉樹林内で外来種を**必要としない**こと、そこでは、見知らぬ樹種が**特定の環境下で私たちを混乱させるかもしれないこと**を認めてもよいと思っています。しかしこの中で、個々の樹種を区別する必要があるでしょう。ダグラスファーやノードマンモミは、普通、私達を混乱させるはずはありません。なぜなら、それらの樹種は外国の印象をほとんど引き起さないからです。しかし、イトスギは林内では私たちを混乱させるかもしれません。その奇妙な性質によってある幻想を小さくすることができます。"

　"他方、最も単調な森林、特に針葉樹林内での外来樹の使用について話さなければなりません。単調なマツやモミの森林を通り抜けて歩いて、目や心が疲れている時、1本だけか、一群かの美しい外来の針葉樹は、立派な雄のノロジカの光景のように森林官の心に効果があるでしょう。"

　"私たちの家で居住を楽しくするために、絵画や彫刻、美しい植物を飾るように、美しい外来樹の植栽によって、いくつかの森林区域の単調さに歓迎の変更をもたらすこともできます。結局、私たちの近代の針葉樹林、特に平地にあるものは、'そのまま残った自然から生じた'印象を作り出すことからは、長いへだたりがあります。それらの中で、美しい外来種の一群は、通常、どのような'幻想'も壊す事はできないでしょう。フォン・ザーリッシュ氏がドイツの森林に外来種の正当性を少なくともこの限定の範囲で認めるだろうことに、疑問はありません。"

いくつかの単純林で、より悪くなる可能性があることは、大きな事実です。そのような森林では、どんな変化も歓迎されるでしょうし、ダグラスファーやノードマンモミのような実際に美しい樹種が成長していたなら、目障りだと考えるような人はいないでしょう。しかし、私たちはそれらを必要としているのでしょうか？

もし同じ費用と同じ労力を落葉樹の植込みに捧げるなら、ブナ、オーク、カンバ類、カエデによって、同じか、さらにもっと多くを得る事ができるはずです。そして、この場合、見苦しい失敗の危険を避けられます。――抜きん出て高いブナは価値ある土壌の保護樹として、どこでも大歓迎されますが、惨めに成長した外来樹種は同情の目で見られます。

親切な読者は、在来樹種の数多くの使用に適した亜種をもう一度、調べるために、第1部セクションBの第4章に戻る努力をしたいかもしれません。在来の植物の中に、それぞれ美学的な目的にふさわしい材料が存在することを認めなければならないでしょう。

この議論を、ピュックラー侯Prince Puecklerへの論及で終えたいと思います。彼は外来樹の論争に関して次のように述べています。

"通常、私は公園の中で在来もしくは環境に適応した樹木や潅木類だけを使い、外国の装飾的な植物すべてを完全に避けます。なぜなら、理想化された自然は、それ自体が自ら成長してきたように訴える事を可能にしようとし、それまでに加えられてきた努力を表だって見えないようにしようとするために、設置された区域が置かれている土地や気候の特徴を持ち合わせていなければならないからです。ドイツには私たちとともに野生に生育し、多くの花を咲かせる美しい潅木類が存在し、それらは多くの機会に利用されているかもしれません。しかし、荒野の中にバラ類*Rosa centifolia*、中国のライラックやそれと同じような潅木類の群生を見つける時、それらが閉じられて隔てられた空間、例えば、それ自体、人間の親密さと文化の合図となる小屋の傍の囲いの設けられた小さな庭の中になければ、実に不愉快で不自然な結果をひき起します。ホワイトパイン、ニセアカシア、カラマツ、イチジクsycamores [*Platamus*]、honey locust [*Gleditsia*] とムラサキブナのような、いくつかの外国樹木は、多分、在来樹木と完全に見誤るでしょう。それでも、私はシナノキ、オーク、カ

エデ、ブナ、ハンノキ、ニレ、クリ、タモ、カンバ類などを好みます。"

　ピュックラー侯によって説明された理由のすべてが、公園の中よりは森林の中で正当です。

　いくつかの特によく目に付く在来樹木の変種varieties of the native trees、[146] 例えば、至るところにあるブラッド型のブナ、枝の垂れたトネリコ、奇妙な葉の形をしたオークなどはその印象のために、外国の多くの同じ属のいくつかよりもそれらの原型と対立する新来者です。また、それらの若齢時はほとんどが、あまりに弱いので、耕作した土壌でなければ、若木の時の病気を克服できません。したがって、**それらは、本章の最初に説明した欠点にあたるでしょうが、他方、それらの利用が完全には自然に逆らっていないことが、認められる点です。**しかし、ある樹種が、オークを例とすれば、ある地域の中で、この地域のすべての特徴的な変種とともに説明されていない限り、その権利はまだ得られていないと言う人もいるかもしれません。今日では不幸にも普通であるような皆伐で、すべてを一様にする方式を何世代もの間、条件としてきている地域で経営する人は、自然がその種の形態を広げる傾向にあることや種の形態を改善する傾向にあることが豊かなことであり頻繁に起こることであるということに十分に気づくことはめったにありません。――私の住宅の地所の近くでは、幸運なことに未だあまり洗練されていないという状況ではありません――探さなくても、美しいピラミッド型に成長したセサイルオーク〔フユナラ〕とシデ、枝の垂れ下がった、ブナとトウヒ、そして、2種類の小型のトウヒ（庭園品種としてよく知られている‘グレゴリアナ *Gregoriana*’と‘クランブラシリアナ *Clanbrasiliana*’によく似た）と同程度のヨーロッパトウヒ *Picea abies* ‘ヴィルガータ Virgata’、美しい形と色の人目を引く群葉を持つオークやカンバ類をふとしたことから発見します。これらは非常に明らかに特徴づけられる変種なので、40年前、苗圃での分類がまだそんなに豊富に利用できなかった時に、最も価値のある珍しいものとして扱われていたのでしょう。**自然そのものが与えてくれた地域の贈り物の中で、特別な手入れによって維持していくことは実に賢明なことです。**また、さらに十分な安全のために母樹から接ぎ木を取り、それから時々の利用のために**森林苗圃で子孫**を育成することはかなり確実なように思われます。そして、なぜ、タネは自然がそのまま作り出すものが使われな

かったのでしょうか。特に、もとの樹形からはかけ離れてしまった樹木は、とても特徴的な種子を作り出すことが判明しています。トレーブニッツ郡 Kreis Trebnitz（プラウスニッツ Praussnitz の近くのコシュネーベ Koschnoewe）には、日当たりのよい部分で、*Quercus ped.* "Concordia" と同じくらい黄色い樹冠をしているオークがあります。約100年生で、たくさんの種子を生み出し、この種子は母樹よりも明るく黄色い群葉を部分的につける強い苗木を作り出します（そのような苗木はブレスラウのモンハウプト種苗からやってきたもので、今日そんなに普及しているコンコルディアオーク Concordia Oak がそこからフランスを迂回して生れたことは、それほどありえないことではないと私は考えます）。もし、豊富に存在するそのタネを用いて、並木として好んで黄色のオークを選ぶとしたら、誰がこのオークの持ち主を非難することができるでしょうか、誰が隣人を非難することができるでしょうか。自然自身がその手がかりを与えてくれているのでしょう。ムラサキブナ blood beech、葉の下面が赤いカエデ maple、ピラミッドオーク pyramid oak が、その特徴を種子によってほぼ確実に伝えていることはよく知られています。それらは少なくとも、確実にブナとオークはドイツを起源としていますが、ゴールデンオークのようにシレジア在来ではないかもしれません。しかし、何故、私たちは自らを制限すべきなのか、何故、私たちは排他的な心の狭さで、より効果的に交換する並木、例えばムラサキブナと無関係にゴールデンオークを排除したり、植えるべきではないのでしょうか。私たちがそうすることではなく、より正しく自然を理解することを妨げるのは、排他的な心の狭さではありません。**自然はどのような場所でも賢明な制限を自ら行っており、安っぽい効果を引き出しません。極めてまれに、そして個別に、"自然の遊び"を生み出し、そこで、私たちはそれらを時として個別に使うだけにすべきなのです。**樹木学の熱中から、庭園の外側に樹木園を持ちたい人は、**"開かれた並木"**のような道路に沿って各種を組み合わせるかもしれません。これは、この型の多種の植栽が、何の心配なく庭園の外側に行われることが許される唯一の方法です。また、少数ですが、1種だけを沢山導入することには少し異議があり、私がかなり譲歩したいものについて、特に**ピラミッドオーク**が上げられます。少なくともこの樹種は、在来種であり、ピラミッドポプラに取り替えることが大きな利点がある以上に正当化されます。

並木についてどんな役割の種類があるかは、前に議論しています。**ピラミッド型の樹木 pyramid trees は、風景の中に単木ではなく、一種の巨大な柱として門や橋に立っているのでなければ、少なくとも3本を一群に限って植えなくてはなりません。**それらは、あるものを遠くから指示すること（私たちが目指す家や見逃してはいけない交差点のように）が重要な場所では、どこでも非常によく適合します。また、高さに関係した良い尺度を提供するという利点を持っています。盆地の底部や丘の縁に置かれている時、土地の起伏を造り出し、窪みや底部は実際よりも大きく見えます。潜在意識で、私たちは広大な形態の高さを過大評価してしまいます。何故なら、それらが小さな広さに関係して重要であり、その誤りは地形条件の正しい評価に好都合だからです。これは、人が壁にかけられたシルクハットをいつも、3分の1ほども長めにスケッチするように起こります。

　長い地平線を中断する目的地のある場所は、ピラミッド型の樹木もまた適切な場所です。そのため、私たちは建物の前や広がった地平にそれらを残すことを好むか、直線や単調な波形線で眺めを区切っている樹木の壁の上に塔のように残します。水辺にそれらがよく合うのもこのような理由からです。川沿いの堤防に沿って存在する混交林は、記述した方法でピラミッドオークの利用の好機を提供するでしょう。そして、すぐにでも効果を得たい人は誰でも、それらの間にピラミッドポプラを植えることを願うかもしれません。写真XVIは上述の説明を助ける事でしょう。

　外来樹種であれ在来樹種であれ、その外見が周囲とかなり異なる樹木に関する限り、ピュックラー侯が提起した規則が有効です。それらは道の片側だけに使われるべきではないこと、平衡を考慮に入れるべきことです。

　これは、公園のような風景の中の孤立木や樹木群にだけではなく、林分内にも当てはまります。

　もし、防火帯の片側がトウヒによって不規則に縁取られたマツの薮ともう一方の側が70年生のマツの光景を見つけることがあれば——私はこの例をポステルのブナの堤防の路線に取りますが——、後者の下に天然生のブナとオークだけが下層植生に更新している傾向は好ましくないでしょう。少なくとも縁の部分にいくらかのトウヒが加わらなければなりません。

272　第2部　森林美学の応用/B：美への関心に基礎を置く森林の装飾

XVI ライヒャルツハウゼン Reichhartshausen にある Moenchsau 島からのライン川の渓谷の景色

写真は DR. Jur. Wilhelmjが私にくれたもので、Bad Oeynhausen 在住の宮廷写真家 C. Colbergの撮影。この写真はピラミッド型の樹木が一群で植えられていなければならず、それらの樹木群が水辺や丘にあると特によく見えることを特にあると証明しているのである。

第8章　潅木類と地被植物の管理による林分の装飾

　前時代の放牧権、落葉の腐植質の除去、そして皆伐施業が森林の潅木類の植生に多大な損傷を与えてきたため、地方によってはそこに潜在的に存在しうる植物種の半分さえ残されていません。これはこのようにあるべきではなく、そのままにしておくべきではありません。それは、それらの種が開放的な空間に育つのか、森林の林縁に育つのか、多少なりとも隙間のある極相林^{訳注25}もしくは成熟林の林冠の下で育つのかによって、**私たちの森の潅木類がどのように美しいか、それらの種はどのように多様であるか、それぞれの種の姿はどのように非常に変化に富んでいるのか**、そして、それらが葉や花、果実によって森林をどれだけ装飾しているのか、また、**それらが食物と隠れ場所を提供している野生動物によって、間接的にその地域をどれだけ多く装飾しているか**のためです。森の王様である**気高いアカシカ noble red deer**は、惨めなことに、狩猟動物の給餌施設での保護によって生きながらえていますが、その場所ではヒース heather〔ツツジ科のギョリュウモドキのこと〕やネズ juniper がもっとも質素な食料を冬芽の形で提供することはもはやありません。当然の貢ぎ物を受け取る王様のようではなく、乞食のように、アカシカはしなびたセイヨウトチノキの食糧を受け取るのです。もっと小さい生息動物達たち、とりわけ**翼を持った"歌い手たち"**はいっそう苦しんでいます。鳥の世界は数や種類でどれだけ貧しいのでしょう。そこは、秋の間でさえ、潅木類の中にどれ程の食料と隠れ場ももはや見つけるできないのです。さらに、**昆虫たちの生活**さえ貧しくなります。潅木類がない場所では、**チョウ butterflies**は地域の装飾ではなく、もはや危険状態です。シラーチョウ Schiller butterfly の幼虫がヤナギの上で生息できず、ヤマキチョウ brimstone butterfly は卵を産みつけるシエスベリー〔スノキなどベリーの仲間〕の葉を見つけられない場所は、招かれざる客たち（不恰好なアオムシやパタパタと羽ばたく幾何学模様の蛾）が最も好んで訪れる所です。

訳注25　1985年のピケット Pickett とワイト White 以来、動的平衡の考え方が一般になったので、発達した森林という表現を採用する。

274　**第2部　森林美学の応用／B：美への関心に基礎を置く森林の装飾**

　私の尊敬する同僚の専門家の大多数は、潅木植生の育成にはあまりにも無関心なので、第1部セクションB第4章に示した貴重な植物のリストによって、かれらが潅木類を考慮するように納得させていくことは期待しません。

　他の人は今までに装飾的な潅木を人工的に育てたり栽培したりすることを無駄に薦めてきています。例えば、ブルクハルト Burckhardt はそれを支持してきました。彼の死後になって出版された随筆——"育成樹種とその活用方法" *The Nurse Tree Specied and the Way They Work*——の中で、彼はいくつかの小潅木を望ましいものとして挙げています。そのうち2つの外国産の属（スイカズラ科 *Diervilla* とメギ科 *Mahonia*）のいくつかを、一部を種子から、一部を根の萌芽によって育てたいと望んでいます。

　現存する潅木類を助けたり維持することは、新たに定着させるよりも容易です。例えば、トウヒの植栽が意図された植林区画に、森林地域にはまれにしか見られない潅木（私の経験から言うと、ジンチョウゲ *Daphne* や赤い実のニワトコ red-berry elder、メギ barberry を考えます）も定着してきていることが生じた場合、それが邪魔されることなくさらに生育することができるような近くの適当な場所へ植えるというほんの些細な努力を時々するだけなのです。また、下草刈りや間伐の際には、ほとんどのものは保護することができません。一敷地で多数で生じて厄介なものが、数マイル離れて珍しいものとして育成の価値があるかもしれません。例えば、**ツタ ivy** です。私の落葉樹の林分では、長いツルを地面に這わせて、みすぼらしい姿を伸ばしているだけでした。上へ伸びようとしていつも失敗しており、私はこれを冬の霜のせいだと考えていました。しかし、それは冬にシカが冬芽を食べる際にツルを引き剥がすためだったのです。すぐに私は棘のあるサンザシを利用してシカがツルを引き剥がせないようにし、今ではツタがいくつかの幹を高く這い登っているのを楽しんで見ています。

　これは野生動物の保護地区と猟区においては最も難しいことですが、同時に、これらのある種の"庭"となっている場所こそ、特別に美しく見えると考えられます。

　グリューネヴァルト Grunewald で野生ブタの摂餌区域を一目見て、林床が

訳注26　中央ヨーロッパではツタはとても珍しくホオノキ類と同じく珍重する人もいる。

第8章　潅木類と地被植物の管理による林分の装飾　　　275

丸禿となり、不毛となった地域に残ったマツ林分と、感じのよい潅木植生が青々と茂っているのを比較した人は誰でも、非常に大きいダマシカの頭数が増加することに苦情を言うでしょうし、この野生動物の種類が部分的に黒イノ
シシに取り替えられる事を望むでしょう。訳注27

　しかし、ショルフヒースThe Schorf Heathでは、大きなシカの頭数であるのにもかかわらず、サンザシやメギ、グーズベリー、ネズを見ました。

　ハイムブルグHeimburgの館長148)のご親切によって、私は黒海ツツジPotanic Rhododendronがダマシカによるどんな食害でさえ、生き延びるという確かな情報を得ています。この素晴らしい森は、かなりの敷地が必要であり、ドイツの適地でのみ冬霜の被害に耐えるというのは残念なことです。

　木本の種類から地域固有の性格が決定されることによって、その敷地に生育することができるはずの木本以外の植物が、本来期待されるより少ない地域がかなり多くあります。それらの底部の森林は、地面が初春に**マツユキソウsnowdrops**で覆われて白くなり、次に**キバナノクリンザクラcowslips**によって黄色になります。山すその小丘が**ゼニゴケlivewort**でその地面groundから春の青空を映しているかのようです。また、**スズランthe lily of the valley**（シレジア地方ではSpringaufと呼ばれています）の密生した群葉に覆われ、多数の白い花からそよ風を匂わせます。**それらのすべてが、私たちの心にとって印象深いのですが、それらをもたらす樹種よりも花flowerの装飾によるところが大きいのです。**このために、間違った場所に、そのような歓迎してくれる花々の装飾がない場所にもそれらを定着させる試みが勧められますが、あいにく、これが人の考えるほど簡単ではないことを認めなくてはなりません。これらの春の子供たちは、敷地に関して非常に選り好みをしますし、長年にわたっての努力から、ほんのわずかの成功しか見られませんでした。他の人々はもっと成功しているかもしれません。次のように、私はアルテンプラトウAltenplathowの王立森林局近くのロゲーゼンRogaesenの中の村の砂質土（マツ林で一部がクラスⅡ、一部がクラスⅢ）で、少なくとも１つの成功した試みを見ました。そこには、イチゴや、種々のシダ類、スズラン及び同種のものが以前の野原に成立したマツ林分の中や庭園の近くのよく手入れされ装飾された木立、ちょうど初めての

訳注27　庶民の獲物にもなる。

間伐の間に植栽されて、原生のこれまで耕作されたことのない森林の地面以上に豊かな状態で成功してきています。適切な湿った敷地での土壌調整によって、現在では、ジギタリスDigitalisでさえ驚くほど繁茂し、自然に更新します。山岳旅行の記念品で、その植物が唯一の外来種としてその敷地にすべて特有な他の植物に対して加えられています。

　しかしながら、そのような実験は例外的にしか成功しません（長い年月の失敗によって、私は残念にもこのように繰返し言わなければならないのです）。しかし、現在、失われつつある種を定着させることが困難であればあるほど、森林所有者は**少なくとも現存するものを維持すること**により熱心に取り組むべきです。多くの希少種がほとんどその種のことを理解されることなく、きれいな物が追求されます。例えば、スイスではエーデルワイスを根こそぎ掘り起こしてしまうことが禁止されています（現在、花だけならナイフで切っても良いかもしれません）。ここの植物のいくつかも、できれば公的な法規制がなくても、同様の保護を受けるに値します。そのような保護措置がうまく実行されている区域もあります。

　ユーモアと簡潔さで、モルトケ伯爵Count MoltkeはクライスアウKreisauの風景式公園の訪問客へ刻印された石板から話しかけ、その言葉は私の記憶に留められています。

　　　"あらゆる足に 可能な限りの道を、
　　　すべての疲れた人に 可能な限りのベンチを、
　　　あらゆる目には あらゆる花を、
　　　このすばらしい財産のなかにあっては、
　　　気持ちと心のためならば 私はすべてをあなたに捧げます
　　　けれども 指のためには ここには何もないのです。"

　多くの民に向けて書かれたこのような奨励は、守られてきました。

第9章　石礫Stone Blocksによる森林の装飾

　第1部Bの第3章では、景観の中の石礫の価値を論じました。

　その章で、道路の設計に関連して述べたように、とりわけ美しい岩は利用され易く作られなくてはなりません［だからこそ、人はそれを楽しむ事ができます］。それが存在する場所で美しい石の不足を人工的に克服することは、むしろ、困難で費用がかかります。しかし、これが以下の原則に余地を与えることを妨げます、なぜなら、私はしばしば、人々が努力と費用の代わりに森林の中の石で試みて、そうする事に誤ることを注意してきたからです。

　しかし、地元の初心者はその難しさには思い至りません。普通の庭師だけでなく、時々は田舎に住む人でさえも、この作業が困難を極めるとは思ってもみません。例えば、東フリーシアンEast Friesianの農夫は、この優れた場所に迷子石erratics［漂う岩draft boulders］^{訳注28}を集めるために、庭に小さな塚を築くことを好みます。訪問客がここに集められた材料から可能な限り多く見られるようにするのです。

　"善良な人々"は──疑いなく、東フリーシアンの農夫は"善良な人々"ですが──彼の深い［潜在意識の］衝動の中で、効果的な石積みにはまず基礎となるモデルが必須だという限りは、少なくとも正しい方法を部分的に意識しています。

　造園芸術家でさえも失敗します。1880年にゲシュヴィントGeschwindはシュトゥットガルトStuttgardで"庭園と公園における岩石"*The Rocks in Gardens and Parks*という346ページの本を出版しました。彼の長所は、自然を師とすることにあります。つまり、（**岩山**の築造を記述した章に書いているように）"人は、気も進まないのに何か不自然なものを創りあげることを避けるべきです。""むしろ、自然の環境の中で、岩山の構成を学ぶべきです。"しかし、彼自身が他の人たちもそれを理解できただろう方法で自然から学んでいるという証明は不足しています。同じ場所で、彼は、例えばこう言うのです。"過

訳注28　氷河によって削り取られた岩塊が、長い年月のうちに氷河の流れに乗って別の場所に運ばれ、氷河が溶け去った後に取り残された岩のこと。

剰を避けなくてはならないのと同様に、**不足**もまた損害を与えます。**すべての石の垂直な設置**を避けるべきであり、こちらには鋭い角、あちらにはきれいな水平の区域と、**平らで水平な石**を尖ったものと一緒に混ぜるべきです。大きな円柱のような形態の計画が全く好ましい事例があります。"

これは、初心者にとってあまり助けにはならないでしょう。たとえ部分的には正しくても、その助言は誤解を招きやすいものです。不足はどんなものも損なうことができないでしょう。"垂直な設置"というのは、石に例外的にのみ許されることなのです。おそらくそうであっても、多分、風倒木で持ち上げられ、元の自然の位置から動かされたと確信できます。

実際に、"進路の最大の石は一群の起点を形成する"というような誤った記述があります。自然の中では、これと反対の事例をいくらでも見かけます。洪積台地で迷子石に囲まれて住んでいる私にとって、フンボルタインHumboldthainにおけるクロイツベルクの岩山Kreuzberg Rocksの輝かしい築造家メーティッヒMaechtig[149]によってケルンに積まれた一群の迷子石は、特に興味深く、示唆的でした。これらの岩山の人工的な配置は、"進路のof course"、一番下にあるわけではない、という証拠に対応する事ができます。

地形が石の築造のために正しく選ばれているか、芸術によって適切に修正されている時には、**"自然に生成した石"**と**"運ばれてきた石"**とは区別されなければなりません。もし、鋭い角の石ばかりを並べたら、59頁で説明したように、前の主張が明白でなくてはなりません、また、もし、丸くなった角の石ばかりがあったら、配置のための別の原則が指針とならなくてはなりません。もしその配列に両方のタイプを持つ人は誰でも、角の尖ったものが斜面や水流の岸に設置されるような方法で石の分布を計画しなければなりません。自然なまたは人工的な水流のある区域では、多少なりともはっきりと水中を運ばれた形跡を引き立たせるものを横たえなければなりません。これが自然に生じるのと同じく、あたかも、鋭い角の石が、つい最近、"崩れ落ちて"きているかのように、それらの間か個々に混ぜられるのもよいでしょう。

人々が"流れがその位置の原因である"と思うような方法で、正しく選ばれた石が沖積世の区域に置かれていなければなりません。そのような方法によってのみ、私たちは自然に逆らわず統一された群に石を関係づけ、その一群に優

雅さを与えることができるのです。

　石が優雅なのか？──ある意味で、実際にありえます。シラーSchillerが正しく言っているように "優雅さは動きの中にのみ存在できます。しかし、"──さらに、彼は続けて──"これだけではありません。固まった、止まっている姿も、また、優雅さを表す事ができるからです。これらの固い姿は、元来、動き以外の何物でもありません。これらはついには、何度も繰り返して習性となり、軌跡を残したものなのです。"

　充分な上に述べた調査が、これ以上の議論から私を解放してくれるでしょう。これは、一人一人に注意するために、ここで石積みの規則を再度、展開するなら、繰り返すだけでいいからです。すなわち、人は又、これに自然をモデルとすべきだということです。

　モルトケMoltkeの手紙の最初の一部は、石が水の中やまわりでもっとも効果的に用いることができることを指摘しています。モルトケ伯爵は、ロシアからの手紙Letters from Russiaの中で、ペーターホッフPeterhofの人工水路について "私がこの公園の中で最も気に入ったもの、同時に、私を驚かせたものは水路でした。花崗岩の大きなブロックの上を鳴り響かせ、透き通った水が通る実際のドイツの水路です。私は、ヴィルダイWaldaiの河流から海までつづくロシアの平原にこのような勾配を期待することはないでしょう。

　私にとっていつも理解しがたいことは、造園芸術家たちが、平地においてちょっとした短い区間でも、急な勾配を利用して、サラサラ、ザブザブと流れる水路を作らずに、むしろ滝を造りたがることなのです。斜面の上に出る事が想像されない場合、人工的に無理やり水流を台から跳躍させて、その流末がどうなるか知らずに恥ずかしく徐行させて、6フィート下の滝つぼに落とすのです。滝が、見物人が驚嘆するのを待って目を見はらせ、そこに立っているときに留まらせるだけのものだということを、誰でも知る必要があります。"

　本書の204頁の手引きに従って池の排出量を調節しようとする人は、これらの考えを熟慮する事ができるでしょう。

　私は、これはすべて、森林美学に属するものではなく、造園の教科書にあることを非難されてきました。しかし、森林官に "泉や滝を整える" 仕事を割り当てるブルクハルトを引用することができます。また、自己弁護のために言わ

せてもらえば、森林官達は、いつだってこのような建設を行う誘惑に勝てないというのも事実なのです。しかしながら、彼らはほとんどの場合、間違って設計させられ、そこで、どうやったらもっとうまくやれるか教えられなくてはなりません。

　私が既に見出したと考えた原理については、まだまだ調べられる必要が大変多くあります。彼らが正しい時でも、その原理を応用するのに芸術的なコツをいかに使うかについてはまだ問題が多く、さらに大きな塊を動かすのも困難で、費用もかかるからです。それゆえ、自然がうまく並べ、眺めにとって有利に存在している魅惑的な石の配置を維持することがなおさら重要なのです。

　もし、販売のための石を提供するなら、きっと際立って魅惑的な石に生産の余地を与えないでしょう。なぜなら、職工達は、ダイナマイトで爆破することによって最大の緩んだ岩塊を素早く進める準備をすることにあまりに傾注しているからです。可能であれば、地域内の清掃の間に最後になると想定されるために取っておかれる石は明瞭に印がつけられ、番号がつけられる必要があります。

　相当な大きさの石が、少しだけ頭を出して深く土中に埋もれているようなときには、彼らはそれを持ち上げようとするかもしれません。しかし、そうではなく、大きな石の周りから土を除くことによって、より良い効果を与えることが容易です。

　ショルフ荒野Schorf Heathにある、狩猟用の出城にちなんだフーバートスHubertus路傍礼拝堂は、フリードリヒ・ヴィルヘルムIV世King Friedrich Wilhelm IVを描いたものですが、土地に深く沈んだ風変わりな巨石群の上に建てられています。この簡素な記念碑も、図56の型のように、土地を少し変形させることによって、もう少し石を露出していたなら、もう少し場所をえるこ

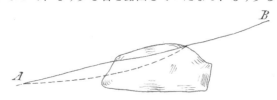

図56　自然に積み重なった岩石
実線A-Bは元の自然の地表面。点線はまわりを掘り下げた後の地表面。

第9章　石礫による森林の装飾

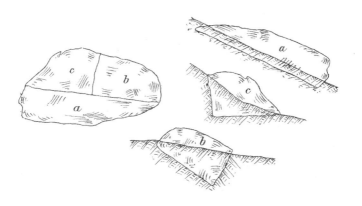

図57　自然に積み重なった岩石
3つの石を1つの大きな石に見せる配置法

とができたでしょう。

　もし、石を外から運びこむ必要があるならば、可能ならば、絵画的な形と美しい色のいくつかの石を選ぶでしょう。もし、選んだ石の重さが大き過ぎてそのままで運ぶことができないならば、個々の断片に割って動かす必要があります。もし、誰か、それぞれの分割された石が図57に示すように1個の風変わりな巨石を表す方法で各々の断片を使うために、1個の大きな巨石から2、3個の石を作ったならば、私は許されるごまかしとして容認したでしょう。

　私はブロックを新しい場所にセメントやモルタルを使って（ゲシュヴィントGeshwindが勧めるように、可能な限り、その石の色合いにしなくてはならない）、前の形で再び一緒に置くことがあまり賢明ではないと考えます。もし、集団効果を向上させたいなら、それはそれなりに価値あるものとは思いますが、接着材は使わないで、おおよそでもいいから元の形に戻すべきでしょう。どうせ、何千年もの過程で石は結氷によって割れていくものだと信じられるでしょうから。

　しかし、このような石の様子は、その大きな知識が要求されますが、石が**自然の脈** natural veining にまかせて割れていく場合のみ、作成できます。これは、その効果が予測できない爆発物によるよりも、くさびでやったほうが簡単でしょう。

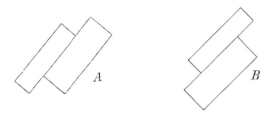

図58　自然に積み重なった岩石
良い水の流れを導く配置方法

　割った石を結合した後に残る裂け目は、後でシダやマウンテントネリコ mountain-ashesやカンバ類などを植えるために、良質の土で埋めてやるのがよいでしょう。打ち込む力として植物の根を使って植えることによって、小さく存在する割れ目が自然に亀裂を広げることがもっと確実になるでしょう。

　植物を成長させるために、水分の供給が考慮されることは重要です。外見的には、自然の裂け目は水が集まっていく道筋に配置することが必要です。図58にあるように図式的な略図で、Aは正しい道でBは間違った道の配置です。

　このヒントはボッケWocke[150]によるものですが、石群の配置に関する彼の卓見は、大規模な事業を計画する人にとって考慮されるべきです。

　しばしば、**あまりに美しく、あまりに興味深い地表の破壊**が、これらを隠す事を望まない驚いた見物の人達の目に示されるでしょう。きらきら光るシュリフト花崗岩Schrift granite、トルマリン花崗岩tourmaline granite、大きな結晶の石英斑岩porphyryや、緑石greenstoneを、図57に示すように目だたない風化した表面しか見えない方法で、一体誰が埋もれさせたいと思うでしょうか。私は容易にその決断を下す事はできないでしょう。こんなに稀で魅惑的な見本は石群の中には入れられません。それらは、人目を引く場所で**野面石の粗い建造物**にもっと効果的に使うことができます。私は、部分的に、あるいは完全に風変りな巨石で作られた、見晴らし塔や戦争記念碑やその他の記念碑の多くを知っています。しかし、道路の切り取り斜面や交差点の道路標識を保持しているもっと質素な建造物（土台の壁のような）でも、もし、特に色彩に富んだ石で作られるなら、多くの価値が増すかもしれません。

第10章　記念碑Monument、廃墟Ruins[151]、砦Entrenchments

　格言、*saxa loquuntur* [石の話] は、自然に存在する石だけでなく、人間の建築技術の遺跡にも当てはまります。

　過去の何世紀もの尊い石の証人は、特にドイツの森林に非常にたくさん残されています。しかし、不注意な無関心以上に、善意の熱意がこれらの貴重品の魅力を減少させる一因になっています。

　最近、この状況は改善されてきました。そのような貴重なものをどのように大事にするかについての相互理解は多くの論文によって裏付けられています。その保存方法自体が科学として発達してきました。

　ゲーテは**城跡castle ruin**をどのように扱うべきかについて、*Unterhaltungen deutscher Ausgewanderter* [ドイツ移民の対話] の中の"中編小説Novelle"で詳述しています。同じ主題とたいていの景観の中で建築の重要性については、私が何度も引用しているウーティスUtisの中編小説 *Der falsche Baurat* [開発計画局長の過ち] の中で正確に、そして最も魅力的な形で触れられています。

　植林内でのそれらの行列に注意するならば、重要性の少ない土塁（円形の小山や古い砦）を人工的に維持する事ができるでしょう。それらの遺構を横切るように植林すべきではなく、古い工事の遺跡に樹木の列を適応させるべきであり、異なる樹種を用いることによって、驚くべきものに訪れた人の注目を惹く機会を逃してはいけません。私はそのような場所に尊いイチイの木を植えることを勧めたいと思います。それは特に"牧歌的な"樹木です。

　巨石でできた墓とそれよりは小さいけれど過去の時代の興味深い遺物は、茂みの中に完全に消失させるべきではありません。しかし、森林経営からそれらの直接の環境を分割したくないならば、その位置が完全にはっきりせず、また完全に不明確にもならないために、そのまわりに択伐が実行されるべきです。

第11章　眺望Vistas

　これまでに論じてきた播種、植栽、手入れは、万人の楽しみですが、ほとん

どの人は森林を伐採cuttingしたいと思わないようです。かなりの森林所有者は、生涯に渉って伐採の決断を延期し、かなりの森林官が悪質な予算計画によって実行することを強いられて、しぶしぶ伐採だけの印をつけます。上手に制限した場合の伐採が、植林で得る事ができるよりも区域の高揚に寄与できることを知っている人はほんのわずかです。**木を見て森を見ず、という状況は決して珍しいことではないため、適切な伐採によってのみ生み出され、維持されうる森林の見晴しや眺望vistaの好機が失われています。**教育、訓練、生まれつきの才能が、職人の感覚だけでなく、本当に上手く行うために必要なものです。当時、ムスカウMuskau公園の担当者であったペツオルトPetzoldが開いた実に詩的な眺望を眺めたとき、フォン・シュレーゲル将軍General R. von Schlegellの妻が彼にこう言いました。"あなたは詩人にちがいありません。"これに対して、彼の答えは"私は斧で詩を書きます"でした。一方、ペツオルトは斧を使った創作のために、かなり多くの敵意に直面しなければなりませんでした。そして、同じことは、1本の樹木を取り除こうとするすべての造園家にも起こります。

　ベルリン動物園で一時的とはいえ伐採によって生じた憤慨の嵐を覚えているでしょうか。この状況では、私たち森林官はより恵まれています。つまり、人々は同じ伐採行為に対して、私たち森林官にはより寛大な態度を示します。しかし、私たちは目的のためにこの利点を抜け目なく使うことを決して忘れてはなりません。そこで、**林業芸術の創造が実際にしばしば公園を木陰にすることができます。ほとんどの場合、その創造は、公園を越えた空間的規模に相応しく、利用する時の楽しい連想にはいつも有利です。**さて、詳細にはピュックラー侯Prince Puecklerの言葉を示します。侯の著書、"造園の手引き *Hints for Landscape Gardening*"からの抜粋の文章では、庭と公園について考える間に書かれたものですが、林業芸術の条件に関する、ほぼ普遍的な正当性を主張しています。私はこれを引用します。

　"何かしら興味を与えてくれるかもしれないより遠い景観の中にあるすべてのものが、私たちの地所へ言わば、引き延ばされるでしょう。より一層遠くへ向けられる視線のすべては、この点に集中するでしょう、そのために、上手く利用されれば、想像上の境界が、現実の境界を無限に延長するかのように創造

第 11 章　眺望 Vistas　　　　　*285*

されるでしょう。それらが地上にあるとするには遠すぎることが想像できるような場合でさえも、これらの遠くの視点は、私たちがそれらと自分のいる位置の間に境界を決して官能的に実現しないような方法で取り扱われなければなりません。できるだけ少ない遠くの視点が、別の観点から部分的に見えるように作られるべきです。例えば、山々 mountains は常に部分的に見えるように造成されるべきであり、その全容が見えるのはただ一度であるべきです。同じ方法で都市も細分されるべきであり、同じものを何度も現れさせるべきではありません。効果的に隠すことと推測の余地を残すことは、開放的に見せるよりも難しいことです。見る人が、眺めを驚くほど美しいと考える時、長い凝視の後、しばらくして口にします。"なんて惜しいことでしょう、あそこの大きな木がそれの前に立ったままです。この1本もなくなったならば、どのように、もっとすばらしく、すべてのものを見通せることでしょう。"さらに、たいていの場合、このような森林管理をするなら、直ちにそのことを非難します。もし、森林管理を親切に実行し、非難の的になった樹木を取り去ったならば、善良な人々はとても驚くことになるでしょう。そして突然、どんな絵画も、もはや見えなくなるでしょう。大規模な庭園は絵画の美術館でしかなく、絵画はその額縁を要求するからです。

　建物 building は全体に独立して立っていると見えるようには全く想定されていません。そうでなければ、浮き上がって見えるでしょうし、自然とともに成長しない、よそものとしてそこに建てられます。いずれにしても、半分隠されたものは、どんな美しさにとっても有利であり、想像の領域に、常に何かを推測できる余地が残されています。まなざしに、ただ一つの生きている障害を提供せず四方から容易に接近でき、どこにも自然が愛らしく親しげに寄り添っていない露出した宮殿よりも、果てしのない森林区域から青々とした天空に向かって灰色の煙を渦巻かせる遠くにあるただの煙突にもっと大きな喜びももって目を休ませるでしょう。"

　私自身の経験から、この引用文に中景と前景 foreground に関するいくつかの意見を加えます（**背景 background** の利用について詳細に教示するものです）。

　中景 middleground にとって集団の疎や密の区別があることは最も重要です。これは、特に**母樹保残作業 seed-tree system** にて**考慮**される必要があるでしょ

う。しかし、**基準木〔母樹〕として残されているはずの樹木を群にまとめることを経済的な理由から疑問を感じることもあるかもしれませんが、これらは主に最も重要な眺望地点から見たときに、それらが相互に接近して見える方法で不規則な列に配置されることは容認されるでしょう。**

　私の地方の経験から言うと、樹群に適切な配置が欠ける時、最も美しい林木でさえもその長所を見せられないものです。ポステルで森林の縁にある"ケルバーヴィンケルKaelberwinkel"に古いオークの価値ある林分の名残として、かなり多くの並外れて大きな林木が、守られていました。しかし、それらは林冠の隙間を埋める列でしかなく、それらもその背景も真の長所を発揮していませんでした。そこで、最も孤立した樹木を除去することにし、残っているものが全く自然に見る人の目にはっきりと3群とわかるように整理し、そして、活力あふれる若い林木による青白い背景に対して、陰影の濃い塊として壮大な方法で際立たせました。

　親切な読者の方々は、本書の第1部で述べられている人間の物理的な目だけではなく、精神的な目でも物を見るという証明を、どうぞ思い出してください。

　これは特に眺望vistasで確かめられます。ヨハンナの塔Johanna's Height〔見張り塔〕の屋上に上る人は、誰もが、いつも、まず脚元に広がる森林風景に魅了され、純粋な美的喜びを楽しみます。しかしすぐに、外来者はあらゆる種類の情報を要求するでしょう――彼は何か目印を欲しがります。そしてこう言います。"ご覧なさい、あちらはトラッヘンベルクTrachenbergとヴィンツイッヒWinzig、こちらはツォープテンZobten、向こうに見えるのがシュネーコッペSchoneekoppeです"――そして、もし客人がこれらや他の注目すべき対象物をすでにわかっているなら、実際には教会の尖塔を除いてその町が見えてなくても、また、ツォープテン山脈の代わりに青い霧しか見えていないにも関わらず、彼の喜びを増大させるでしょう。シュネーコッペは、大気が特別に澄んでいる時にだけ気づきます。ほとんどの場合、外来者は、時折現れる案内者を信じなくてはならず、物理的に見えないものを想像によって完成させなければなりません。しかし、人工の街路であるか、鉄道であるかの道路が果てしないカーブで上下して導かれるゆるやかな起伏のある単調な景観で景観を楽しむのに良い**目印**はどこにもそれほど難しくて得られません。これは、船が平坦な

第 11 章　眺望 Vistas　287

島々の間の船積みの困難な水路を目指す時の海の上のようなものです。船員と同じように乗客は島や岬を示す灯台とブイを注意深く見て、ブイを見ただけでも、まるで島全体を見たように喜びます。丘陵地域で同じように、ハイカーはその区域で方向を見定めるために、孤立した教会の尖塔や自分の知っている樹林や大木を捜します。

　森林官は、この要求を樹群によって最も上手く達成することができます。

　しかし、ある区域全体の象徴として、丘の頂上に孤立木を残したままにすることは、ほとんどいつも誤りです。地域の気候に対して無防備である時、それらは瞬く間に孤独で、哀れみを誘う、悲しい印象を与え、わずかな年数で枯死するでしょう。

　これは既にイザヤ Isaiah によって認識されていました。彼は同時代の人が急迫している悲しい運命について次の言葉で記述しています。"1 人の威嚇によって 1000 人が逃れるでしょう。5 人の威嚇ですべての人が逃れるでしょう。おまえたちが山頂の立標か、丘の上の軍旗のように残されるまで。"［イザヤ書 30：17 より］

　山頂において特に有効な助言は、あまりにわずかな立木を残すようなことはしないことです。私はカッセル Kassel に近いキルヒディットヴァルト Kirchdittwald にあるエーレン Ehlen の王有林地域の中のエルブーヘンベルク Elfbuchenberg［11 本のブナの山］は良い例として覚えています。名前で言うように、11 本の残されたブナが山とこれによって地域全体を飾っていました。

　多くの美化協会 Associations for Embellishment の熱意は、近年、度を超えています。彼らはすべての目ぼしい山頂を高い**見晴し塔** lookout towers で目立たせることが任務のように主張しているようです。町に直接に隣接している、エーベルスヴァルデの近くにあるもののような見晴し塔は、何も妨げにはならないでしょう。しかし、森林の核心部では協会と建築家の熱意を制限するべきです。建築技術は実際的な必要を超えたものを押し付けようとしてはいけません。したがって、塔は周囲の森林の林冠上に著しく突出してはなりません。オイティン Eutin の近くのエリザベス塔は、当初、周囲のブナの樹冠の上の塔に十分な高さだけ建てられましたが、少し経ってブナが成長してくると、上に拡張されました。

第2部　森林美学の応用／B：美への関心に基礎を置く森林の装飾

高い見晴し塔はその後の皆伐によって孤立してはいけません。広々した森の
地表に設置されたこの建物は程よい解放が許されているにも関わらず、私はヨ
ハンナの塔に近い5haの択伐林を切り離した方法でこの規則を使います。そし
て、それは展望塔だけではありません。ここに示したプファイルの美しい詩は、
近代的な見晴し塔ではなく、人が住めるような高い狩猟小屋について述べたも
のです。[152)]

　　　　ブナ林の深い静寂の中に、
　　　　小さく狭い家がある、
　　　　見晴らす事は、高いオークによって阻まれる、
　　　　青く遠くに霞んだ遠景を。

　　　　大胆に構造物は木々から立ち上がり、
　　　　その足元には緑の森林が横たわっている、
　　　　水が下で泡立っているように聞こえる、
　　　　山々が夕方に照り映えて見える。

　　　　この家は、その狭い部屋の中に約束している、
　　　　最も美しく鮮明な猟師の喜びを、
　　　　そして、私がそこで一人夢を見ることができるならば、
　　　　その時、憧れが私の胸の中にしばし膨らむ。

　数年後、プファイルは、塔の代わりとして選んだ狩猟小屋に、頑丈な張出し
席を樹冠の中に固定し、しっかりとした梯子によって接近できるように作るこ
とによって、木の台をオークの中に建設しました。
　ほかにだれかの領地で、植林区域について**既存の更新群**regeneration groups
の存在は維持されるべきか除去されるべきかをしばしば聞かれました。既存の
更新のそのような林分は、**中景**として役立つので、広大な皆伐区域にしばしば
高い美的価値があり、それらの除去は最も美しい景色を簡単に壊します。した
がって、既存の更新群のために同じ事が林木のために有効です。すなわち、そ

第11章　眺望 Vistas

図59　カソリック・ハンマー王立森林局の区画89にある前更新された樹木の一群
（ヴァスドルフ Wassdorff 氏撮影）

れらは、美しくあるために絵画的な群に配分しなければなりません。

　ここに示した写真（図59）は、残念ながら現実を表してはいません。なぜなら、カメラは中景を非常に見事に再現させていますが、既存の更新群の枠にはめられた景色となる背景に成熟林の林分がないからです。

　私たちは中景よりも**前景 foreground**により多くの影響を受けます。残念ながら、この効力は時々乱用されます。私は**樹冠を切り落とす**ことによって眺望が開放的に保たれた場所を、少なくとも数回は見ています。択伐林を議論する時に、不適当な方法であることは前にも述べてきました。ここに私は、図式主義にとらわれない用心深い伐採が、成長しすぎた眺望を取り替えることができることを追記します。景色のこの**徐々の変化**は、森林が公園を越えて持つ別の利点です。

　地形が急に下る場所では、他の小さな犠牲を我慢することが決められるならば、**森林の内部**にもこの眉をひそめさせる方法（木々の打ち首〔断幹〕）を使う事を強制されないで、かなりな眺望を、**恒久的**に解放して保つことが当を得ています。つまり、地形が岩場の場所で、シダとナナカマド以外はどんな植物もそこに簡単な小さい足場さえ見つけられないようにする目的で、完全に土を取り除くことによって、岩の下方斜面の次の15mほどを掘り出すことを勧めます。さらに斜面を下って、必要であれば選定方法の後、伐採されなくてはなり

ません。これは、樹冠が背景を**邪魔する**ように覆っている樹木は、早く伐採しなければならないことを意味します。しかし、土壌が浅く石の多い基盤を**持たない所では**、林分の空隙は、それが管理者の統制外の雪による損傷か他の環境要因によって生じたように取り扱われなければなりません。ハシバミ、ハンノキや他の低い潅木類が、もし、十分に自生していないのであれば、すぐにそれらを植えるべきです。この方法は**老木の樹冠の下**の眺めが開放的に維持されるべき場所においては、最も自然に見えるでしょう。なぜなら、老木の樹冠の作り出す陰が生育の良すぎる若木の成長を抑え、剪定作業の必要がないようにするからです。上述のような景色の枠づくりは風景画家にも非常に好まれます。そのような前景（Monte Pincioから見られるような）で描かれたローマをどれだけしばしば見られることでしょう。これらのローマの絵画はすべて、ある共通した一つのものを有しますが、実際にはそれらの中でローマを見ることはできません。聖都はいくつかの主要な建築物の輪郭によって表されるだけですが、その前景は広い樹冠の大木の傍らに巨大な石鉢を配置して飾られています。さて、私たちはこれを森林内で調和させることはできませんが、石塊からなる地域の天然記念物は同じ目的でしばしば役立つかもしれません。特に、平原や丘陵地域の**漂流巨岩や迷子石**は、前景の非常に役立つ装飾です。それは美しい潅木（バラ Rose、クランベリー European Cranberrybush［Viburnum］など）の植栽によりさらに効果を増します。

長く狭い谷と水面は、それらがほぼ直線の境界であるときに、その終端部分からしか広大な眺めを向けることができないために、特に困難です。わたしは3カ所で、この問題を克服するのを助けた模範的な施設に出会いました。ハルツ Harz のラウテルベルク Lauterberg の近くで、谷底に沿って走る道路のそばに、石炭の堆積のために必要な平坦地を作るために、他には得られない要塞のように突き出た人工の小山を見つけました。この場所［その小山］から、とても見事な谷の上下を見ることが可能です。このような場所は著しい余分の費用をかけずに道路建設作業中に時折、作られることができるようなことであり、わずかな便利な設備（馬や荷車のための休憩所、方向転換のための場所、貯木場）を備えることによって小さな努力が豊富に報いられるでしょう。美の理由のためだけに、ヴィルブラント Wilbrand はダルムシュタット Darumstadt の近

第11章　眺望 Vistas　291

くに似たようなものを造っています。ダルム Darum という水路の側に遊歩道
の道路が草地の縁の森林内を走っています。それはいくつかの地点にいわゆる
手すりで囲われた説教壇がいくつか積み上げられることによって谷の側に道幅
が広げられています。これらの説教壇は水路の側のかなり急な壁とともに乾い
た壁によって固定されています。そして先端は、剥皮されたオーク材の胸壁に
よって縁どられています。この道路は、草地の谷を横切る眺めがこれらの地点
からだけ自由に楽しまれることができる道の中とは違って林分内に導かれる時、
これらの説教壇からの眺めがより対比されることによってさらに喜ばせます。
これはヴィルブラントによって提案された規則によっています。すなわち、"散
歩するための歩道が、街の近くで森林の中ではあるけれど林縁の近くに設置さ
れるべきです。それは、歩道と林縁との間に数メートルの狭い樹木帯を設ける
ためです。その樹木帯の樹木がびっしりとその低い枝を地面まで保っているな
ら、木の葉の壁はそれが明るく輝く金色の夕日の方向に向かって見るときだけ
に輝くでしょう。"

　水辺では、浮桟橋と防波堤が実用面に加えて眺望を美しく開くことにも役立
つものです。同時に、それらは単調になりがちな直線を遮ることによって水面
を強調します。狩猟用の城のグリューネヴァルトには陸地の小さな人工の岬が
あり、実用面と眺望の両方に大変、美しく役立っています。

　この章を、ギルピン Gilpin から引用した包括的な考察によって終えたいと思
います。

　眺望の鑑賞は景観に左右されるだけでなく、見る人のそのときの状態にも左
右されます。人は、いつも自分に働きかけてくる壮大な眺めを受け入れる状態
にあるわけではありません。疲れた体、疲れた心は、ある限界を好むでしょう。

　美しさが高められた森林を注意深く取り扱うために、非常に異なる作用が異
なる必要に備えなくてはならない規則を、これから推定することができるで
しょう。それが壮大な景色に関係している場合、ハイカーが道路上でえられる
より小さな眺めによって大きな印象の準備を十分にできるでしょう。景観がさ
さいであっても魅力を持つならば、できるだけ驚かせる方法で最も美しく、最
も興味深いものを見せることが必要でしょう。ピュックラー侯は、ブラニッツ
公園 Branitz Park でこのやり方を用いました。私が何年も前に造園芸術のその

最も巧妙な創作を訪問した時、最初、"周辺道路"の単調さによって驚かされました。その縁は少しの眺めさえも見られないような高密度の植栽で区切られていました。次第に、石のベンチや石のテーブルが私の注意を引いて見られるようになり、そこに着いた時、公園の創始者がその記念碑に積み上げてきたシュプレー川 the Spree の人工的な支流に立てられた大きなピラミッドの頂に向かって開かれた眺望を見つけたのです。

　森林内でこれを見習うことはあまりできないでしょう。新しい水路、美しい樹木、森林官の住居などに向けられた眺めでしょうか。それが適切に評価されることであれば、景色だけでなく、**見る人にもそれに応じて準備される必要があるでしょう。**

　この面だけでなく、一般的には奨励が有効です。**森林官は森林の美しさを育むことを考えるだけでなく、森林が持つ壮大さを理解し、称賛することができる方法を、森林への訪問者にも考えさせることができるのです！**

付　録

引用文献

　引用文献を掲載する前に、本書を記すための情報を口頭や文書で提供してくださった方々に感謝の意を表します。ベルリン在住の教授であり Royal Oberkonsistorialrat でもあるクライネルト博士 Dr. Kleinert は初版の執筆中から、全般的なことについての助言をくださいました。現在ベルリンの主席森林官であるフォン・ボーンステッド von Bornstedt 氏は文献の引用方法やその他の有益な助言で私を支えてくださいました。第2版では、王族の主任森林官（前カソリック・ハンマー地区、現在は Jellowa 地区の森林官）であるローディグ Rodig 氏は、非常に価値ある助言をくださいました。

第1部セクションA

第1章
1節に関して

　1) **5と6頁.** Krause "Landverschoenerkunst" [The Science of Landscape Art], Dr. Hohlfeld and Dr. Wunsche 編, Otto Schulze, Leipzig（現在は Emil Felber, Berlin）が出版. その他に、Krause, "Vorlesungen ueber Aesthetik" [Lectures on Aesthetics] および "System der Aesthetik" [System of Aesthetics], Leipzig, 1882 も参考にした.

　2) **6頁.** Dr. K. E. Schneider, "Die schoene Gartenkunst" [The Beautiful Art of Landscape Gardening], Stuttgart, 1882, "Ein Gaertner als Aesthetiker" [A Gardener as Aesthetician], Dresden, 1884.

　3) **7頁.** Vischer, "Aesthetik Teil II, Die Lehre vom Naturschoenen" [Aesthetics Part II, The Teaching of Beauty in Nature], Leipzig, 1847.

2節に関して

　4) **7と8頁.** Krause "Vorlesungen" [Lectures], p. 187.

　5) **8頁.** G. Heyer, "Supplement zur Allgemeinen Forest und Jagd zeitung X" [Supplement to the General Forest and Hunting Journal], p.26.

6) **9と11頁.** Guse, "Waelder oder Gelder" [Forests or Money] , Forstlich Blaetter [Forest Information] , 1887, p.200.

7) **10頁.** Guse, "Die Anwendung der Reinertragstheorie auf die Staatswaldungen" [The application of the theory of the highest net profit on the state forests] , Muendener forstliche Hefte [Muenden Forest Journals] , 1899.

8) **11頁.** von Salish, Zeitung fuer Forst and Jagd [Journal for Forestry and Hunting] , 1892, "Die Beziehungen zwischen dem Schoenen und dem Nuetzlichen im Forstwesen" [The relations between the Beautiful and the Useful in Forestry] .

9) **12頁.** Pfeil, Kritische Blaetter [Critical Pages] , 37 II, p.197.

10) **12と14頁.** Forester Roedler, Deutsche Forstzeitung [German Forest Journal] , 1901, p.376.

11) **12頁.** Neumann: "Was ist die Kiefer?" [What is the Pine?] , Zeitung fuer Forst und Jagd, 1890

12) **13頁.** Count von Moltke, *Briefe* [Letters] , Berlin, 1891, p.23.

13) **15頁.** Schulze, *Jahrbuch des schlesichen Forst Vereins* [Yearbook of the Silesian Forest Society] , 1879, p.89.

3節に関して

14) **16頁.** Masius, "Naturstuden" [Nature studies] , J. Fischbach and H. Masius, "Deutscher Wald und Hain in Wort und Bild" [German forest and Grove in Word and Pictures] , Munchen, Friedrich Bruckmann.

15) **16頁.** Rossmaessler, "Der Wald" [The Forest]. 本書では第1版を引用した. 現在, 第3版がWillcommより出版されている.

16) **16頁.** Gayer in F. Zbl., 1897, p. 314, p. 319.

17) **17頁.** Willbrand, "Forstaesthetik in Wissenschaft und Wirtschaft" [Forest Aesthetics in Science and Management] , *Allgemeine Forst und Jagd Zeitung*, 1893.

18) **18頁.** Ritter von Guttenberg, "Die Pflege des Schoenen in der Land- und Forstwirtschaft" [The Care for the Beautiful in Agriculture and Forestry] , *Oesterreichische Forst-Zeitung* [Austrian Forest Journal] , 1889.

Head forester Leuer, "Waldaesthetik und Fremden - verkehr" [Forest Aesthetics and Tourism] , *Darmstaedter Taeglicher Anzeiger* [Darmstad Daily Advertiser] , 1893, June 18.

Dr. von Fischbach, "Einige Vorschlaege zur Waldver - schoenerung" [Some Suggestions for Forest Enhancement] , *Centralblatt fuer das gesamte Forstwasen*

〔Central Paper for the Entire Forestry〕, Vienna, 1893.

Kraft, "Zur Aesthetik der Park- und Waldwirtschaft" 〔On the Aesthetics of Park and Forest Management〕, *Zeitschrift fuer Forst und Jagd* 〔Journal for Forest and Hunting〕, 1895.

Upper Chamber, *Zeitschrift fuer Forst und Jagd*, 1895, p.326, p.332.

Saechsischer Forstverein 〔Saxonian Forest Society〕, 41. Versammlung 〔41th meeting〕, *Bericht* 〔report〕, pp.56-71.

森林顧問 L. Hampel, "Die Vereingung des Wirtschaftlichen mit dem Schoenen im Walde" 〔The Unification of the Economical with the Beautiful in the Forest〕, Oesterreichische Forst- und Jagd-Zeitung 〔Austrian Forest and Hunting Journal〕, 1889, May 20.

森林特別顧問 Heinrich Fuerst, "Wie vermoegen wir die Naturschoenheiten unsrer Kurorte und Sommerfrischen zu foerdern?" 〔How can we support the nature beauties of our spas and summer resorts?〕, Oesterreichische Forst- und Jagd-Zeitung, 1898, August 5.

1885年以前に出版された"森林美学"に関する記述は本書の第1版で用いており，それらは第1版の p.226 以降にまとめている．

第2章
1節に関して

19) 18頁． Krause, "System", 7段落目．

20) 18頁． Darwin, *Band II* 〔Volume II〕, p.375.

21) 19頁． Rossmaessler, 第1版の p.23.

22) 20頁． Th. Hartig, *Allgemeine Forst- und Jagd-Zeitung*, 1879, p.268.

23) 21頁． Oersted, "Der Geist in der Nature" 〔The mind ¦spirit¦ in Nature〕, Leipzig, 1854.

Jungmann: "Aesthetik" 〔Aesthetics〕, Freiburg im Breisgau, 1884, Band II 〔Volume II〕, p.58.

2節に関して

24) 23頁． Schinkel と Utis の比較, "Der falsche Baurat" 〔The False Head of the Planning Department〕, p.85, Frankfurt am Main, 1877.

25) 24頁． Socrates, 引用部分は Jungmann の p.40.

26) 24頁． Shakespear, *Othello*, I. Aufzug, 3Szene 〔Act 1, Scene 3〕.

296 付　録

27) **24 頁.** Wingolf, 3rd song [verse]

28) **25 頁.** Bruecken と Goethe の比較, "Der Triumph der Empfindsamkeit" [The Triumph of Sensitivity] , 4th act.

29) **26 頁.** Fechner, "Vorschule der Aesthetik" [Pre-study of Aesthetics] , Leipzig, 1876.

30) **28-29 頁.** Zeisig, "Aesthetische Forschungen" [Aesthetic Research] , Frankfurt am Main, 1885, 黄金比について詳述.

31) **30 頁.** Selenka, "Der Schmuck des Menschen" [The décor of Humans] , Berlin, 1900.

3 節に関して

32) **33 頁.** Fechner は、（既に述べたところでは）"aesthetischen Associationsprinzip" [aesthetic principle of association] の理論をかなり発展させている.

33) **35 頁.** von Riesenthal, Trier, Lintz Bookstore.

第1部セクションB

34) **36 頁.** 既に述べた文献以外に, 以下の書籍を特に参考にした.
Vischer, "Aesthetik" [Aesthetics] , PartII, Leipzig, 1847; Berthold, "Das Naturschoene" [The Beauty in Nature] , Freiburg im Breisgau, 1875; Hallier, "Aesthetik der Nature" [Aesthetik] , Stuttgart, 1890.

第1章

35) **36-38 頁.** Hermann, "Die Aesthetik in ihrer Geschichte und als wissenschaftliches System" [Aesthetics in its History and as a Scientific System] , Leipzig, 1876

36) **38 頁.** Jungmann, 前述の雑誌, p.169.

第2章

37) **40 頁.** 色についての理論を詳しく知りたければ, Berger の "Katechismus der Farbenlehre" [Catechism of the Theory of Colors] , Leipzig, 1898. その本ではより多くの文献を参照している. Petzold の "Farbenlehre der Landschaft" [Theory of Colors in the Landscape] , Jena, 1853 はとても優れている. "見る" ということに

関しては、ヘルムホルツの業績("Populaere wissenschaftliche Vortraege" [Popular Scientific Talks], Braunschweig, 1876)から特筆すべきいくつかの情報を得た.

38) 46頁. Hermann, 前述の論文のp.201.

第3章

39) 54頁. Selenka, 前述の論文のp.70.

40) 55頁. Wahnschaffe, "Die Ursachen der Oberflaechenge-staltung des norddeutschen Flachlandes" [The Cases of the Relief Structure of the North German Plain], Stuttgart, 1901.

41) 55頁. Moltke: *Briefe aus Russland* [Letters from Russia]

42) 57頁. Wang, "Ueber die Gesetze der Bewegung des Wasser und des Geschiebes" [On the Rules of the Movement of Water and of Detritus and Boulders], Vienna, 1899.

東プロセインの注目すべき**迷子石 erratic boulders**は，Dr. Jertschが東プロセイン州に対する雑記 "Merkbuch" [Note book] (*Beitraege fuer die Naturkunde Preussens* [Contributions for the Natural Science of Prussia])の中で述べたことで，その雑記はケーニヒスベルグ Koenigsbergの自然科学経済学会 physikalisch-oekonomischen Gesellschaft [Physical-Economical Society] によって出版されたものの第8号に掲載されている.

第4章

43) 64頁のタイトルについて. Bratranek, "Beitraege zu einer Aesthetik der Pflanzenwelt" [Contributions to and Aesthetic of the Plant World], Lipzig, 1853.

Jaeger, "Deutsche Baeume und Waelder" [German Trees and Forests], Lipzig, Karl Scholze.

Schmerz, "Naturgeschichtliche Charakterbilder" [Characteristic Pictures of Natural History], Leipzig, 1879.

1節について

44) 64頁. 形態、変種、亜種については，Laucheの "Deutsche Dendrologie" [German Dendrology], Berlin, 1883, およびBeissnerの "Nadelholzkunde" [Science of Conifers], Berlin, 1891 にかなり詳しく掲載されている.

45) 64頁. Oersted, "geist in der Nature" [Mind |Spilit| in Nature], 1854.

2 節について

46) 70 頁. G. L. Hartig, "Lehrbuch fuer Foerster" [Textbook for Foresters], 5th edition, p.65.

47) 71 頁. von Ettingshausen, "Ueber die Nervation der Blatter bei der Gattung Quercus" [On the Veining of the Leaves of the Species Quercus], Vienna, 1895.

48) 71 頁. G. L. Hartig, "Lehrbuch fuer Foerster (Textbook for Foresters)", 5th edition, p.72.

49) 75 頁. Petzold, "Die Mutter unserere Pyramideneichen und ihre aelteste Tochter" [The Mother of our Pyramid Oaks and its oldest Daughter], *Wiener Obst- und Gartenbau - Zeitung* [Viennese Journal for Fruit and Garden Cultivation], Vienna, Faesy & Frick, 1876.

50) 78 頁. ムラサキブナ Blood beech. Bechstein によって世に知らされた "ムラサキブナの母樹" は，Dorl が *Allgemeine Forst und Jagd Zeitschrift* 1877 の中で述べている．当時，その樹齢は約 200 年と推定されていた．樹高は 27 m で，枝振りがよく，full-boled である.

51) 80 頁. Dr. C. Bolle, "Die alte Tegeler Baumschule" [The old Tegel Nursery], *Mitteilungen der deutschen dendrologischen Gesellschaft* [Information of the German Dendrological Society], 1898. カエデの段落で引用している言葉のすべては，特別な断りのない限り，Dr. Bolle の言葉からの引用である.

3 節について

52) 87 頁. 引用符中の文は，Vischer の "Aesthetik" [Aesthetics], "Die Lehre vom Naturschoenen" [The Theory of the Beauty in Nature] からの引用である.

53) 89 頁. シェッペ並木 The Scheppe-Allee については，*Forest Aesthetics* 第 1 版の p.73 でより詳しく述べている.

54) 90 頁. リーペ森林区域については，Grunert が Forstliche Blaetter [Forestry Papers], 1878, p.85 で述べている.

55) 90 頁. ケスラー Kessler は，コルピン Colpin にいる王立森林管理者である.

56) 94 頁. Karl Koch, "Vorlesungen ueber Dendrologie" [Lectures on Dendrology], Stuttgart, 1875, p.332, Schmittspahn: Allgemeine Forst und Jagd Zeitung, 1885, p.397.

57) 95 頁. Dr. C. Schroeder, "Ueber die Vielgestaltigkeit der Fichte" [On the Multiformity of the Spruce], Zurich, 1898.

58) 95 頁. ヘーゼルトウヒ (Haselfichte) について：Dr. Wurm: "Waldgeheimnisse"

付　　録　　🐝 *299*

[Forest Secrets], Stuttgart, 1895.

59) **96頁.** Conwentz: "Beobachtungen ueber seltene Waldbaeume in Westpreussen" [Observations on Rare Forest Trees in Western Prusia], (*Abhandlungen zur Landeskunde* [Discourses on Regional Studies], Danzig, 1895), および、*Forstbotanisches Merkbuh* [Forest Botanical Notebook] I. Prov. Wrstern Prussia, Berlin, 1900.

60) **97頁.** J. Fischbach and H. Masius, "Deutscher Wald und Hain in Bild und Wort" [German Forest and Grove in Word and Picture], Muenchen and Berlin by Friedrich Bruckmann (without date of printing).

4節について

61) **99頁.** Lohr, "Die Linde ein deutscher Baum" [The Linden, a German Tree], Spandau at Gustav Schob, 1889.

62) **100頁.** Critic in the *Nationalzeitung* [National Newspaper], 1885, p396

63) **102頁. カンバの種 Birch-species** について：これまでに私が見つけた中で，カンバの種について最もよく調べられていたのは，Th. Hartig の書いた "Vollstaendige Naturgeschichte der forstlichen Kultur-pflanzen Deutschlands" [Complete Natural History of the Forest Cultivation Plants of Germany], Berlin, 1851 である。

64) **105頁.** Dr. C. Bolle, "Andeutungen ueber die freiwillige Baum- und Strauchvegetation der Provinz Brandenburg" [Hints on the Voluntary Tree and Shrub Vegetation of the Province of Brandenburg], Berlin, 1886, Maerkisches Provinzial-Museum.

5節について

65) **106頁.** バラ Rose について：Carus Sterne (Leipzig, Gustav Freytag, 1884, 1885). 私はこの場所での夏の花、秋と冬の花についてはっきりと述べるのは，Carus Sterne が野生のバラについて特に詳しく取り扱っているからである．

66) **109頁.** Pueckler, *Briefwechsel* [Exchange of Letters], Band IV [Volume IV], Berlin, 1874.

第5章

67) **115頁.** Finch's Song および鳥の歌声について：Altum: "Der Cogel und sein Leben" [The Bird and its Life], Muenster in Westphalia, 1898; Rausch: "Die

300 付　録

gefiederten Saegerfuresten" [The Feathered Princes of the Singers], Magdeburg, 1900 (後者は野鳥の鳴き声に関して特に詳しく述べている).

68) 117頁. Schleiden, "Studien" [Studies], Leipzig, 1857 および "Baum und Wald" [Tree and Forest], Leipzig, 1870, p.5.

第2部セクションA

第1章

69) 119頁. E. M. Arndt, "Der Waechter, Band II" [The Guardian, Volume II], p.1815 に述べている: "Ein Wort ueber die Erhaltung der Forsten and der Bauern im Sinne einer hoeheren, das heist menschlichen Gesetzgebung" [A Word on the Maintenance of the Forests and the Farmers in the Sense of a Higher, Meaning Human, Legislation]. (森林官のように森林を見ていたその他の社会派政治家については、*Forest Aesthetics* 第1版の注釈28に述べている).

70) 120-121頁. Riehl, "Land und Leute" [Country and People], (Stuttgart). Holtei も "Stimmen des Waldes" [Voices of the Forest], Prologue, Breslau, 1854 の中で，同じような考えを見事な表現で詩的に述べている.

71) 121頁. Schleiden, "Fuer Baum und Wald" [For Tree and Forest], p.3.

72) 122頁. フォン・ボーネ政権の記念文書で，東および西プロシア地方における森林の状況に関して述べた記事で，この地方の森林の減少と，森林消失の進行を食い止めるために州政府によってこれまでに行われてきた，あるいは，今後行われるべき対策について述べている. Danckelmann'sche Zeitschrift [Danckelmann's Newspaper], 1900.

73) 122頁. Kessler, "Ueber die Aufforstung von Oedlaendereien" [On the Reforestation of Wastelands], *Zeitschrift fuer Forst und Jagd* [Journal for Forestry and Hunting], Vol.15, p.427.

74) 123頁. Sprengel, "Eine forstlich Studien - Reise usw." [A Forestry Educational Travel, etc.], Berlin, 1879.

75) 124頁. Dr. Zwierlein, "Vom grossen Einfluss der Waldungenauf Kultur und Beglueckung der Staaten" [On the Great Influence of the Forests on Culture and Happiness of the States]. (Wurzburg, 1806, p.67).

76) 124頁. Prince Pueckler, "Andeutungen ueber Lndschaftsgaertnerei" [Hints on Landscape Gardening]. (大判の写真が掲載された壮大な書籍である).

77) 124頁. Cotta, "Die Baumfeldwirtschaft" [The Combination System of Forest

付　録　　🌿 *301*

and Farm Crops〕, Dresden, 1819, 1st Issue.

78）**125頁.** シェルター植林 shelterbelts について：Mitteilungen aus dem Forstbetrieb im Regierungsbezirk Wiesbaden〔Statements out of the Forest Management in the Administration District of Wiesbaden〕. Wiesbaden で 1900 年に行われた，ドイツ森林学会の第1回目の総会のために，主任森林官フォン・ボーンステッド von Bornstedt によって編集された.

第2章

79）**130頁.** 自然な区画について：Weise, "Die Taxation der Privat- und Gemeinde-Foresten"〔The Taxation of the Private and Community Forests〕, Berlin, 1883, paragraph 27.

Ritter von Guttenberg, "Die Forstbetriebseinrichtung"〔The Forestry Management Establishment〕, Vienna, 1896, p.35.

80）**130頁.** Neumeister, "Forsteinrichtung der Zukunft"〔Forest Installation of the Future〕, Dresden, 1890.

81）**132頁.** Denzin in the Allgemeine Forst und Jagd Zeitung, 1880, p.126.

82）**140頁.** von Guttenberg, "Die Pflege des Schoenen in der Land- und Forstwirtschaft"〔The Care for the Beautiful in Agriculture and Forestry〕, *Oesterreichische Forst-Zeitung*〔Austrian Forest Journal〕, 1889.

83）**146頁.** "Schulze's Fleiss"〔Schulze's Diligence〕, *Forstliche Blaetter*〔Forestry Papers〕, 1888.

第3章

84）**147頁.** Yellowstone, Velhagen & Klasings *Monats-Hefte*〔Monthly Journals〕, VI, issue 8.

85）**148頁.** Herrenhausverhandlungen〔Negotiations in the Upper chamber〕については，"Forstaesthetische Tagesfragen"〔Forest-aesthetic questions of Today〕, *Zeitung fuer Forst und Jagd* 1898, p.333, および "Die Bedeutung des Grunewaldes fuer das Berliner Publikum"〔The Relevance of the Grunewald for the Berlin public〕, そして Preuss: "Die Lunge Berlins"〔The Lungs of Berlin〕, Daheim（At home）, 1896, No.48 を参照されたい.

86）**148頁.** Luckenurwald〔Lucken Primeval Forest〕, *Gartenlaube*〔Arbor〕, 1901, No.48.

87）**148頁.** ノイエンベルゲル・ウルバルト Neuenburger Urwald に関する情報は、

オルデンブルグOldenburgの大公で森林管理者のクロップCroppの手書きメモによるものである.

J. Prellerによる絵画に続いてすばらしい写真を掲載した作品集と短い文章からなる画集が, *Varel At The Jade* の J. W. Aquistapaceによって出版されている.

88) 149頁. 択伐林について：Wurmが "Waldgeheimnisse" [Forest Secrets] 第2版の中で, 高林と比較して述べている. Northwestern German Forest Society June, 1884, Meeting in Hameln.

89) 150頁. von Guttenburg, 上記参照.

90) 150頁. Schleiden, "Fuer Baum und Wald" [For Tree and Forest].

91) 154頁. Danckelmann, *Zeitschrift fuer Forst und Jagd*, 1881.

92) 157頁. Schrember(主任森林官), *Baurs Centralblatt* [Baur's Central Paper], 1877.

93) 158頁. Burckhardt, "Die Waldflora und ihre Wandlungen" [The Forest Flora and its Changes], "Aus dem Walde" [Out of the Forest], p.104.

第4章

94) 164頁. Wilbrand, *Allgemeine Forst unt Jagd Zeitung*, 1893, p.77.

第5章

95) 170頁. Martin, "Die Folgen der Boden-Reinertragstheorie" [The Consequences of the Theory of the Highest Net Profit of the Soil], Leipzig at Teubner, 1894 ff.

96) 170頁. 純利益が最も高くなる理論について：森林美学者の責任を決定する森林の扱い方に関する方向性は, とりわけ, ザクソン森林協会の主任森林官であるBruhmが示していたが, すぐに総会において抗議が起こった.（ザクソン森林協会の第41回会合に関する報告書ならびに、*Zeitschrift fuer Forst und Jagd*, 1898, p.328）.

97) 170頁. Pressler, "Hochwaldideal" [High Forest Ideal], 3rd edition, p.160.

98) 170頁. Neumeister, "Die Forsteinrichtung der Zukunft" [The Forest Institution of the Future], Dresden, 1890, pp.1-2.

99) 171-172頁. Wilbrand: *Allgemeine Forst und Jagd Zeitung*, 1893, pp.119-120.

100) 172頁. Wilbrand, 同上, pp.121.

101) 173頁. Pfeil, "Kritische Blaetter" [Critical Papers], VII, 2, p.73.

102) 174頁. ブナについて：Pressler: Rat. F. W. Flugblatt [Flyer], p.30 および "Hochwaldideal" [High Forest Ideal], 3rd edition, p.160.

付　録　　303

103) **173頁.** 製材工場について：Pressler: Rat. F. W. Flugblatt [Flyer] I, p.54.

104) **175頁.** ウィーンの主任森林官 Poeple, *Centralblatt fuer das gesamte Forstwesen* [Vienna Central Paper for the Entire Forestry], 1890, p.493.

105) **175頁.** R. Hartig, *Forstliche Naturwissenschaftliche Zeit-schrift* [Forestry Scientific Journal], 1892.

106) **176頁.** Hufnagel, "Die Grundzuege der wahren Bestandeswirt-schaft" [The Basics of the True Economical Stand Management], *Vereinsschrift des boehmischen Forst-Vereins* [Society Paper of the Bohemian Forest Society], 1898/99, issue 5.

107) **176頁. 司祭** —— 州の主任森林官 von Hagen がエーベルスヴァルデ Eberswalde の森林学会の記念行事で述べた言葉. [*Zeitschrift fuer Forst und Jagd*, 1880, p.416].

第6章

108) **180頁.** G. L. Hartig について：Cotta は自分自身の考案した森林と農産物の共生システムで G. L. Hartig の意見を取り入れている. 私が引用を確認したのは、Issue 1 の p.34 である.

109) **181頁.** 森林顧問 L. Hampel: Issue 1, p.15.

110) **181頁.** 王立森林の最高顧問 Boden, "Die Laerche" [The Larch], Hameln and Leipzig, 1899.

第7章

111) **187頁. ポステル間伐法について**：*Allgemeine Forst und Jagd Zeitung*, 1893, p.225 および、Hannoversch-Muenden で行われた北西ドイツ森林協会の会合に関する報告書, 1894, pp.50–51 および、*Zeitschrift fuer Forst und Jagd*, 1898, p.672 および Treatments of the Bohemian Forest Society, 1900 (Society Journal 1900/01, Issues 2 and 3, p.97).

112) **187頁.** Ney, Jahresbericht [Annual Report], 1890, p.163.

113) **188頁. 択伐について**：ここで扱っている改良型の択伐は von Bentheim の "Anregungen zur Fortbildung von Fortwirtschaft und Forstwissenschaft im 20. Jahrfundert" [Ideas for the Continuing Education of Forestry Science in the 20th Century], p.57 (Trier 1901) に詳述されている. 私見であるが, この方法はポステル間伐法と相反するものではなく、それに続くもので、60年生の森林から適用できる方法である. ポステル間伐法からの移行は枝打ちによって行われる. von Salisch: *Erste Durchforstung eines Kiefernbestandes* [First Thinning of a Pine

304 付　録

Stand〕, Zeitschrift fuer Forst und Jagd, 1898, p.672.

114) 190–193頁. 枝打ちについて：G. Hampel, "Die Aestung des Laubholzes, insbesondere der Eiche" 〔Pruning of Deciduous Trees, especially of the Oak〕, Vienna, 1895 および Th. Heyer, "Die Vornahme von Aufaestungen in der Oberfoersterei Schiffenberg" 〔The Way of Prunings in the Forest Administration Schiffenberg〕, *Allgemeine Forst und Jagd Zeitung*, 1901, p.83.

115) 193頁. Parisius, "Leitfaden fuer den Betrieb des praktischen Obstbaues" 〔Guideline for the System of Practical Fruit Cultivation〕, Hildesheim, 1889. 果樹の **cettle** 枝打ち法に対しては, *Pomologische Monatschefte* 〔Pomological Monthly Journals〕, 1901, p.229 を参照.

第8章

116) 194頁. Ebermeyer, "Die gesamte Lehre von der Waldstreu" 〔The Complete Teaching of the Forest Litter〕, Chapter 2.

117) 194頁. Homer, 同上 Ebermeyer を参照.

118) 197頁. Czleb, *Jahrbuch des schlesischen Forst Vereins* 〔Annual Book of the Silesian Forest Society〕, 1897, p.202.

119) 197頁. Tessmann, Burckhardt（主任森林官）: "Aus dem Walde" 〔Out of the Forest〕, Issue 9.

120) 198頁. Rothe, "Ethik und Aesthetik im Waidwerk" 〔Ethics and Aesthetics in Hunting〕, Neudamm, 1901. 狩猟の美についてのみ触れている.

第9章

121) 201頁. 水路の枝分かれについて：von Duecker, "Zur Frage der Wasserpflege" 〔On the Issue of Water Management and Care〕, *Zeitschrift fuer Forst und Jagd* XIII.

第2部セクションB

第1章

122) 210頁. Weise, "Leitfaden fuer den Waldbau" 〔Guideline for Forestry〕, Berlin, 1894, pp.104–105.

123) 210頁. Kraft, "Zur Aesthetik der Park- und Waldwirtschaft" 〔On the Aesthetics of Park and Forest Management〕, Zeitschrift fuer Forst und Jagdwesen

［Journal on Forestry and Hunting］, 1895, p.395.

124）211頁．本書の初版に対する論評について：*Wiener Zentralblatt fuer das gesamte Forstwesen*［Vienna Central Paper for the Entire Forestry］, 1885.

125）212頁．上院の委員会について：*Zeitung fuer Forst und Jagd*, June, 1891.

126）213頁．庭園芸術家について：オルデンブルグ Oldenburg の大公で森林の主任顧問であったフォン・ハイムブルグ von Heimburg は森林の美について，庭園芸術家としてすばらしい仕事をした．彼の残した業績として，特に，ハンクハウゼン Hankhausen にある自然動物保護区 the Game Park，オイティン Eutin 近くの開放的な景観，グルデンスタイン Gueldenstein 近くの公園をあげておきたい．彼の履歴については，*Zeitschrift fuer Forst und Jagd*, 1892, p.577 を参照されたい．

127）215頁．Wilbrand, *Allgemeine Forst und Jagd Zeitung*, 1893, p.73.

第2章

128）215頁．心地の良い森林 Volupter-Forest について：*Oesterreichische Forst und Jagd Zeitung*, 1898, May 20, No.20.

129）216頁．アイゼナハについて：Dr. Stoetzer: "Die Eisenacher Forsten"［The Forests of Eisenach］, Eisenach, 1900.

130）217頁．Leuer, 上記参照（18頁と比較せよ）．

第3章

131）220頁．本章の主題について：特に，**開かれた景観**について述べた次の3論文を挙げておく．**Pueckler-Muskau**: "Andeutungen ueber Landschaftsgaertnerei"［Hints on Landscape Gardening］, Stuttgart, 1834; G. Mayer, *der schoenen Gartenkunst*［Textbook of the Beautiful Art of Gardening］; Petzold: "Die Landschafts-gaertnerei"［The Landscape Gardening］.

第4章

132）238頁．Neumeister, "Zur Schonung der Waldbaeume"［On the Saving of Forest Trees］, Dresden Advertiser, 1892.

133）238頁．Hampel, "Spectrum of color" 前掲．

第5章

134）240頁．庭園に関する書籍の多くには，**並木**のことが書かれているが，ここでは特に，次の2つを挙げておきたい．E. Petzold, "Die Anpflanzung und

Behandlung von Alleebaeumen" [The Planing and Maintenance of Allee Trees], Berlin, 1878; Fintelmann, *Ueber Baumphlanzungen in den Staedten* [On the Tree Plantings in the Cities] Breslau, 1877. フィンテルマン Fintelmann によって記された この小著は，地域社会の行政を担当する森林事務官にとって必須の書籍である．そ のような森林事務官は都市の植樹計画を監督しなければならないからである．それ 以外の方でも興味があればご一読ください．

135) 248頁. 果樹について：ブレスロウ Breslau で行われた，第8回ドイツ果樹 栽培学会 German Pomologen [Apple Scientists] では，街路に植えるのに適した果 樹の種についての一覧を示している（Annual Report, pp.416-417）．

136) 249頁. 電線について："Pomologische Monatschefte" [**Pomological Monthly Journal**]，1901, p.92 には，"Elektrischer Anzeiger" [Electrical Advertiser]，No.87 が掲載されており，そこでは、Hack-ethaldrant Gesellschaft m.b.H. が特許を取得し た方法で電線を隔離しており，電線は現在のように枝に接触してそれを損傷してし まうことなく樹冠の間を通っている．

第6章

137) 251頁. *der Allgemeinen Forest und Jagd Zeitung* の付録には，"**Merkbuecher**" [notebooks] として、**老木であり，威厳のある樹木**の一覧が掲載されている （p.40 および p.67 の注釈参照）．また，"Baumalbum der Schweiz" [Tree Album of Switzerland]，Bern, 1900 には，壮麗な樹木の写真が大きく掲載されている．

138) 252頁. R. Hartig, "Zersetzungserscheinungen des Holzes" [Decomposition Phenomena of the Wood]，Berlin, 1878, p.149.

139) 254-256頁. フィッケルト Fickert について：リューゲン Ruegen 島のヴェル ダー Weder で王立主任森林官をしており，近年はアルトゥルピン Altruppin の森林 特別顧問としても知られている．

140) 257-259頁. クリプスタインオーク Klipstein-Oak について：ヴィルブランド Wilbrand の書き記した情報，および，*Allgemeine Forst und Jagd-Zeitung*, 1893, p.79 による．

第7章

141) 263頁. ハンペル **Hampel**, 前掲参照．

142) 264頁. ブラトラネック Bratranek, "Beitraege zu einer Aesthetk der Pflanzenwelt" [Contributions to an Aesthetic of the Plant World]，Leipzig, 1853, pp.409-410.

付　録　　　307

143) **264頁. 森林官の住居**について：1898年3月5日の命令. Danckelmann
Jahrbuch, 1891, p.135.

144) **267頁. リューテスブルグのモミについて**：ブルクハルト Burckhardt, "Aus
dem Walde" [Out of Forest], I and VIII.

145) **267頁.** R. Hartig, *Forstlich-naturwissenshaftliche Zeit-schrift* [Forestry
Scientific Journal], 1892, issues 11 and 12.

146) **269-273頁. 変種Varieties**について：フォン・フィッシュバッハvon
Fischbachは，森林を装飾するためには，良く知られた樹種の苗木で、園芸用に
接木によって繁殖したものを用いることをしばしば推奨していた. *Allgemeine
Forst und Jagd-Zeitung*, 1848, p.325, 1861, p.88; *Wiener Centralblatt fuer das gesamte
Forstwesen* [Vienna Central Paper for the Entire Forestry], 1893. ピラミッドポプ
ラも，健全な状態で長い間育ち続けるような樹木を得るために種から育成されてい
る. Dr. Bonhausen: *Allgemeine Forst und Jagd-Zeitung*, 1881, p.297.

第8章

147) **274頁.** Burckhardt, "Aus den Walde" [Out of the Forest], X, 24.

148) **275頁.** von Heimburgについて，当時，オルデンブルグ Oldenburg で執事
長をしていた.

第9章

149) **278頁.** メーティヒ Maetig はベルリン市の庭園監督で，クロイツベルグ
Kreuzbergに岩石を装飾として使っている領域のあるビクトリア公園 Viktoria-
Park も手がけた. *Gartenflora* [Garden Flora], Berlin, 1894, p.263.

150) **282頁.** Wocke, "Die Alpenphlanzen in der Gartenkulture usw." [The Plants
of the Alps in Garden Cultivation, etc.], Berlin, 1898.

第10章

151) **283頁. 廃墟Ruins**について："Burgwart" [Castle Keeper], *Zeitschrift fuer
Burgenkunde und mittelalterliche Baukunst* [Journal for the Science of castles and
Medieval Architecture], Organ der Ver-einigung zur Erhaltung deutscher Burgen
[Publication of the Society for the rescue of German Castles], IIIrd year, (出版社は
Franz Ebhardt & Co., 1867年設立, Berlin, W, Schaperstr. 5).

第11章

152) 288頁. Pfeil, Hey, *ein Erzieher des deutschen Waldes*〔A Grower of the German Forest〕, Halberstadt, 1891, p.8, p.37.

153) 291頁. Wildbrand, *Allgemeine Forst und Jagd-Zeitung*, 1893, p.118.

G. F. Schwarz: *Forest Trees and Forest Scenery*, illustrated, New York, The Grafton Press, 1901. 豊富な観察結果と素敵な装丁のこの本は,著者のご好意で私に送付されたものである.残念ながら,ここでしか紹介していないが,本書"森林美学"はこの本よりもさらに進んだ内容になっている.

索　引

索引は和訳時に「人名」と「一般項目」の区分を加えた。

人　名

アルトゥム Altum　39

アルント E. M. Arndt, E. M.　119

イエガー（宮廷庭師）Jaeger（Court gardener）78

ヴァイゼ Weise　210

ヴァング，F Wang, F　57

ヴィラモヴィッツ－メレンドルフ伯爵 Wilamowitz-Moellendorf, Count von　266

ヴィルドゥンゲン Wildungen, von　168, 236

ヴィルブラント Wilbrand　17, 164, 171, 215, 258, 290

エーバーマイヤー Ebermeyer　194

エールシュテット Oersted　21, 64

ガイヤー Gayer　16

ギルピン Gilpin　15, 69, 77, 112, 139, 162, 291

グーゼ Guse　9

グーテンベルク Guttenberg, von　18, 140, 150

クラウゼ Krause　18

クラフト Kraft　18

クロプシュトック Klopstock　115

クワェト・ファスレム Quaet-faslem　149

ゲーテ Goethe　6, 22, 62, 216

ケーニッヒ，G Koenig, G　16, 249, 251, 259

ケスラー Kessler　90, 122

コッタ Cotta　124

シーマン Schiemann　235

シュナイダー，K. E. Schneider, Dr. K. E.　6

シュバルツ，G. Schwarz, G.　308

シュライデン Schleiden　16, 117, 121, 150

シラー Schiller　36, 57

ゼレンカ Selenka　30, 63

ダーウィン Darwin　18

ダンケルマン Danckelmann　154

デンツイン Denzin　10

ドマズビスキー Domaszewski, von　57

ナイ Ney　187

ナイマイスター Neumeister　130, 170, 238

ハーゲン Hagen, von　176

バイスナー Beissner　93

ハイヤー，G. Heyer　8, 94

ハルティッヒ，Th. Hartig, Theodor　20

ハルティッヒ，G. L. Hartig, Georg Ludwig　70, 71, 180

ハルティヒ，R. Hartig, Robert　175, 252, 267

ハンペル Hampel　18, 181

ピュックラー侯 Pueckler　16, 109, 153, 156, 180, 208, 209, 212, 220, 268, 284

フィッケルト Fickert　254

フィッシャー Vischer　7, 76

フィッシュバッハ Fischbach, von　18

フェヒナー Fechner　26, 145

プファイル Pfeil　11, 173

ププリウス・ウェルギリウス・マル Virgil　67

ブラトラネック Bratranek　77, 114, 264

フリードリヒ・ヴィルヘルム Ⅳ世 King Friedrich Wilhelm Ⅳ　225, 254, 280

ブルグスドルフ Burgsdorff, von 80
ブルクハルト Burckhardt 16, 83, 158, 236, 251, 274
プレスラー Pressler 170
フンボルト Humboldt 32
ヘーゲル Hegel 36
ペーペル Poepel 175
ペツオルト Petzold 75, 250, 284
ベルトルド Berthold 296
ヘルマン Hermann 36, 38, 46
ボーデン Boden 181
ボルヒ Borch, von der 16
ボレ, C.博士 Bolle, Dr. C. 80
マシウス Masius 16, 97
モルトケ Moltke, von 13, 55, 117, 225, 276, 279
ユーダイヒ Judeich 170
ラッツェブルク Ratzeburg 89
リール Riehl 120
リュッケルト Rueckert 91
レードラー Roedler 12
レンネ Lenne 221, 225
ロイアー Leuer 217
ロスメスラー Rossmaessler 16, 19, 85

一般項目

あ　行

アイレンリーデ Eilenriede 251
アメリカシナノキ American Linden 112
アメリカハンノキ White Alder 112
ある種の美 types of beauty 34

池 ponds 202, 207
生垣 hedgerow 125, 228
生垣 hedges 208
石 stones 54
イチイ yew 98, 235, 259

色の組合せ combination of color 43
色の対比 contrast of color 41, 42, 53
エゾノウワミズザクラ bird cherry 106
枝打ち pruning 197, 225
枝切り作業 lopping system 159
エニシダ［灌木］broom［shrub］107

黄金分割 golden section 28
オーク oak 65, 149, 195
小川 creek 55

か　行

皆伐 clearcutting 153
外来樹種 foreign tree species 111, 261
カエデ maple 80
果樹 fruit tree 83, 247
果樹の並木 fruit tree allee 248
風 wind 117
カラマツ larch 98, 181
観念の連想 idea associations 32
カンバ birch 102, 162
間伐 thinning 184
灌木類 shrubs 106, 273
管理計画 management plan 172
管理単位［区画］administrative units ［compartments］130

季節 seasons 54
記念碑 monument 283
記録簿 notebook 261
キノコ mushrooms 196
木への名前付け naming trees 259

草地 meadows 127, 199, 240
クラッツカウ Kratzkau 225
クリ chestnut 158

索　　引　　*311*

クリプシュタインオーク Klipstein Oak
　257
グリューネヴァルト Grunewald 148, 211,
　274
クルミの木 Walnut tree 112
グレーディッツ城 Groeditz [castle] 165

芸術［絵画］art [painting] 100
芸術美 beauty in art 36
原生林 primeval forest 147, 148
建築 architecture 214

公園 park 121, 209
公園的に管理された森林 park-like
　managed forest 211
公園風景観 park-like landscape 219
豪華な森林 luxury forest 215
耕作芸術 cultural art 5
交差路［交差点］crossroad [intersection]
　131, 232
更新 regeneration 176
更新群 groups of natural regeneration
　288
後退色 back-stepping colors 43
光沢 gleam [sheen] 45
高木林 high forest 150
小道 path [or road] 140
混合色 pure and mixed colors [blended]
　45

さ　行

在来樹木の変種 variety of native species
　269
魚 fish 207
柵 fences 208
傘伐・択伐林施業 shelter-selection method
　164

シカ［獲物］deer [game] 121, 273
色彩の理論 theory of color 40, 124, 153,
　158
ジグザグ道路 serpentine [switchback]
　roads 140
自然区画 natural division 130
自然美 natural beauty 36
下草 understory 163, 177
実験林 experimental forest 263
シベリア・ストーンパイン Siberian stone
　pine 99
周遊路 looping paths [round trip roads]
　231
樹種 species 64
狩猟 hunting 198
純粋な美しさ the purely beautiful 35
純林 pure stand 166
植栽 planting 179
植栽パターン planting pattern 179
ショッペ並木道 Scheppe-Allee 89
真実 truth 22
進出色 forward-stepping colors 43
針葉樹 conifers 54, 165
森林所有者 private forest owner 13
森林の配置 distribution of forests 123
森林を所有することの誇り pride of
　ownership 13

水面 water surface 128
崇高 sublime 35
ストローブマツ Wiemouth Pine 113

制服 uniform 45
セイヨウキヅタ English ivy 110, 274
セイヨウサンザシ hawthorne 107
セイヨウトチノキ Horse Chestnut 112
セイヨウトネリコ ash 80
セイヨウニワトコ black elder 106

セイヨウネズ Juniper 107
セイヨウマユミ *Euonymus europaeus* 106
石礫 stone blocks 277
善 the good 24, 33
前景 foreground 285, 289
センブラマツ arve [*Pinus cembra*] 99

造園芸術 art of gardening 5, 214
雑木林 [明るい木立] copse [light grove]
　157, 220
混交林 mixed stand 166
装飾 adornment [decoration] 29, 63
造林地 plantations 16, 177

た　行

耐陰性に劣る樹種 shade intolerant species
　163
耐陰性のある樹種 shade tolerant species
　163
大気遠近法 atmospheric perspective 52
対比 contrast 42
択伐林 selection [plenter] forest 149
建物 building 214, 285
多様性を保った統一 unity in variety 27
暖色と寒色 cool and warm colors 43

小さな幾何学的区分 small geometric
　cuttings 139
知覚 perception 40
地質学 geology 55
地被 ground cover 158, 275
中景 middleground 285
中林 composite forest 157
チョウ butterflies 273
眺望 vista 153, 157, 286

ツル植物 vines 110

庭園 garden 264
テーゲル (地名) tegel 80, 113
典型的 typical 23
電線 telegraph wires 248

トウヒ spruce 94, 151, 180
道標 trail signs 236
動物 animals 40
土石流 mudslide 58
土地純収益説 highest net revenue,
　teaching of 170
土地利用 soil use 119
砦 [土壁] entrenchments [earthworks]
　283

な　行

ナシ (の木) pear tree 83, 223
並木 allees 239
軟材の広葉樹 Soft hardwoods 99, 157

ニセアカシア Black Locust 112
ニレ elm 82

ネジゴード動物園 Nesigode Zoo 106, 128,
　129

は　行

廃墟 ruins 283
背景 background 285
排水路 drainage ditch 201, 228
ハイマツ Dwarf pine [*Pinus pumilio*] 109
橋 bridges 25
波線 wavy lines 29
畑地 field 127, 179, 208
蜂 bees 198
鉢植え剪定 pot-pruning 247
発芽床 germination beds 182
伐採 timber cutting 113, 142, 284

花 flowers 150, 275
パラディス〔楽園〕Paradise 145, 152
播種 seeding [sowing] 179
ハンノキ alder 127, 202
ハンノキ European Alder 101
ハンノキ white alder 259

ヒース科植物 heath [family] 108
ヒース原野の景観 heath landscape 124
美化協会 Associations for Embellishment 216, 238, 287
ピクチャレスク（絵画的）picturesque 35, 69
悲劇 the tragic 35
美の増加 increase in beauty 175
碑文 inscription 236
ピュックラー生垣 Pueckler hedge 127, 229, 240
開いた並木 open allees 243
ピラミッドオーク Pyramid Oak 270
ピラミッド型の樹木 pyramid trees 271
ピラミッドポプラ Pyramid poplars 161

風倒木 windfall wood [for firewood] 196
複合収穫〔森林と農園〕combination culture [forest and farm crops] 179, 183
副次的利用 secondary uses 193
ブナ beech 9, 75, 150, 163, 259
冬の景観 winter landscape 53, 158
フラングラハンノキ Schiessbeere 107
フランス式交差路 Carrefour [four-cornered intersection] 131
プロシア上院議会 Upper Chamber of Parliament [Prussian] 18, 211

閉鎖した並木 closed allees 242
ベイマツ Douglas-fir 113

ヘーゼルナッツ Hazelnut 106
ヘーゼルハンノキ Hazel Alder 112
ベリー berries 196
ヘルサブナ Hertha Beech 254
ベルリン動物園 Tiergarten [Berlin Zoo] 99, 100, 235, 237, 250
変種 varieties of native species 64, 261

萌芽枝の利用 Pollarding 162
防火帯 firebreak 131
放牧 grazing 196
放牧林 grazing forest 148
保護植林〔防風林帯〕shelter plantings [shelterbelts] 125
母樹保残伐採 seed-tree cutting 154, 156, 286
ポステル式間伐法 Postel thinning method 186, 187
ボダイジュ linden 99, 165
歩道 footpath 231
ポプラ poplars 101, 117
ボルグレーヴ式択伐 selection [Borggreve] thinning 188

ま　行

マツ pine 52, 83, 153

湖 lakes 130
醜いもの the ugly 35
見晴し塔 lookout tower 287

ムスカウ Muskau 284
ムラサキブナ blood beech 79, 270

目 eye 40

盛土への植栽 mound planting 182
森の牧草地 forest pasture 198

森の声 voices of the forest 114
森の庭師 forest gardener 89
森の芳香 fragrance of the forest 100, 114
モレーン［堆石］ground moraine［till］ 55

や　行

ヤナギ willow 104, 162
ヤマナラシ aspen 101, 206
山の草地 mountain pastures 198
山々 mountains 121, 285

有益性 usefulness 25
優雅 gracefulness 35
ユーモア humor 35

様式 style 22
養蜂 beekeeping 198
ヨーロッパナナカマド mountain ash 105
ヨーロッパモミ European Silver Fir 97
ヨハンナの塔 Johanna's Height［tower］
　216, 286

ら　行

落葉 leaf fall 194
落葉落枝の利用 forest litter utilization
　195
ランドスケープ芸術［造園］landscape art
　［gardening］ 5

リギダマツ Pitch Pine 113
リューテスブルク Luetetsburg 267
林縁域の除去 removal of border trees
　218, 219
林業芸術 forestry art, art of forestry 5,
　169, 214
リンゴ（の木) apple tree 83
林道 road 130
輪伐期 rotation period 10, 167
林分の手入れ care of the stand 184

列状間伐 row thinning 183
レッドオーク *Quercus rubra* Red Oak 74,
　111

アメリカにおける森林美学の展開

伊 藤 太 一

1. はじめに

　フォン・ザーリッシュが引用しているように、彼の"森林美学"より百年ほど前の1792年にイギリスではギルピン(William Gilpin, 1724〜1804)が"森林風景に関する所見 *Remarks on forest scenery and other woodlands views*"を著している。英語であるためこちらの方がアメリカ人に大きな影響を与えている。特にニューヨークのセントラルパークをデザインし1865年にはヨセミテ渓谷計画案を策定したオルムステッド一世(Frederic Law Olmsted, Sr., 1822〜1903)は、若い頃イギリスに渡りギルピンやラスキン(John Ruskin, 1819〜1900)の文献で学んでいる。また、1854年の"ウォールデン *Walden*"において、森林の生態だけでなく森林美についても多様な記述を残しているソロー(Henry David Thoreau, 1817〜1862)も、その中でギルピンを引用している。

　他方で、フォン・ザーリッシュが本書の初版を出版した1885年前後には、開拓前線であるフロンティアの消滅に代表されるように、アメリカの自然地域に対する人びとの意識には大きな変化が起きていた。未開地が文明化の障害物から保護すべき空間となり、具体的には連邦政府や州政府による保護地域が設定されはじめた。オルムステッド一世が計画策定に関わった1864年のヨセミテ渓谷の州立公園化を参考として1872年には世界最初の国立公園としてイエローストンが成立し、1885年にはニューヨーク州がアディロンダックに州保存林(forest preserve)を設定した。さらに、1891年には国有林の前身となる保留林(forest reserve)が制定されている。すなわち、国立公園、保存林、国有林という3つの異なる目的を有する保護地域がアメリカに誕生した時代である。いずれも自然地域を対象とするが、あるべき状態で固定する狭義の保護"プロテクション(protection)"、自然のプロセスに委ねる保存"プリザベーション(preservation)"、保続生産を目指す保全"コンサベーション(conservation)"という3つの管理方針が生まれた。これらの流れを第一次大戦前、大戦間、第

二次大戦後という3つの時期に分けて追ってみたい。

なお、風致と風景、景観という基本概念の関係には議論があるが、ここではそれぞれ英語で"visual and sensory pleasure"、"scenery"、"landscape"にほぼ対応するものとする。

2. 19世紀後半からの自然地域に対す管理意識の芽生え

(1) 狭義の保護空間としての連邦政府国立公園

ヨーロッパのロマン主義はアメリカにも強い影響を及ぼし、崇高さ（sublime）などの概念を表現する絵画が描かれた。すなわち、パストラル（pastoral）と呼ばれる牧歌的で人為の加わった田舎ではなく手つかずの自然を描くようになり、その影響のもと、1872年に世界最初の国立公園としてイエローストンが誕生した。この制定にはロマン主義の影響が濃厚であり、ハドソン川派（Hudson River School）の風景画家であるモラン（Thomas Moran, 1837～1926）などの風景画が公園化に大きな影響を及ぼした。

この成立の経緯は自然保護ではなく風景保護という意識が強い。なぜならば、このイエローストン公園法制定を支援したのは将来の観光地化による建設債券販売促進を狙う鉄道会社であり、その際の議会工作においては絵画や写真の配布が大きな影響を及ぼしたからである。その絵画とはロマン主義芸術であり、公園制定と同じ年に発刊されたブライアント（Cullen Bryant, 1794～1878）の"ピクチャレスク・アメリカ Picturesque America"という画集がこのことを連想させる。

1832年に最初に国家公園（nation's park）を提案したカトラン（George Catlin, 1796～1872）も画家であったと言うことは、風景保護と国立公園が強く結びついていたことを示す。インスピレーションをもたらす風景が私有化によって失われることをさけるために国立公園が制定された。そのような風景が樹木の病虫害や野火などによって変容することを防ぐために人為が加えられた。すなわち、風景保護というプロテクション指向の管理となった。

(2) 保存空間としてのニューヨーク州保存林

これに対して自由を重視し未知の空間に強いあこがれを抱くソローは、3度

にわたってカナダとの国境に近いメイン州の奥地を訪問し、先住者であるインディアンの生活文化に強い関心を抱き、1862 年に "メインの森 The Maine Woods" を著した。当時は生態学という言葉はなかったが自然の力を保護するため、"国立保存区（national preserve）" の設定を提案した。メインの森は、西部の目立った景観に比して地味であり、先住民が生活のため狩猟などをおこなっていたので手つかずではないが、自然のプロセスが機能していることが重視された。

　このような自然のプロセス評価の延長として 1885 年のニューヨーク州によるアディロンダック保存林（Adirondack Forest Preserve）設定が位置づけられる。さらに、1894 年に州憲法改正によってこの保存林に手を加えないという "永久に手つかず（forever wild）条項" が加わったのは、自然の力に委ねる管理としてのプリザベーションといえる。病虫害やハリケーンが起きても人為を加えないというのが基本である。

(3) 保全空間としての連邦政府国有林

　ソローと同じ頃だが、彼とは対照的に功利主義的視点から、森林の保全を訴えたのがマーシュ（George Perkins Marsh, 1801〜1882）であった。彼は外交官としてのヨーロッパの生活体験から、文明を持続させるためには森林の水源涵養機能が重要であると痛感し、1860 年に "人間と自然 Man and Nature" を著した。当時アメリカの森林は "伐り逃げ（cut & run）" と呼ばれるように浪費されていた。

　森林美学がイギリスから伝えられたのに対して、林学は 1876 年にドイツ（当時プロイセン）から移住したファノウ（Bernhard Eduard Fernow, 1851〜1923）によって伝えられた。前述したアディロンダック保存林の制定に彼が関わっただけでなく、のちに国有林となる 1891 年の保留林の設置法制定にも関与し、農務省森林部門の責任者も務めた。さらに、1898 年には 4 年制のニューヨーク州立林学校を設置した。

　フランス系アメリカ人のピンショ（Gifford Pinchot, 1865〜1946）はファノウの紹介でドイツやフランスなどで林学を学んでから、大富豪バンダービルトの広大な所有地で植林をするという林業を実践した。その後 1900 年に、ピンショ

家の寄付によりイェール大学に2年制の林学大学院が設置される。ピンショは国有林管理に次第に重点をおいたため、ビルトモアの森林管理専門家としてもう1人のドイツ人シェンク(Carl Alwin Schenck, 1898〜1913)が招へいされた。彼は、ファノウの設立したニューヨーク州立林学校より数か月早く、ビルトモアの敷地内に1年制の実践的林学専門学校を開校した。

このようにして専門学校、学部、大学院と異なる課程であるが、ほぼ同時期に開設された林学教育機関で森林美学という科目があったのかは不明である。しかし、ビルトモア・プロジェクトではオルムステッド一世が関わっているので、ピンショやシェンクが森林美を配慮した施業に留意した可能性は高い。ピンショはコンサベーション推進者として功利主義的な人物として評されるが、1903年の森林局長年次報告で美について言及し、後年、国有林におけるウィルダネス保全やレクリエーション推進も支持している。シェンクも同様に経営を重視したが、アパラチアにおける国立公園設置案も作成しているから森林美学を認識していた可能性はある。

3. 大戦間における保護地域の展開

大戦間のアメリカは前半と後半で対照的な経済状況となる。第一次大戦後アメリカは好況となり、自動車を利用したアウトドア・レクリエーション需要が増大する。国有林を管理する森林局よりも11年遅れたが、1916年内務省に国立公園局が設置され、国立公園の管理が本格的に始まる。公園局はグランド・キャニオンなど景観が魅力的な国有林地を国立公園として移管する政策を推進したため、森林局は自らがレクリエーションを管理する姿勢を明確にする。また、1911年のウィークス法(Weeks Act)によって東部の伐採跡地や放棄農地を国が買い上げることによって人口稠密地域付近に国有林が設置されることになり、レクリエーション需要が高まる。それを受けて、マサチューセッツ大学造園学教授ウォーの報告書の提言をふまえ1919年森林局は初めて造園家カーハート(Arthur Carhart)をレクリエーション技師として雇用する。彼は"beauty doctor"と呼ばれたように樹木の管理を中心とするフォレスター中心の中では孤立した存在であった。そのため、2年ほどで退職するが、"ウィルダネス"という自動車道路のない空間の保全を提案した点で注目される。ウィ

ルダネスについて彼と相談した森林局フォレスターであるレオポード（Aldo Leopold, 1887～1948）は、ニューメキシコ州のヒラ国有林内にウィルダネス・ゾーンを制定した。すなわち、1885年にニューヨーク州アディロンダックで始まった保存林制度が連邦政府レベルでも展開したことになる。このように森林局が国有林内の資源利用を規制する空間を設定した背景としては、公園局との競合がある。すなわち、景観で来訪者を惹きつける国立公園に対して、景観以外の価値を国民にアピールする空間としてウィルダネスを位置づけた。これは風景美を主とする国立公園に対して、それ以外の美、たとえば、自然のプロセスの美と呼ぶべきものを重視する国有林の姿勢を示す。

　1929年の大恐慌に対処するためにF. ローズベルト大統領によって推進されたニューディール政策はアメリカの森林のあり方に大きな影響を及ぼした。CCC（市民保全隊）による放棄地での植林やレクリエーション施設整備は森林風致の視点からも重要である。同時に、ウィルダネス保全も一層推進されていった。その提案者の一人レオポードもかつての勤務地であるヒラ国有林でCCCを支援し、1938年には、彼の著書の中心を成す"保全美学（conservation esthetics）"を提案している。

4.　大戦後の保護地域の動き

　レオポードの没後、1949年に"サンド郡歳時記Sand County Almanac, 和訳は野生のうたが聞こえる"が出版されたが、国有林は戦後の木材需要増大に対応すべく皆伐面積を増大させていった。しかし、50年代後半から国有林のあり方に対する批判が増大し、1964年には国有林の内部規定であったウィルダネスが連邦政府のプリザベーション・システムとなった。このウィルダネス法においてコンサベーション主体からプリザベーション主体の空間が国有林において拡大した。また、このウィルダネス法は国立公園や野生生物保護区など他の連邦政府所有地にも適用される。すなわち、国立公園においても無車道の空間がウィルダネス・ゾーンとして指定され、管理方針もプロテクションからプリザベーション主体に変更されて、落雷による森林火災では可能な限り自然に委ねる方針となった。

　ウィルダネス法制定と同じ1964年に、国有林はその景観に配慮するために

造園家に調査を依頼している。翌65年にはホワイトハウスで自然美会議が開催された。これを契機に森林局は積極的に造園家を雇用して特に施業林を対象とするシステマティックな森林景観管理を目指した。71年には景観を資源として位置づけ、1974年から森林景観管理マニュアルが発刊される。そこでは、対象空間の感受性水準(sensitivity level)と多様性クラス(variety class)に基づいて管理目標をプリザベーション、リテンション(retention)、モディフィケーション(modification)などに区分している。この成果は80年代になると内務省土地管理局、90年代にはイギリスの国有林でも活用された。

一方、1986年のアウトドアに関する大統領委員会報告書で、施業林ではないレクリエーション地域での景観も重視され、森林景観に限定されないマニュアルの必要性が認識された。すなわち、70〜80年代の景観中心の管理(visual management)から、生態系やレクリエーションなど視覚以外の要因も考慮した風景管理(scenery management)へと90年代になると展開した。具体的には同じ頃森林局のレクリエーション管理手法として展開し、空間的(physical)、社会的(social)、管理(managerial)という3種類のセッティングに基づくレクリエーション機会多様性(Recreation Opportunity Spectrum)のクラスと前述の景観管理目標を関連づけて、景観とレクリエーション機会を一体化した風致として管理している。

5. まとめ

アメリカでは、プロテクション主体の国立公園においてもコンサベーション主体の国有林においても、プリザベーション・ゾーンとしてウィルダネスが指定された結果、森林美学も施業林の景観中心の取り扱いだけでなく非施業林を含むレクリーションを配慮するように展開していった。すなわち、空間のあり方中心の景観管理と利用者の行動中心のレクリエーション管理が1990年代から一体化し、フォン・ザーリッシュの目指していた幅広い森林美学あるいは森林風致の管理になりつつあると言えよう。

文　献

伊藤太一. 1991. アメリカにおける森林の風致的取り扱いの変遷. 伊藤精晤編：森林風

致計画学. 文永堂. 230-247所収.

Krutch, J. W. ed. 1962. *Walden and other writings by Henry David Thoreau.* Bantam Books, 436pp.

Leopold, A. 1949. *A sand county almanac.* Oxford University Press, 225pp.

Marsh, G. P. 1964. *Man and nature.* The Belknap Press of Harvard University Press, 472pp.

Modlenhauer, J. J. ed. 2004. *The writings of Henry David Thoreau: the Maine woods.* Princeton University Press, 347pp.

Pinchot, G. 1987. *Breaking new ground.* Island Press, 522pp.

President's Commission on Americans Outdoors. 1986. *Report and recommendations to the president of the United States.* US Government Printing Office, 210pp.

Rodgers III, A. D. 1991. *Bernhard Eduard Fernow.* Forest History Society, 622pp.

Schenk, C. A. 1974. *The birth of forestry in America.* Forest History Society, 224pp.

USDA Forest Service 1974. *The visual management system (National forest landscape management, vol. 2, Chap. 1.).* US Government Printing Office, 47pp.

USDA Forest Service 1995. *Landscape aesthetics: A handbook for scenery management.* US Government Printing Office, 210pp.

White House 1965. *Beauty for America: proceedings of the White House conference on natural beauty.* 782pp.

訳者あとがき

小 池 孝 良

　本訳書(*Forest Aesthetics*)の存在を知ったのは、訳者の1名、小池孝良が北海道大学農学部の伝統的科目・森林美学の講義の準備のために、資料をインターネット上で検索している時に、"Heinrich von Salisch"のキーワードとともに"ヒット"した時であった。1902年に刊行されたフォン・ザーリッシュの*Forstästhetik*の第2版が、2008年にアメリカで翻訳・刊行されたのである。この"発見"を同じく訳者の1名、清水裕子博士に連絡し、一挙に翻訳の話が進んだ。直ちに、出版元のアメリカにある森林史協会(Forest History Society：FHS)に連絡を取り、会長のスティーヴン・アンダーソン(Steven Anderson)博士から翻訳の了解と翻訳者の1名であり英訳本の著者でもあるウォルター・クック(Walter Cook Jr.)ジョージア大学名誉教授への紹介を得て、小池は翻訳の条件であるFHSの会員になり、訳出に取りかかった。そしてクック教授からは日本語訳書への巻頭言を賜った。伊藤精晤・信州大学名誉教授の巻頭言と重複する点もあるが、訳者の背景を知って頂くために詳細を述べる。

　ここで、頭初の監訳者4名のつながりを紹介したい。訳書に出会う2か月ほど前に、監訳者の1名、芝 正己(京都大学→琉球大学)と訳者の1名・髙橋絵里奈の同僚、伊藤勝久(島根大学)は、ミュンヘン工科大学(TUM)の開催したサマースクールの講師兼学生として南ドイツ・バイエルンの森で2週間の時を分け合った。この間、小池は森林美学発祥の地ドイツでは、とっくに閉じてしまったその講義が、北海道大学において100年以上に渡って講じられてきた、その事実を紹介した。芝と伊藤は森林美学の課題でもある森林認証と林道設計について、持続的森林管理を主題とする議論についてTUMの学生達と交わした。そして、ドイツ林学の開祖とも言えるコッタ(H. Cotta)によって設けられた大学演習林において、2005年に*Waldästhetik*(自然林の美学)を著したミュンヘン大学林学出身のシュテルプ氏(W. Stölb)とともに自然保護を中心とした山林経営のあり方を、サマースクール主催者で森林保護学・林政学のシャーラー

氏（M. Schaller、現在、ベルン応用科学大学）と自然神・キリスト教への尊厳を話し合った。そして、日本の林学の源流の地ドイツで共に学んだことをきっかけに、我が国の"林学"への貢献をしたいと3名で話し合った。これが大きな背景にある。

次に、巻頭言（日本語版序文）を寄せられた伊藤精晤とその門下生について紹介したい。遡ること1981年、小池は林野庁林業試験場に職を得て、上司であった坂上幸雄博士のもとで森林微気象と光合成研究に取り組んだ。この時に、坂上の師、今田敬一（"森林美学ノ基本問題ノ歴史ト批判"を著し、我が国における森林美学の史的総括を行った北海道大学造林学3代目教授）の教えを学んだことに原点がある。小池は、恥ずかしながら、最近まで、今田は森林微気象の研究者だと思いこんでいた。森林美学を講じるに当たって、前任の高橋邦秀・北海道大学名誉教授の"伊藤先生は京大院岡崎研究室へ進学されたが、その原点は北大にある"という言葉を頼りに、"今田・森林美学"の最後の継承者、伊藤精晤の編著書"森林風致計画学"から北海道大学の森林美学の流れを学ぶことになった。

伊藤精晤の紹介で清水の研究を知り、その後、開設された伊藤精晤が所長を務めるNPO森林風致計画研究所の活動からも学び、小池は森林美学の講義の継承に努めてきた。清水は森林美学から森林風致を主題に博士論文をまとめ上げた数少ない研究者といえるだろう。おりしも2009年度には、北海道大学農学部造林学講座開設百年を迎えた。これを記念して、我が国で唯一"森林美学"の教科書を刊行した北海道大学造林学初代教授の新島善直氏と高弟、村山醸造博士の教えを継承している、いわば"新島／今田 森林美学"の関係者が一同に集まり翻訳作業に取り組んだのである。

北海道大学では、"森林美学及び景観生態学"（現在、森林美学及び更新論）として開講されているため、当時、景観生態学の担当者、中村太士教授の協力を得た。そして森林美学の受講生や"森林美学"を覆刻された小関隆祺・北海道大学名誉教授の関係者と流域砂防学の丸谷知己教授の参加を得て、造林学研究室の教員、学生と研究員が翻訳に当たった。信州大学では伊藤精晤門下生とアルプス圏フィールド科学センターの小林元のグループが参加した。

さらに、アメリカでの森林美学の展開の背景を、監訳者の1名である伊

藤太一（筑波大学教授）が概説することによって、フォン・ザーリッシュの *Forstästhetik* 第2版が、なぜこの時期に英訳されるに至ったのかを明快にする論壇を得た。詳細は巻頭言を再度ご覧いただきたい。

　ここで、現在において森林美学の原典を、合理主義の頂点とも言えるアメリカでの英訳書と解説を含め "ザーリッシュ/クックの森林美学" として日本語に訳出する意義を小池の視点から紹介したい。一つには、経済の合理化とグローバリゼーションが世界の趨勢に成った現在において、資源戦略と持続的資源管理が注目されるに至ったことと、森林の持つ保健休養機能に注目が再び集まったことが上げられる。これは1995年にUNEP（国連環境計画）から刊行されたGlobal Biodiversity Assessment（地球生物多様性評価）に続き、同じくMillennium Ecosystem Assessment（ミレニアム生態系評価）が2000年に示され、その中で、Ecosystem Service（生態系サービス）の考えが提示されたことによって、達成への道筋が具体化された事とこれを総体として扱っている森林美学の今日的意義を知らしめたいという訳者一同の思いがある。

　生態系サービスとは、生態系の有する "機能" のうち人間がその恩恵に預かる内容を "サービス" と称する。すなわち、光合成生産を基礎とする植物の一次生産も含む基盤サービス、水や繊維などの供給サービス、気候緩和や洪水防止などの調節サービス、そしてレクリエーションなど保健休養機能を含む文化的サービスの4つに生態系サービスは大別される。そして、この生態系サービスの持続的高度利用を体系付けてきたのが、木材生産から利用までも含む林学あるいは森林科学の体系に他ならないのである。森林美学及び風景計画学の講義を担当された五十嵐恒夫・北海道大学名誉教授は、"林学において哲学が全面におかれた森林管理体系" と称した。真に言い当てている。

　新島善直の教えである "自然をどのように残すか、自然をどのように再生するか" の言葉の原点は、彼が最も感化されたという明治期にミュンヘン大学林学科から招聘されていた森林植物学者でもあったハインリッヒ・マイル（Heinrich Mayr）教授との出会いにあるといえよう。いわば、哲学・思想を持って森林施業論として位置づけられる全てを包含する学問的体系こそ、"森林美学" であると、ここに主張したい。

　我が国、特に原生林に近い森林を造り替える使命をもって開拓地であった

北海道に着任した新島と門下生・村山によって、ドイツ直輸入のフォン・ザーリッシュのいわば"人工林の美学"（＝施業林の美学）を、日本の実情に置き換えて体系建てた"森林美学"が、北海道大学において講じ続けられる理由は、新島の先の言葉"自然をどの様に残すか、自然をどのように再生するか"にあると思う。そこには、表現こそ違うが、生態系サービスの考えを既に打ち立ててきたことの先見性を感じる。

　2度の世界大戦を経て、森林管理は必ずしも"森林美学"の理想には沿うことが出来なかったが、今こそ、森林美学のめざす"樹種の生育特性を踏まえ、システムとしての森林の機能を活かして持続的生産を続け、そこを訪れる人々に感銘を与える森造りの方法を探究する体系"へと、再度、向かうべき時を迎えた。それは今田の言う、森林美学のめざすところの一つであるメーラー（A. Möller）の恒続林思想（この思想は一時期、ナチス・ドイツに利用された。過度な伐採を行った隠蔽のため、恒続林思想を帝国自然保護法で支持した）を実践している江戸時代から続く三重県尾鷲の速水林業の格言とも言える"木一代、人三代"に収斂されよう。森林管理には世代を超えて受け継ぐべき思想と哲学が不可欠である。森林は子孫からの預かりものなのである。この思想と哲学の原点を"ザーリッシュ/クックの森林美学"にも求めたい。

　我が国では、森林美学の導入は、東京大学の林政学の川瀬善太郎が紹介したことに始まり、本多静六、田村剛らに継承され、戦後の森林風致計画学講座設立に至った。また、京都大学では岡崎文彬によって森林美学における森林施業の重要性の再認識がなされた。その後、今田敬一と親交があったという筒井迪夫・東京大学名誉教授によって森林文化論へと展開された。また、今田の門下生、白井彦衛・千葉大学名誉教授によって、森林美学の理念は、造園学、ランドスケープ研究へと進められた。

　クック氏も述べているが、19世紀後半にドイツで生まれ、20世紀後半にアメリカでその意義が取り上げられ、21世紀初頭に日本で森林美学へ注目が集まることに、時代の要請を感じるのは、訳者一同だけではない。そして、現在も、北海道大学では森林科学科の講義として継承されている森林美学の意義を"ザーリッシュ/クックの森林美学"を通じて、世界の中で位置づけられる体系としての森林美学を学び、森林における生態系サービスの持続的利用を進め

図1　ザーリッシュの墓標
勧められるままにランタンをお供えする栄誉を頂いた。静寂の中で偉大な人物の魂に触れる一時であった。

ていきたい。

　2010年6月にはフォン・ザーリッシュ没後90周年記念講演会がポーランドで開催された。その後、我が国におけるフォン・ザーリッシュの森林美学の影響を紹介する機会を頂き、共監訳者らと現状を紹介させて頂いた。これは、森林美学の発祥の地であるシレジア地方（現在のポーランド西部）のポズナン大学・森林保護学科のグイアズドヴィッチ（Dariusz J. Gwiazdowicz）教授とヴィシニエフスキー（Jerzy Wiśniewski）名誉教授らの努力による地元の偉人を讃える催しの一環であった。

　また、2011年に開催された国際森林年記念シンポジウムの後、上記2名の招待によって、フォン・ザーリッシュ記念公園（森林）や、住居であった古城跡、公園内にあるザーリッシュの墓地（図1）などを訪問する機会を得た。ザーリッシュがオークの植栽を並木状に造成した場所と、絵画のような遠近法を採用して林道開設を行った場所に訪れ、今日の状況を確かめることができた。オーク

は林内装飾に役立つばかりではなく、木材としても利用出来るサイズに達していた。林道については、シュテルプ氏（W. Stölb）が *Waldästhetik*（自然林の美学）(2005)で、ザーリッシュの森林美学が、時に絵画のような森林にもまなざしを向けていることを紹介しており、その実例の一つが林道による奥行き感の演出であった。彼は林地の高低差と山頂部に近づくに従って樹高が低くなることを利用し、林道の幅を山頂に向かって狭くなるように開設した。その結果、透視法（遠近法）と同じ効果が得られ、奥行きが100m程度のはずが、相当

図3　ヨハンナの塔
ザーリッシュの父が1850年に建設。現在はミリチュ森林管理署が維持。

図4　ヨハンナの塔からみたザーリッシュの森
10月末であると言うのに緑色の樹冠をもつニセアカシアが優占していた。

訳者あとがき

な奥行きを感じさせることに成功した。その「技法」は今も健在であった。

ザーリッシュの父が造ったというヨハンナの塔(狩猟塔)にも訪れることができた。塔の中は狭いが、ザーリッシュも登ったのかと思うと感動ものであった。また、塔からの眺めが、北海道大学苫小牧研究林の眺めとそっくりであることにも感銘を受けた(図3・4)。

これらの経験のお陰で、翻訳の際に、いくつかの部分は現地の状態に即して訳すことができたと思う。

訳書の出版に当たっては海青社の宮内 久氏の励ましを受けた。宮内氏は日本森林学会の会員にも成ってくださり、本書訳出に対する理解を示されたことに深く感謝する。なお、ドイツ語の地名や人名には、大澤元氏(信州大学名誉教授)と、植物解剖・形態学の用語は、渡邊陽子氏(北海道大学農学研究院・研究員)の懇切なる支援をいただいた。記して感謝したい。最後に、北海道大学農学部造林学講座諸兄のご支援に深謝する。なお、本文では、いたるところに難解な文学的表現が多用されており、翻訳は原文英語になるべく忠実に行ったが、一部意訳し、直接ドイツ語から訳した箇所も含むことを御了承頂きたい。また、専門用語は、藤森隆郎(2003)「新たな森林管理」を参考にした。

　　　　　　　訳者を代表して。北海道大学農学部造林学研究室にて

●監訳者
小池孝良・清水裕子・伊藤太一・芝　正己・伊藤精晤

●訳　者　（50音順。所属は翻訳当時を示す）

青山	千穂	AOYAMA Chiho	（北海道大学農学院）
秋林	幸男	AKIBAYASHI Yukio	（北海道大学北方生物圏フィールド科学センター）
飯島	勇人	IIJIMA Hayato	（北海道大学農学研究科）
伊藤	精晤	ITO Seigo	（森林風致計画研究所・信州大学名誉教授）
伊藤	太一	ITO Taiichi	（筑波大学生命環境系）
稲田	友哉	INADA Tomoya	（北海道大学農学部）
伊森	允一	IMORI Masakazu	（北海道大学農学院）
岩崎	ちひろ	IWASAKI Chihiro	（北海道大学農学部）
浦田	格	URATA Tadashi	（北海道大学農学院）
江口	則和	EGUCHI Norikazu	（北海道大学北方生物圏フィールド科学センター）
大澤	元	OSAWA Hajime	（信州大学名誉教授）
岡崎	朝美	OKAZAKI Tomomi	（北海道大学文学研究科）
唐木	貴行	KARAKI Takayuki	（北海道大学農学院）
小池	孝良	KOIKE Takayoshi	（北海道大学農学研究院）
小林	元	KOBAYASHI Hajime	（信州大学アルプス圏フィールド科学教育研究センター）
小林	真	KOBAYASHI Makoto	（北海道大学農学院）
小山	泰弘	KOYAMA Yasuhiro	（長野県森林林業総合センター）
齋藤	秀之	SAITO Hideyuki	（北海道大学農学研究院）
坂本	朋美	SAKAMOTO Tomomi	（京都大学農学研究科）
佐藤	香織	SATO Kaori	（北海道大学農学部）
澤畠	拓夫	SAWABATA Takuo	（近畿大学農学部）
芝	正己	SHIBA Masami	（京都大学フィールド科学教育研究センター）
渋谷	正人	SHIBUYA Masato	（北海道大学農学研究院）
清水	裕子	SHIMIZU Yuko	（森林風致計画研究所）
庄子	康	SHOJI Yasushi	（北海道大学農学研究院）
末次	直樹	SUETSUGU Naoki	（北海道大学農学院）
高橋	絵里奈	TAKAHASHI Erina	（島根大学生物資源科学部）
龍田	慎平	TATUTA Shinpei	（北海道大学農学部）
内藤	小夜子	NAITO Sayoko	（北海道大学農学院）
中森	由美子	NAKAMORI Yumiko	（和歌山県林業試験場）
長谷川	悠子	HASEGAWA Yuko	（北海道大学農学部）
林	勝也	HAYASHI Masaya	（株式会社アンドー）
春木	雅寛	HARUKI Masahiro	（北海道大学地球環境科学研究院）
日向	潔美	HINATA Kiyomi	（北海道大学農学院）
丸上	裕史	MARUGAMI Yushi	（北海道大学農学院）
丸谷	知巳	MARUTANI Tomomi	（北海道大学農学研究院）
矢沢	俊吾	YAZAWA Shungo	（北海道大学農学院）
横関	隆登	YOKOZAKI Takato	（東京大学農学生命科学研究科）
笠	小春	RYU Koharu	（北海道大学農学院）
渡辺	誠	WATANABE Makoto	（北海道大学農学研究院）
渡邊	陽子	WATANABE Yoko	（北海道大学北方生物圏フィールド科学センター）

Heinrich von Salisch Forest Aesthetics

はいんりっひふぉんざーりっしゅしんりんびがく
H・フォン・ザーリッシュ 森林美学

発　行　日	── 2018 年 6 月 1 日　初版 第 1 刷
定　　　価	── カバーに表示してあります
英訳・解説	── ウォルター・L・クック・Jr.
	ドリス・ヴェーラウ
日本語版監訳	── 小 池 孝 良
	清 水 裕 子
	伊 藤 太 一
	芝 　 正 己
	伊 藤 精 晤
発　行　者	── 宮 内 　 久

海青社
Kaiseisha Press

〒520-0112　大津市日吉台 2-16-4
Tel. (077) 577-2677 Fax. (077) 577-2688
http://www.kaiseisha-press.ne.jp/
郵便振替　01090-1-17991

● Copyright ⓒ 2018 　● ISBN978-4-86099-259-0 C3061 　● Printed in Japan
● 落丁乱丁はお取り替えいたします。

◆ 海青社の本・電子版／好評発売中 ◆

森への働きかけ 森林美学の新体系構築に向けて
湊 克之・小池孝良・芝 正己ほか3名共編

森林の総合利用と保全を実践してきた森林工学・森林利用学・林業工学の役割を踏まえながら、生態系サービスの高度利用のための森づくりをめざし、生物保全学・環境倫理学の視点を加味した新たな森林利用学のあり方を展望する。
〔ISBN978-4-86099-236-1/A5判／本体3,048円 PDF版 3,048円〕

Agricultural Sciences for Human Sustainability （英文版）
北海道大学大学院農学研究院 編

「食料・バイオマス生産」「環境保全」「食の安全・機能性」など、世界が直面する諸課題に対し、農学先進校・北大農学院の各分野ではどのような研究が行われているのか。札幌農学校精神を今に伝える「農学概論テキスト」。
〔ISBN978-4-86099-283-5/B5判／本体2,381円 PDF版 2,381円〕

森林環境マネジメント
小林紀之 著

環境問題のうち自然保護は森林と密接に関係している。本書では森林、環境、温暖化問題を自然科学と社会科学の両面から分析し、司法・行政・ビジネスの視点から森林と環境の管理・経営の指針を提示する。
〔ISBN978-4-86099-304-7/四六判／本体2,037円 PDF版 1,630円〕

すばらしい木の世界
日本木材学会 編

グラフィカルにカラフルに、木材と地球環境との関わりや木材の最新技術や研究成果を紹介。第一線の研究者が、環境・文化・科学・建築・健康・暮らしなど木についてあらゆる角度から見やすく、わかりやすく解説。待望の再版!!
〔ISBN978-4-906165-55-1/A4判／本体2,500円〕

環境を守る森をつくる
原田 洋・矢ケ崎朋樹 著

環境保全林は「ふるさとの森」や「いのちの森」とも呼ばれ、生物多様性や自然性など、土地本来の生物的環境を守る機能を併せ持つ。本書ではそのつくり方から働きまでを、著者の研究・活動の経験をもとに解説。カラー12頁付。
〔ISBN978-4-86099-324-5/四六判／本体1,600円 PDF版 1,600円〕

森林教育
大石康彦・井上真理子 編著

森林教育を形づくる、森林資源・自然環境・ふれあい・地域文化といった教育の内容と、それらに必要な要素（森林、学習者、ソフト、指導者）についての基礎的な理論から、実践の活動やノウハウまで幅広く紹介。カラー口絵16頁付。
〔ISBN978-4-86099-285-9/A5判／本体2,130円 PDF版 1,704円〕

木育のすすめ
山下晃功・原 知子 著

「木育」は「食育」とともに、林野庁の「木づかい運動」、新事業「木育」、また日本木材学会円卓会議の「木づかいのススメ」の提言のように国民運動として大きく広がっている。さまざまなシーンで「木育」を実践する著者が展望を語る。
〔ISBN978-4-86099-238-5/四六判／本体1,314円 PDF版 1,051円〕

桐で創る低炭素社会
黒岩陽一郎 著

早生樹「桐」が、家具・工芸品としての用途だけでなく、防火扉や壁材といった住宅建材として利用されることで、荒れ放題の日本の森林・林業を救い、低炭素社会を創る素材のエースとなりうると確信する著者が、期待を込め熱く語る。
〔ISBN978-4-86099-235-4/B5判／本体2,381円〕

森林生産の オペレーショナルエフィシェンシー
スンドベリ,U.他著／神崎康一ほか訳

本書は林業機械の開発、造林技術、森林産業、森林行政など、森林を取り扱うさまざまな行動計画（林業の高度機械化）を考える上で必要な事項を、すべて平明に間違いなく理解できるよう配慮した極めて平易な入門書である。
〔ISBN978-4-906165-64-3/A5判／本体5,729円〕

木 の 魅 力
阿部 勲・大橋英雄・作野友康 著

人と木はどのように関わってきたか、また、今後その関係はどう変化してゆくのか。長年、木と向き合ってきた3人の専門家が、木材とヒトの心や体との関わり、樹木の生態、環境問題、資源利用などについて綴るエッセー集。
〔ISBN978-4-86099-220-0/四六判／本体1,800円〕

木を学ぶ 木に学ぶ
佐道 健 著

本書は、「材料としての木材」を他の材料と比較しながら、木材を生み出す樹木、材料としての特徴、人の心との関わり、歴史的な使われ方、これからの木材などについて、分かりやすく解説した。
〔ISBN978-4-906165-33-9/B6判／本体1,263円 PDF版 1,010円〕

＊ PDF版 は一般読者様向けには小社HPのeStore、Googleプレイブックス、メディカルオンラインで販売しています。研究機関・図書館様向けにはMaruzen eBook Libraryで販売しています。掲載の表示価格は本体価格（税別）です。

◆ 海青社の本・電子版／好評発売中 ◆

あて材の科学 樹木の重力応答と生存戦略
吉澤伸夫監修・日本木材学会組織と材質研究会 編

巨樹・巨木は私たちに畏敬の念を抱かせる。樹木はなぜ、巨大な姿を維持できるのか？「あて材」はその不思議を解く鍵なのです。本書では、その形成過程、組織・構造、特性などについて、最新の研究成果を踏まえてわかりやすく解説。カラー16頁付。
〔ISBN978-4-86099-261-3/A5判/本体3,800円 PDF版 3,420円〕

広葉樹材の識別 IAWAによる光学顕微鏡的特徴リスト
IAWA委員会編／伊東隆夫・藤井智之・佐伯浩 訳

IAWA（国際木材解剖学者連合）"Hardwood List"の日本語版。簡潔かつ明白な定義（221項目の木材解剖学的特徴リスト）と写真（180枚）は広く世界中で活用されている。日本語版出版に際し付した「用語および索引」は大変好評。原著版は1989年刊。
〔ISBN978-4-906165-77-3/B5判/本体2,381円 PDF版 1,905円〕

針葉樹材の識別 IAWAによる光学顕微鏡的特徴リスト
IAWA委員会編／伊東隆夫ほか4名共訳

IAWAの"Hardwood list"と対を成す"Softwood list"の日本語版。現生木材、考古学木質遺物、化石木材等の樹種同定に携わる人に『広葉樹材の識別』と共に必携の書。124項目の木材解剖学的特徴リスト（写真74枚）を掲載。原著版は2004年刊。
〔ISBN978-4-86099-222-4/B5判/本体2,200円 PDF版 1,760円〕

木質の形成 [第2版] バイオマス科学への招待
福島和彦ほか5名共編

木質とは何か。その構造、形成、機能を中心に最新の研究成果を折り込み、わかりやすく解説。最先端の研究成果も豊富に盛り込まれており、木質に関する基礎から応用研究に従事する研究者にも広く役立つ。全面改訂 200頁増補。
〔ISBN978-4-86099-252-1/A5判/本体4,000円 PDF版 3,734円〕

樹木の顔 抽出成分の効用とその利用
編集／日本木材学会 抽出成分と木材利用研究会
編集代表／中坪文明

Chemical Abstractsから検索した日本産樹種を中心とした50科約180種についての約6,000件の抽出成分の報告をもとに、科別ごとに研究動向、成分分離と構造決定、機能と効用、新規化合物などについてまとめた。
〔ISBN978-4-906165-85-8/B5判/本体4,667円 PDF版 3,734円〕

早生樹 産業植林とその利用
岩崎 誠ほか5名共編

近年東南アジアなどで活発に植栽されているアカシアやユーカリなどの早生樹について、その木材生産から、材質、さらにはパルプ、エネルギー、建材利用から加工・製品化に至るまで、技術的な視点から論述。カラー16頁付。
〔ISBN978-4-86099-267-5/A5判/本体3,400円 PDF版 3,400円〕

樹木医学の基礎講座
樹木医学会 編

樹木、樹林、森林の健全性の維持向上に必要な多面的な科学的知見を、「樹木の系統や分類」「樹木と土壌や大気の相互作用」「樹木と病原体、昆虫、哺乳類や鳥類の相互作用」の3つの側面から分かりやすく解説した。カラー16頁付。
〔ISBN978-4-86099-297-2/A5判/本体3,000円 PDF版 2,400円〕

広葉樹資源の管理と活用
鳥取大学広葉樹研究刊行会 編

地球温暖化問題が顕在化した今日、森林のもつ公益的機能への期待は年々大きくなっている。鳥取大広葉樹研究会の研究成果を中心に、地域から地球レベルで環境・資源問題を考察し、適切な森林の保全・管理・活用について論述。
〔ISBN978-4-86099-258-3/A5判/本体2,800円 PDF版 2,800円〕

広葉樹の育成と利用
鳥取大学広葉樹研究刊行会 編

戦後におけるわが国の林業は、あまりにも針葉樹一辺倒であり過ぎたのではないか。全国森林面積の約半分を占める広葉樹林の多面的機能（風致、鳥獣保護、水土保全、環境）を総合的かつ高度に利用することが強く要請されている。
〔ISBN978-4-906165-58-2/A5判/本体2,700円〕

樹体の解剖 しくみから働きを探る
深澤和三 著

樹の体のしくみは動物のそれよりも単純だが、数千年の樹齢や百数十メートルの高さ、木製品としての多面性など、少し考えるだけで樹木には様々な不思議がある。樹の細胞・組織などのミクロな構造から樹の進化や複雑な機能を解明。
〔ISBN978-4-906165-66-7/四六判/本体1,524円 PDF版 1,219円〕

木材の基礎科学
日本木材加工技術協会 関西支部 編

木材に関連する基礎的な科学として最も重要と考えられる樹木の成長、木材の組織構造、物理的な性質などを専門家によって基礎から応用まで分かりやすく解説した初学者向きテキスト。
〔ISBN978-4-906165-46-9/A5判/本体1,845円〕

---

* PDF版 は一般読者様向けには小社HPのeStore、Googleプレイブックス、メディカルオンラインで販売しています。研究機関・図書館様向けにはMaruzen eBook Libraryで販売しています。掲載の表示価格は本体価格（税別）です。

◆ 海青社の本・電子版／好評発売中 ◆

生物系のための 構造力学
竹村冨男 著

材料力学の初歩、トラス・ラーメン・半剛節骨組の構造解析、およびExcelによる計算機プログラミングを解説。また、本文中で用いた計算例の構造解析プログラム（VBAマクロ）は、実行・改変できる形式で添付のCDに収録。
〔ISBN978-4-86099-243-9/B5判／本体4,000円 CD版3,200円〕

ティンバーメカニクス 木材の力学 理論と応用
日本木材学会 木材強度・木質構造研究会 編

木材や木質材料の力学的性能の解析は古くから行なわれ、実験から木材固有の性質を見出し、理論的背景が構築されてきた。本書は既往の文献を元に、現在までの理論を学生や実務者向けに編纂した。カラー16頁付。
〔ISBN978-4-86099-289-7/A5判／本体3,500円 PDF版2,800円〕

バイオ系の材料力学
佐々木康寿 著

機械／建築・土木／林学・林産／環境など多分野にわたって必須となる材料力学について、基礎からしっかりと把握し、材料の変形に関する力学的概念、基本的原理、ものの考え方の理解へと導く。
〔ISBN978-4-86099-306-1/A5判／本体2,400円 PDF版1,920円〕

図説 世界の木工具事典
世界の木工具研究会 編

日本と世界各国で使われている木工用手工具を使用目的ごとに対比させ紹介。さらにその使い方や製造法にも触れた。最終章では日本の伝統的な木材工芸品の製作工程で使用する道具や技法も紹介した。好評につき第2版発行。
〔ISBN978-4-86099-319-1/B5判／本体2,685円 PDF版2,148円〕

改訂版 木材の塗装
木材塗装研究会 編

日本を代表する木材塗装の研究会による、基礎から応用・実務までを解説した書。会では毎年6月に入門講座、11月にゼミナールを企画、開催している。政令や建築工事標準仕様書等の改定に関する部分について書き改めた。
〔ISBN978-4-86099-268-2/A5判／本体3,500円〕

木材接着の科学
作野友康 他3名共編

木材と接着剤の種類や特性から、木材接着のメカニズム、接着性能評価、LVL・合板といった木質材料の製造方法、施工方法、VOC放散基準などの環境・健康問題、廃材処理・再資源化まで、産官学の各界で活躍中の専門家が解説。
〔ISBN978-4-86099-206-4/A5判／本体2,400円 PDF版2,400円〕

カラー版 日本有用樹木誌
伊東隆夫 他4名共著

"適材適所"を見て読んで楽しめる樹木誌。古来より受け継がれるわが国の「木の文化」を語るうえで欠かすことのできない約100種の樹木について、その生態および性質とその用途をカラー写真とともに紹介。
〔ISBN978-4-86099-248-4/A5判／本体3,333円〕

木竹酢液ハンドブック 特性と利用 の科学
谷田貝光克 著

地球や人にやさしい材料として、土壌環境改善、植物の成長促進、虫害・獣害への対策、家畜飼料添加剤、防腐剤、消臭剤など、さまざまな用途に利用される木竹酢液。本書では 科学的データをもとにその効能と特性を紹介する。
〔ISBN978-4-86099-284-2/A5判／本体2,600円 PDF版2,080円〕

Wood and Traditional Woodworking in Japan
メヒティル・メルツ著

日本の伝統的木工芸における木材の利用法について、木工芸職人へのインタビューを元に、技法的・文化的・美的観点から考察。著者はドイツ人東洋美術史・民族植物学研究者。日・英・独・仏4カ国語の樹種名一覧表と木工芸用語集付。
〔ISBN978-4-86099-323-8/B5判／本体5,800円 PDF版5,220円〕

日本の木と伝統木工芸
メヒティル・メルツ著／林裕美子 訳

日本の伝統的木工芸における木材利用法を、職人への聞き取りを元に技法・文化・美学的観点から考察。ドイツ人東洋美術史・民族植物学研究者による著書の待望の日本語訳版。日・英・独・仏4カ国語の樹種名一覧表と木工芸用語付。
〔ISBN978-4-86099-322-1/B5判／本体3,200円 PDF版3,200円〕

木の文化と科学
伊東隆夫 編

遺跡、仏像彫刻、古建築といった「木の文化」に関わる三つの主要なテーマについて、研究者・伝統工芸士・仏師・棟梁など木に関わる専門家による同名のシンポジウムを基に最近の話題を含めて網羅的に編集した。
〔ISBN978-4-86099-225-5/四六判／本体1,800円〕

* PDF版 は一般読者様向けには小社HPのeStore、Googleプレイブックス、メディカルオンラインで販売しています。研究機関・図書館様向けにはMaruzen eBook Libraryで販売しています。掲載の表示価格は本体価格（税別）です。

◆ 海青社の本・電子版／好評発売中 ◆

木材加工用語辞典
日本木材学会機械加工研究会 編

木材の切削加工に関する分野の用語はもとより、関係の研究者が扱ってきた当該分野に関連する木質材料・機械・建築・計測・生産・安全などの一般的な用語も収集し、4,700超の用語とその定義を収録。英語索引50頁付。
〔ISBN978-4-86099-229-3／A5判／本体3,200円 PDF版 3,200円〕

木材科学略語辞典
日本材料学会木質材料部門委員会 編

科学技術の急激な進歩、そして情報化・国際化の進展に伴い、多くの略語が出現している。本書は木材に関連する略語約4,000語を収録し、実用性に重点を置いた簡単な解説をつけた。日本語索引付。
〔ISBN978-4-906165-41-4／B6判／本体3,593円〕

木の考古学 出土木製品用材データベース
伊東隆夫・山田昌久 編

日本各地で刊行された遺跡調査報告書約4500件から、木製品樹種同定データ約22万件を抽出し集積した世界最大級の用材DB。各地の用材傾向の論考、研究史、樹種同定・保存処理に関する概説等も収録。CDには専用検索ソフト付。
〔ISBN978-4-86099-911-7／B5判／本体11,000円 CD版 8,800円〕

日本木材学会論文データベース 1955〜2004
日本木材学会 編

木材学会誌に掲載された1955から2004年までの50年間の全和文論文（5,515本、35,414頁）をPDF化して収録。題名・著者名・巻号・要旨などを対象にした高機能検索で、目的の論文を瞬時に探し出し閲覧することができる。
〔ISBN978-4-86099-905-6／B5判／本体26,667円〕

この木なんの木
佐伯 浩 著

生活する人と森とのつながりを鮮やかな口絵と詳細な解説で紹介。住まいの内装や家具など生活の中で接する木、公園や近郊の身近な樹から約110種を選び、その科学的認識と特徴を明らかにする。木を知るためのハンドブック。
〔ISBN978-4-906165-51-3／四六判／本体1,554円 PDF版 1,243円〕

広葉樹の文化 雑木林は宝の山である
広葉樹文化協会 編

里山の雑木林は弥生以来、農耕と共生し日本の美しい四季の変化を維持してきたが、現代社会の劇的な変化によってその共生を解かれ放置状態にある。今こそ衆知を集めてその共生の「かたち」を創生しなければならない時である。
〔ISBN978-4-86099-257-6／四六判／本体1,800円〕

木材乾燥のすべて 改訂増補版
寺澤 眞 著

「人工乾燥」は、今や木材加工工程の中で、欠くことのできない基礎技術である。本書は、図267、表243、写真62、315樹種の乾燥スケジュール という圧倒的ともいえる豊富な資料で「木材乾燥技術のすべて」を詳述。増補19頁。
〔ISBN978-4-86099-210-1／A5判／本体9,514円〕

木力検定
①木を学ぶ100問
②もっと木を学ぶ100問
③森林・林業を学ぶ100問
④木造住宅を学ぶ100問
井上雅文・東原貴志 編著

木を使うことが環境を守る？ 木は呼吸するってどういうこと？ 鉄に比べて木は弱そう、大丈夫かなあ？ 本シリーズは木材についての素朴な疑問について楽しく問題を解きながら正しい知識を学べる100問を厳選して掲載。
〔四六判／1巻：本体952円、2〜4巻：本体1,000円〕

木材科学講座（全12巻）　　□ は既刊

1	概　論	本体1,860円 ISBN978-4-906165-59-9
2	組織と材質 第2版	本体1,845円 ISBN978-4-86099-279-8
3	木材の物理	本体1,845円 ISBN978-4-86099-239-2
4	化　学	本体1,748円 ISBN978-4-906165-44-5
5	環　境 第2版	本体1,845円 ISBN978-4-906165-89-6
6	切削加工 第2版	本体1,840円 ISBN978-4-86099-228-6
7	乾　燥	（続刊）
8	木質資源材料 改訂増補	本体1,900円 ISBN978-4-906165-80-3
9	木質構造	本体2,286円 ISBN978-4-906165-71-1
10	バイオマス	（続刊）
11	バイオテクノロジー	本体1,900円 ISBN978-4-906165-69-8
12	保存・耐久性	本体1,860円 ISBN978-4-906165-67-4

＊ PDF版 は一般読者様向けには小社HPのeStore、Googleプレイブックス、メディカルオンラインで販売しています。研究機関・図書館様向けにはMaruzen eBook Libraryで販売しています。掲載の表示価格は本体価格（税別）です。